新工科教育系列丛书

设计与建造

项目式课程建设实录

DESIGN AND BUILD

Record of Project-based Course Construction

张冠伟　主编

图书在版编目(CIP)数据

设计与建造项目式课程建设实录 / 张冠伟主编. --
天津 : 天津大学出版社, 2021.6（2022.9重印）
（新工科教育系列丛书）
ISBN 978-7-5618-6954-3

Ⅰ.①设… Ⅱ.①张… Ⅲ.①产品设计－课程建设－高等学校②产品开发－课程建设－高等学校 Ⅳ.①TB472②F273.2

中国版本图书馆CIP数据核字(2021)第104130号

出版发行 天津大学出版社
地　　址 天津市卫津路92号天津大学内（邮编:300072）
电　　话 发行部:022-27403647
网　　址 www.tjupress.com.cn
印　　刷 廊坊市海涛印刷有限公司
经　　销 全国各地新华书店
开　　本 185mm×260mm
印　　张 16.5
字　　数 412千
版　　次 2021年6月第1版
印　　次 2022年9月第2次
定　　价 48.00元

前　　言

本书是本科生新工科项目式课程设计与建造课程建设中的课程文档汇总。设计与建造课程是面向一年级学生开设的一门有关产品设计与开发的项目式课程，其主要目标是通过学习产品设计与开发过程，实施基于项目的学习，使学生掌握产品和技术研发过程，了解工程师的工作特点，运用现代设计技术与方法解决产品和系统设计的问题。课程参考了 Harvey Mudd College 的 Introduction to Engineering Design and Manufacturing 课程，通过改变课程内容与组织形式，改变教学形式，改变考核结构，实施新工科项目式课程教学。在课程组织方面，授课学时占总学时的 25%，研讨学时占 25%，实验学时占 50%。授课内容包括产品设计流程、产品设计与表达工具软件使用、制造与控制技术、项目管理技术和工程伦理等。学生通过完成智能派送车设计与建造项目，获得项目实践经验和团队工作经历，对产品和技术开发有了更深刻的理解，学习运用结构化方法解决非结构化工程实际问题，培养了团队合作、沟通交流和项目管理的基本能力。课程教学形式采用大班授课、小班研讨，结合项目，边学边做。课程考核注重过程考核，有意培养学生的设计表达、书面表达、口头表达能力。课程推进的每个阶段都要求学生提交报告，并展示项目进展，教师评价学生的阶段性工作，并提出反馈意见。课程项目评估包括阶段性报告和项目作品跑测竞赛。

本书共分为 7 章，主要内容包括项目式课程建设、设计与建造课程文档、设计与建造课堂授课、设计与建造研讨课、设计与建造实验课、设计与建造课程考核文档、课程总结。本书汇集了“设计与建造”课程授课过程中所用的文档资料，书中所引用图书的内容，版权归被引用图书。

本书主要用作新工科教育下项目式课程建设的案例教材或参考资料，也可作为普通高等院校相关专业的参考书，还可供广大机械大类专业的学习者、从事机械制造的工程技术人员参考使用。

本书由天津大学设计与建造课程教学团队编写，具体分工：第 1 章由顾佩华、张冠伟、孙涛编写，第 2 章由张冠伟、康荣杰编写，第 3 章由顾佩华、张冠伟、陈永亮（概念设计）、姜杉、郑惠江（详细设计）、康荣杰（机电控制）、倪雁冰（产品制作）、邵宏宇（经济分析）编写，第 4 章由张冠伟、陈永亮、郑惠江、康荣杰编写，第 5 章由叶武（手绘草图）、郑惠江、李君兰（产品设计与表达工具软件使用）、王磊（虚拟现实）、赵庆（3D打印机结构与拆装）、朱赴安（操作安全事项）编写，第6章由张冠伟编写，第7章由张冠伟、王磊、康荣杰编写。另外，课程团队的老师董靖川、刘建彬、王鹏也积极参与了编写工作。

全书由天津大学张冠伟教授统稿，天津大学新工科教育中心主任顾佩华教授主审，并提出了许多宝贵的意见。本书在编写过程中得到了全国新工科教育创新中心，天津大学机械工程学院、求是学部、建筑学院、智能与计算学部、数学学院、电气自动化与信息工程学院、教育学院多位老师的鼓励、支持与帮助，本书编写团队在此表示衷心的感谢。

新工科项目式教学还在不断实践与完善的过程中，加之编者水平所限，书中难免有不妥之处，恳请读者批评和指正。

设计与建造课程教学团队

2021年2月

目　　录

第 1 章　项目式课程建设

1.1　引言

教育部提出新工科建设旨在培养符合当前和未来科技发展和产业革命需求的卓越工程创新人才，实现面向未来、面向世界、面向需求，聚焦学生培养持续创新的工程教育。新工科教育是面向新工业革命与未来科技和工业发展的工程教育系统性变革与全面创新；探索工程教育的新理念，根据新理念建立工程教育的新模式，基于新工程教育模式，构建新的人才培养和新课程体系，为了构建新培养体系，需要建设新课程内容，根据新课程学习要求，利用数字教育教学资源，探索更有效的新教与学方法，为了持续提高教育教学和人才培养质量，建立工程教育的新质量标准；即以新理念、新模式、新培养体系、新课程内容、新教与学方法、新质量标准和新要求建设新工科专业，系统性改造和创新现有工科专业；促进新兴工程教育领域与教育实践的发展，探索工程教育的新模式和新范式，培养未来科技和工业发展需要的工科毕业生，支撑国家创新经济发展[1]。

新工科天津大学方案的核心理念是以立德树人统领人才培养全过程，通过融合新文理教育、多学科工程教育和个性化的专业教育，塑造学生的人格和核心价值观，培养学生卓越的专业素质和能力，实现全人教育和全面培养。

新工科天津大学方案提出建设未来科技/产业发展重要主题的多学科交叉融合和跨学科培养平台，如未来智能机器和系统培养平台、未来智能医疗与健康教育平台等。聚焦平台的科技和产业主题，整合不同专业课程体系的共同要求，如智能机器与系统的自然科学和数学、智能产品和技术研发、思维、多学科团队工作、沟通、项目管理等共同要求，通过平台必修课实现共同的培养要求。不同专业课程体系通过聚焦同一科技主题进行系统性整合，形成多学科交叉融合的课程体系，实现真正的多学科工程教育。

新工科培养方案和课程体系突出“通”“融”（coherence）和“新”，按照天津大学的专业综合教育目标（comprehensive educational goals，CEG）设计课程体系。在融合贯通课程体系中定义了五种项目，培养过程坚持以学生发展为中心，以卓越目标为导向，以开放式、多学科交叉和跨学科培养平台为依托，书院-导师组相结合，以五种项目集成的模块化课程新体系、课程的新内容与教与学的新方法，建立全周期、全过程、全角度评价的教学新质量保障机制，践行持续创新的工程教育新模式，探索新工业时代的工程教育新范式。

1.2 贯穿大学四年的项目式课程体系

1.2.1 基于 OBE 的模块化课程体系

基于 OBE(outcomes-based education)的模块化课程体系将培养标准(学习结果或学习产出, intended learning outcomes, ILOs)分配到课程等教学环节,然后进行评价和迭代,这是一个从抽象到具体、从宏观到微观的反复迭代的设计过程。关注自然科学、数学、工程科学等基础知识的系统性和专业科技知识的先进性,定期更新专业课内容。以不同类型的项目为学生提供产品和技术研发、创新和创造产品和技术的经历和经验,使学生掌握运用结构化方法解决非结构化工程实际问题(Use structured methods to solve unstructured engineering problems)的技能。

重构融合贯通的一体化课程体系,强调课程的关联性。以项目为链的模块化课程体系(图 1.2-1)以五种项目(课程项目、课程组(群)项目、多学科团队项目、本科研究项目、毕业设计研发项目)为节点、建设项目——课程元的模块化课程体系。培养产品和系统设计——工程建造、创造与创新、团队工作、项目管理、领导与执行能力等工程职业素养,毕业生团队完成原创技术或产品。

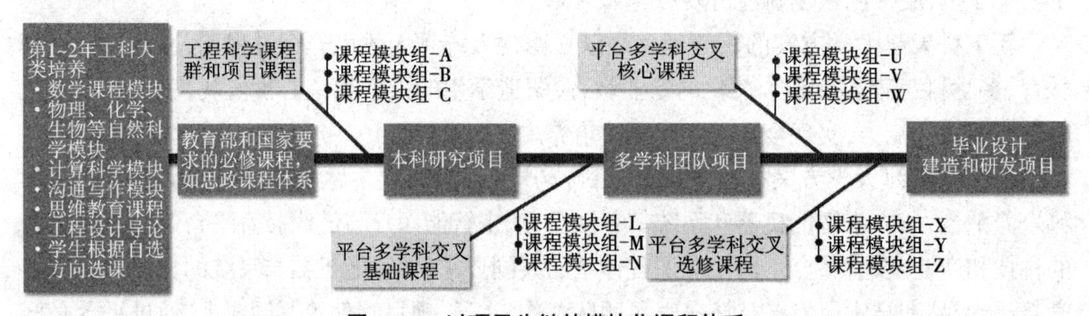

图 1.2-1 以项目为链的模块化课程体系

1.2.2 项目学习的节点作用

以项目为节点,将课程模块联系起来(图 1.2-2),使学生应用所学知识解决实际工程问题。鼓励从以教师教课为主向以学生学习为主的范式转变,培养学生主动学习和终身学习的能力。充分利用高水平 MOOC 资源,实践翻转课堂,推进混合学(hybrid-blend learning),融合 MOOC 与面对面学习,提高学习效率和效果。鼓励学生团队学习、共同学习和朋辈学习,提高学生的自主学习和知识探究能力。

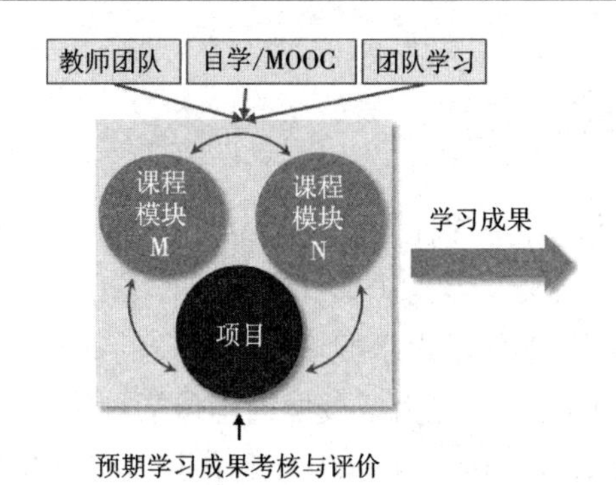

图 1.2-2　以项目为节点使课程模块相联系

1.3　五种项目

新工科的培养方案强调扎实的数理基础，要求学生完成多个项目，包括一、二年级的课程项目、课程组（群）项目，三年级的多学科团队项目和本科研究项目，四年级的毕业设计研发项目，而且必须是原创的产品或技术。

1. 课程项目

在一年级引入课程项目，开展基于项目的学习，根据课程内容的需要，鼓励教师采用项目教学，通过体验式学习（experiential learning），让学生体验和掌握主动学习模式，提高学生应用课程核心知识解决问题的能力。

2. 课程组（群）项目

课程组（群）项目培养学生应用课程组（群）涉及的领域的核心知识（如热-流体领域）解决实际工程问题的能力。

3. 多学科团队项目

多学科团队项目是符合培养平台主题的多学科工程技术项目，根据平台主题由学生团队完成一个多学科项目，解决一个较复杂的工程问题或者开展一项技术的研发。

4. 本科研究项目

本科研究项目是本科生参与重点实验室等研究机构的科研题目，加入指导教师的科研项目、竞赛、企业提供的研发项目、自选题目等，为学生提供科研经历和经验。

5. 毕业设计研发项目

毕业设计研发项目要求学生团队（多学科、大团队）完成一个产品或者一项技术的研发。项目可以是多学科团队项目或者科研项目的延续，但必须是原创性（不能是训练型）的，有具体目标和项目计划。项目的复杂和先进程度体现了学生的工程创新和研发能力。

在项目实施的过程中，要保护和鼓励学生的好奇心和想象力，培养学生的创造和创新能力、应用知识解决复杂工程和科技问题的能力、团队合作和项目管理能力、执行力和领导力。

1.4 项目式课程建设

项目式课程建设以设计与建造课程为例进行说明。设计与建造课程为面向一年级学生的有关产品设计与开发的入门级课程，实施项目式教学，培养学生运用现代设计技术与方法解决设计问题的能力。课程教学使学生掌握设计与制造的基本知识，培养学生对产品设计/制造全过程的认知、实践和总结交流能力。授课内容包括产品设计流程、产品设计与表达工具软件使用、制造与控制技术、项目管理技术和工程伦理等。学生通过完成智能派送车设计与建造项目，获得项目实践经验和团队工作经历，对产品和技术开发有了更深刻的理解，培养了团队合作、沟通交流和项目管理的基本能力。通过课程内容学习和项目工作，学生学习了产品设计和开发过程，并掌握了 CAD、手绘、电路设计、 3D 打印、基础制造过程等产品设计和建造技能。学生团队制作的智能派送机器人小车能够沿着规定的路径行进，在规定的地点投放物体。图 1.4-1 显示了与课程内容对应的项目流程进度。课程推进的每个阶段都要求学生提交报告，并展示项目进展，教师评价学生的阶段性工作，并提出反馈意见。课程项目评估包括阶段性报告和最后项目展览和竞赛。

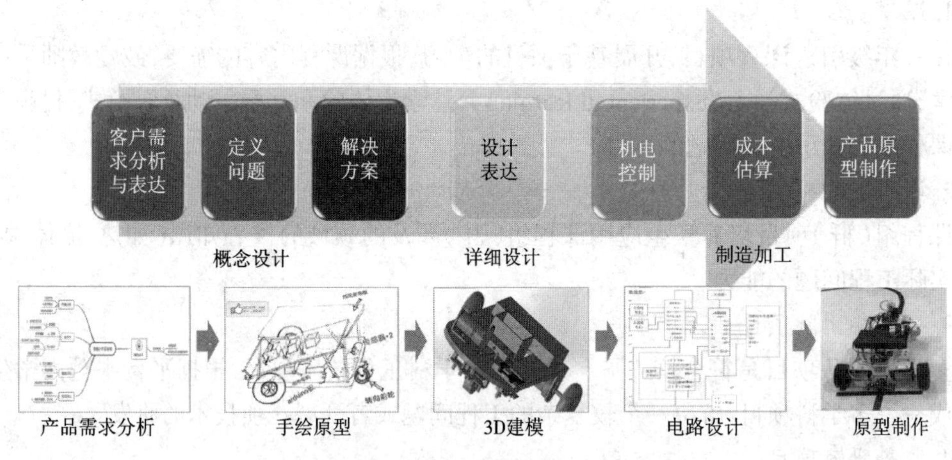

图 1.4-1　以产品设计开发过程引导课程学习

1.4.1 课程教学团队

教学团队由多名教师组成，鼓励跨学科、跨学院组成课程教学团队。设计与建造教学团队包括授课教师、研讨课教师、实验教师共 15 人，教师来自机械学院和建筑学院。这门课对教学团队成员都是全新的教学体验，在课程准备期间，教学团队通过多次会议讨论、规划和准备课程，在课程进行中每周召开教学团队会议，共同备课、试讲和说课。

1.4.2 基于 OBE 的课程目标

课程教学团队参考哈维姆德学院（Harvey Mudd College）一年级的工程设计与制造导

论(E4. Introduction to Engineering Design and Manufacturing)课程和佐治亚理工学院(Georgia Institude of Technology)二年级的创意决策与设计(ME2110. Creative Decisions and Design)课程的教学内容,以学习结果(intended learning outcomes)为导向,确定设计与建造课程目标。

课程目标 1:掌握产品设计与开发流程的基本知识,实践产品设计制造全过程,培养定义问题和解决问题的能力。

课程目标 2:掌握产品设计表达和工程图学的基本知识,学会手绘草图和使用 CAD、CAE、CAM、VR 等工具软件。

课程目标 3:培养学生团队协作、合作学习和用书面、口头、形象化手段进行有效交流沟通的能力。

课程目标 4:了解工程材料、机械制造方法、控制系统设计的基本知识,制作产品原型,培养实践动手能力。

课程目标 5:了解项目管理和工程伦理的基本知识。

总体来讲,本课程要求学生掌握产品设计的开发流程,熟练使用设计工具软件,提高交流表达(包括设计表达、书面表达、口头表达)能力。

1.4.3　课程大纲

制定设计与建造课程大纲,按照天津大学新工科建设目标和要求,采用项目式教学方式。课程内容和组织如表 1.4-1 所示,课程总学时为 56 学时,授课 14 学时,研讨课 14 学时,实验课 28 学时。按照少讲多练的思路,压缩课堂授课学时,采用大班授课、小班研讨和实验课相结合的教学方式,目的是以项目为载体,让学生掌握产品设计开发的基本知识和技能,秉承工程师的职业态度,培养创新能力。

表 1.4-1　设计与建造课程内容和组织

周数	授课(14 学时)	研讨课(14 学时)	实验课(28 学时)
6	第 1 章 工程设计概论		
7		任务分工,工程师的职责	
8	第 2 章 产品规划		三维软件使用上机(4)
9		客户需求分析,目标树	手绘实践(2)
10	第 3 章 概念设计		三维软件使用上机(4)
11		概念设计,方案选择	
12	第 4 章 详细设计		产品设计上机(4)
13		产品详细设计	VR 软件使用(2)
14	第 5 章 机电控制		产品设计上机(4)
15		产品控制部分设计	产品制作(2)
16	第 6 章 产品制作		
17		零部件制作与装配	产品制作(2)

续表

周数	授课(14 学时)	研讨课(14 学时)	实验课(28 学时)
18	第 7 章 经济分析		产品制作(2)
19		产品设计总结	产品制作(2)

注:2019 级学生前 3 周有军训和课前准备,故课程安排从第 6 周开始。

设计课程教学计划,精心安排课堂教学内容和教学进度,理清楚课程的知识点:要讲哪些内容,哪些内容学生自学,哪些通过研讨课学习,哪些通过实验课学习,实验课如何与学生制作产品更好地结合。专业知识力求新颖(代表当前和未来的发展),去掉过时的教学内容,规划出学生自主学习的内容、阅读的主要参考图书和网络资源。充分利用 MOOC 资源,调动学生学习的积极性,提高学习效率和学习效果。

为保证课程目标的达成,课程教学团队细化课程教学过程和课程考核评价,确定课程考核标准。注重课程教学中的过程考核和学生的团队合作与交流表达能力的考核。设计与建造课程考核内容细分如表 1.4-2 所示,课程总成绩包括:课程报告 60% +设计过程口头表达与个人贡献 20% +原型展示与总报告 20%。其中课程报告共有 7 次,按在产品设计过程中所占的比重,各次课程报告的分数占比分别为 5%、10%、20%、40%、10%、10%、5%。课程总报告是 7 次课程报告的汇总,增加了摘要、目录和团队成员的个人总结。

表 1.4-2 设计与建造课程考核

考核结构	考核内容细分	占比
课程报告 60%	课程报告 1:项目分工,项目进度安排,甘特图	5%
	课程报告 2:产品规划,客户需求分析,目标树	10%
	课程报告 3:概念设计,多方案选择,功能图与具体实现方案	20%
	课程报告 4:产品详细设计,2D、3D 零件图和装配图	40%
	课程报告 5:控制部分设计,控制原理图,控制算法与实现	10%
	课程报告 6:产品制作,零部件选用,关键零件制作,产品装配	10%
	课程报告 7:产品开发经济分析和社会影响	5%
设计过程口头表达与个人贡献 20%	研讨课个人参与与提问	50%
	结果答辩个人贡献与表达	50%
原型展示与总报告 20%	产品原型演示考核	40%
	课程总报告(小组报告、个人总结、会议记录)	60%

1.4.4 课程准备

设计与建造课程主教材选用 Karl T. Ulrich 和 Steven D. Eppinger 编写的 *Product Design and Development*(6th Edition),其中译本《产品设计与开发》(原书第 6 版)由机械工业出版社出版,封面如图 1.4-2 所示。同时针对产品设计、设计表达、工具软件、机电控制、产品制作等给学生列出参考书目清单和 MOOC 课程网址。

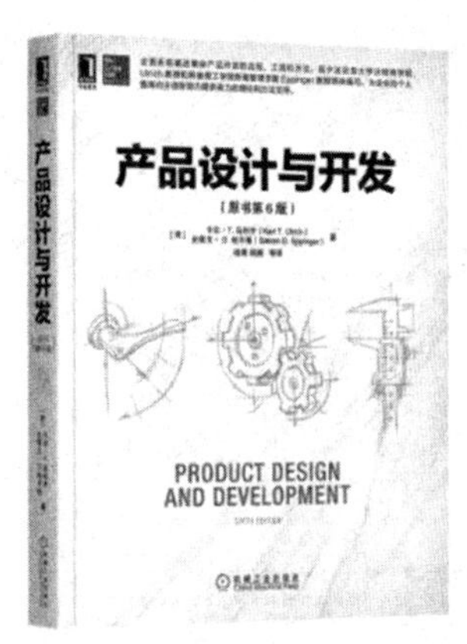

图 1.4-2　设计与建造课程主教材封面

设计与建造课程项目任务描述：本项目以团队为单位，团队成员分工合作，设计、建造并测试运行智能派送车；课程结束时各团队携带设计作品参加跑测竞赛，完成课程总报告和答辩。派送车从出发区发车，沿着地面轨迹线自主驶向终点，途中完成三个包裹的投放任务。

课程教学团队对项目作品进行设计。教学团队的教师在开课前对项目作品进行样车预制，了解清楚项目过程中可能遇到的各种问题，准备好备选方案。

建立课程教学网站，便于课程信息发布、学生作业提交。

列出课程实施过程中的准备工作清单（表 1.4-3）和负责人，各项工作提前 1~2 周完成。

表 1.4-3　课程准备工作清单示例

	序号	名称	授课概要	提交物	负责人	上课地点	预计完成时间	就绪时间	上课时间
课前准备	实验教学	智能派送小车	样车试制	样车 基础需求物料清单 基本工具清单	康荣杰 董靖川		9 月 24 日	第 5 周	第十五周
第 6 周	授课 1	产品设计导论	课程组成介绍 工程，设计，产品开发（第 1 章） 产品开发流程（第 2 章） 项目管理（第 19 章） 作品设计制作任务单	PPT 讲稿 录像 工程案例	张冠伟	46 楼 A311	9 月 16 日 第五周就绪	第 5 周	第 6 周 9 月 27 日上午第 3、4 节
	学习 1	课下学习内容	课后作业案例分析设计，为“快递车”方案设计搜集资料	课下学习文献资料、作业	张冠伟		9 月 16 日	第 5 周	第 6 周
第 7 周	研讨 1	产品设计流程	针对设计任务单搜集资料 提交课程报告 1：项目任务分工，项目进度安排		张冠伟 王磊 陈永亮 康荣杰	智慧教室 33 楼 125	9 月 16 日	第 5 周	第 7 周（十一放假）

编制课程报告书编写说明和报告书模板如图 1.4-3 所示。

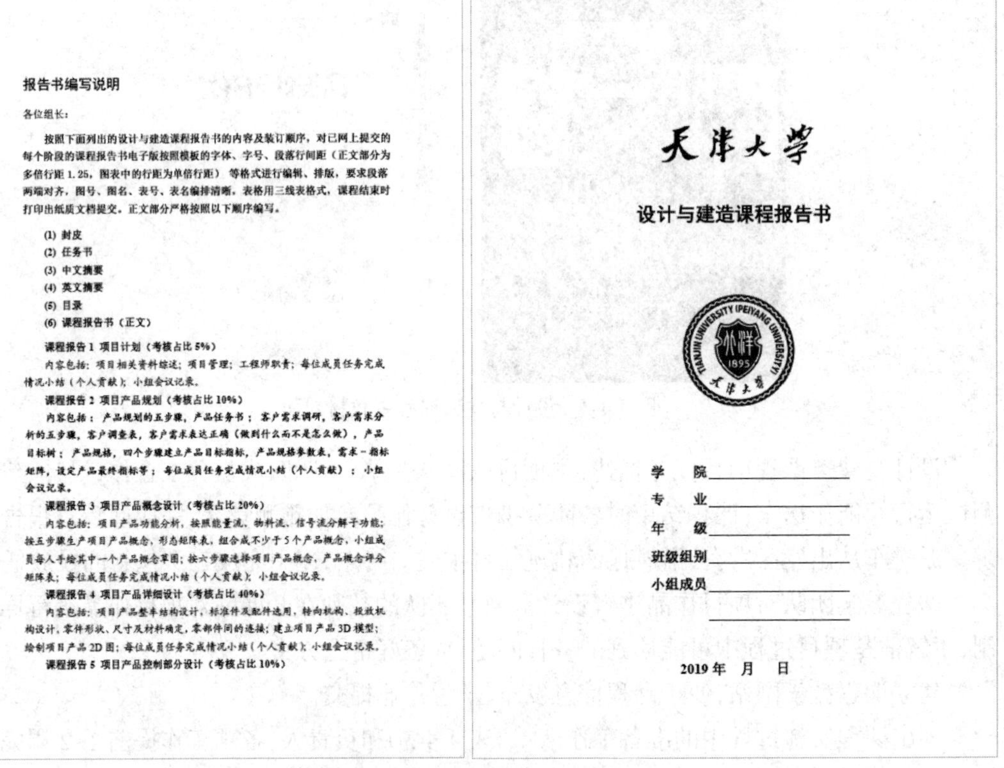

报告书编写说明

各位组长：

按照下面列出的设计与建造课程报告书的内容及装订顺序，对已网上提交的每个阶段的课程报告书电子版按照模板的字体、字号、段落行间距（正文部分为多倍行距 1.25，图表中的行距为单倍行距） 等格式进行编辑、排版，要求段落两端对齐，图号、图名、表号、表名编排清晰，表格用三线表格式，课程结束时打印出纸质文档提交。正文部分严格按照以下顺序编写。

(1) 封皮
(2) 任务书
(3) 中文摘要
(4) 英文摘要
(5) 目录
(6) 课程报告书（正文）

课程报告 1 项目计划（考核占比 5%）

内容包括：项目相关资料综述；项目管理；工程师职责；每位成员任务完成情况小结（个人贡献）；小组会议记录。

课程报告 2 项目产品规划（考核占比 10%）

内容包括：产品规划的五步骤，产品任务书；客户需求调研，客户需求分析的五步骤，客户调查表，客户需求表达正确（做到什么而不是怎么做），产品目标树；产品规格，四个步骤建立产品目标指标，产品规格参数表，需求－指标矩阵，设定产品最终指标等；每位成员任务完成情况小结（个人贡献）；小组会议记录。

课程报告 3 项目产品概念设计（考核占比 20%）

内容包括：项目产品功能分析，按照能量流、物料流、信号流分解子功能；按五步骤生产项目产品概念，形态矩阵表，组合成不少于 5 个产品概念，小组成员每人手绘其中一个产品概念草图；按六步骤选择项目产品概念，产品概念评分矩阵表；每位成员任务完成情况小结（个人贡献）；小组会议记录。

课程报告 4 项目产品详细设计（考核占比 40%）

内容包括：项目产品整车结构设计，标准件及配件选用，转向机构、投放机构设计，零件形状、尺寸及材料确定，零部件间的连接；建立项目产品 3D 模型；绘制项目产品 2D 图；每位成员任务完成情况小结（个人贡献）；小组会议记录。

课程报告 5 项目产品控制部分设计（考核占比 10%）

天津大学

设计与建造课程报告书

学　　院________

专　　业________

年　　级________

班级组别________

小组成员________

2019 年　月　日

图 1.4-3　课程报告书模板

1.4.5　课程实施

项目式课程教学团队每周组织一次教学集体备课。

项目式课程在正式授课的前一周召开全体师生参加的课程见面会，介绍项目式课程的培养目标、教学计划、教学场地、考核方式，发布项目作品的制作、考核与竞赛要求。

在项目式课程实施过程中，教学团队基于项目式教学思想，将学生分成若干设计小组，通过研讨课和实验课做好项目式课程指导。在项目作品制作过程中，教学团队注重对学生进行劳动教育，培养其工程素养和工程师的责任意识，使其养成良好的工作习惯，包括制作件的管理、工作现场卫生清扫。

项目式课程教学团队在开课前要购置学生制作作品所用的备件，并在学生制作作品的工作场所准备存放柜，用于存放工具、材料和作品。学生领用元器件时要登记、交押金，押金用于在实验过程中损坏件、丢失件的赔偿，在课程结束时退还。

1.4.6　课程档案

设计与建造课程档案（表 1.4-4）包括课程文档、授课讲义、实验课讲义、研讨课文档、课程考核文档和平台操作指南。

表 1.4-4　设计与建造课程档案

课程文档	授课讲义	实验课讲义	研讨课文档	课程考核文档	平台操作指南
课程教学大纲	课程见面会	手绘	研讨课分组	课程成绩评定表	网络平台操作指南
课程教学日历	设计与建造 0	设计工具软件 1	研讨课记录单	课程报告成绩表	
课程授课提要	设计与建造 1	设计工具软件 2	研讨课讨论议题	派送车竞赛成绩表	
课程准备工作纪要	设计与建造 2	设计工具软件 3	研讨课文档	小组工作自评表	
课程报告书模板	设计与建造 3	设计工具软件 4			
产品设计项目任务书	设计与建造 4	VR 实验			
派送车设计说明书	设计与建造 5	3D 打印机拆装			
派送车元部件说明	设计与建造 6				
电子元器件端口说明	设计与建造 7				

1.4.7　课程总结

项目式课程建设边实施、边完善，多次迭代，不断改进。课程结课后，课程教学团队对授课过程的各个环节进行总结，提出课程完善改进建议。

第 2 章　设计与建造课程文档

2.1　课程教学大纲

2.1.1　课程基本信息

课程代码:2010921。

课程名称:设计与建造。

英文名称:Design and Build。

学时/学分:56/3。

学时分配:授课,14;研讨课,14;实验课,28。

适用专业:未来智能机器与系统。

授课学院:机械工程学院。

教材和主要参考书如下。

卡尔 T 乌利齐,史蒂文 D 埃平格. 产品设计与开发(原书第 6 版)[M]. 杨青, 杨娜,等, 译. 北京: 机械工业出版社,2018.

(1)产品设计

[1] 马克 N 霍伦斯坦. 工程思维(原书第 5 版)[M]. 宫晓利, 张金, 赵子平,译. 北京: 机械工业出版社,2017.

[2] GEORGE E DIETER, LINDA C SCHMIDT. Engineering design[M]. 5th ed. McGraw-Hill, 2013.

[3] YOUSEF HAIK, TAMER M SHAHIN. Engineering design process[M]. 2nd ed. Cengage Learning, 2011.

(2)工程图学和三维软件

[1] 陈东祥,姜杉. 机械工程图学[M].2 版. 北京: 机械工业出版社, 2016.

[2] 叶武. 设计·手绘[M]. 北京:北京理工大学出版社, 2007.

[3] 黄建峰,等. 中文版 Creo 4.0 从入门到精通[M]. 北京: 机械工业出版社, 2017.

[4] 天工在线. 中文版 SOLIDWORKS 2018 从入门到精通(实战案例版)[M]. 北京: 中国水利水电出版社, 2018.

(3)机电控制

[1] 梁景凯,盖玉先. 机电一体化技术与系统[M]. 北京: 机械工业出版社,2010.

[2] 陈吕洲. Arduino 程序设计基础[M]. 北京: 北京航空航天大学出版社,2014.

[3] GORDON MCCOMB. Arduino 机器人制作指南[M]. 唐乐,译. 北京:科学出版社,2014.

(4)产品制作

[1] 张世昌,李旦,张冠伟. 机械制造技术基础[M].3 版. 北京:高等教育出版社,2014.

[2] MIKELL P GROOVER. Fundamentals of modern manufacturing: materials, processes, and systems[M]. 5th ed. John Wiley & Sons, Inc, 2012.

[3] SEROPE KALPAKJIAN, STEVEN R SCHMID. Manufacturing engineering and technology[M]. 7th ed. Prentice Hall, 2014.

2.1.2 课程简介

设计与建造课程是面向一年级学生的有关产品设计与开发的入门级课程,实施项目式教学,培养学生运用现代设计技术与方法解决设计问题的能力。授课内容包括工程师的责任与义务、产品设计流程、产品设计与表达工具软件使用、制造与控制技术、项目管理技术和工程伦理等。实践围绕一个产品的构思、设计、制作与展示全过程。通过课程教学,使学生掌握设计与制造的基本知识,培养学生对产品设计制造全过程的认知、实践和总结交流能力,培养工程师的基本素质。

2.1.3 课程目标

1. 课程目标

课程目标 1:掌握产品设计与开发流程的基本知识,实践产品设计制造全过程,培养定义问题和解决问题的能力。

课程目标 2:掌握产品设计表达和工程图学的基本知识,学会手绘草图和使用 CAD、CAE、CAM、VR 等工具软件。

课程目标 3:培养学生团队协作、合作学习和用书面、口头、形象化手段进行有效交流沟通的能力。

课程目标 4:了解工程材料、机械制造方法、控制系统设计的基本知识,制作产品原型,培养实践动手能力。

课程目标 5:了解项目管理和工程伦理的基本知识。

2. 课程目标与毕业要求指标点的对应关系

课程目标与毕业要求指标点的对应关系如表 2.1-1 所示。

表 2.1-1 设计与建造课程目标与毕业要求指标点的对应关系

序号	毕业要求指标点	课程目标1	课程目标2	课程目标3	课程目标4	课程目标5
1	4. 问题分析：具有敏锐的观察力，能够应用数学、自然科学和工程科学的基本原理，识别、表达并通过文献研究分析复杂工程问题，以获得有效结论	✓				
2	5. 设计/开发/建造：能够设计针对复杂工程问题的解决方案，设计满足特定需求的系统、单元(部件)或工艺流程，并能够在设计环节中体现创新意识和创造能力，考虑社会、健康、安全、法律、文化和环境等因素		✓		✓	
3	7. 使用现代工具：能够针对复杂工程问题，开发、选择与使用恰当的技术、资源、现代工程工具和信息技术工具，包括对复杂工程问题的预测与模拟，并能够理解其局限性		✓		✓	
4	11. 个人和团队：个人身心健康、全面发展，以集体荣誉为重，具有团队精神，能够在多学科背景下的团队中承担个体、团队成员和负责人的角色，并具备促进组织发展与进步的领导力和执行力			✓		
5	12. 沟通：能够就复杂工程问题与业界同行和社会公众进行有效沟通，善于表达和交流，包括撰写报告和设计文稿、陈述发言、清晰表达、回应指令，并具备一定的国际视野，具有跨文化沟通交流和国际合作能力			✓		
6	13. 项目管理：理解并掌握工程管理原理与经济决策方法，能在多学科环境中应用					✓

2.1.4 基本要求

设计与建造课程以项目小组的形式展开工作，小组成员通过合作学习、协同工作完成一个项目产品的设计制造全过程。这样可以培养学生的团队协作精神，同时注重其个性发展，使每个学生的潜能都得到充分发挥，提高学生的学习力。具体进程和要求如下。

1)课程授课 14 学时，学生汇报/研讨 14 学时，每周 2 学时，按教学计划安排集中授课或研讨一次。

2)在课程开始的前 2 周制定项目设计任务书，明确任务要求。

3)组建项目团队，讨论项目进度计划，划分组内成员的任务。

4)小组成员每周召开小组讨论会，讨论与协调解决实验中的各种问题，确定下一步工作要点，做会议记录，提交课程阶段报告。

5)实验课平均每周 2 学时，指导教师在实验室有针对性地指导学生。

6)课程结束后提交并演示产品原型，提交符合科技文档写作规范的项目设计报告书，并按小组进行答辩。

2.1.5 具体要求

1. 课程教学内容

课程教学内容、教学方式与课程目标的对应关系如表 2.1-2 所示。

表 2.1-2　设计与建造课程目标与教学内容、教学方式的对应关系

序号	主要内容	教学内容细分	学时	教学方式	预期学习结果	课程目标
1	工程设计概论	1.1 工程设计概述 1.2 产品开发流程 1.3 项目管理	2	授课	了解工程设计的特点与挑战，熟悉产品设计与开发流程，开发团队的构成、分工和计划安排，工程师的职责	课程目标 1 课程目标 5
		产品开发，工程师的职责	2	研讨	小组汇报，研讨，提交课程报告 1：项目调研，任务分工，项目进度安排，甘特图	
2	产品规划	2.1 产品规划 2.2 客户需求 2.3 产品规格	2	授课	理解产品规划、客户需求、产品规格的含义、内容和实施步骤，对产品进行分析	课程目标 1 课程目标 2 课程目标 3
		产品规划，客户需求，产品规格	2	研讨	小组汇报，研讨，提交课程报告 2：客户需求，产品任务书，产品指标参数，目标树	
3	概念设计	3.1 概念生成 3.2 概念选择 3.3 概念测试	2	授课	理解概念生成、概念选择、概念测试的含义、内容和实施步骤，每组提出不少于 5 个设计方案，概念选择与改进，描述全过程	
		产品概念选择、测试	2	研讨	小组汇报，研讨，提交课程报告 3：产品概念设计，方案比较，功能图与结构实现	
		Lab1 手绘草图	2	实验	掌握手绘技能，对设计概念手绘草图	
4	详细设计	4.1 产品设计表达 4.2 零部件连接 4.3 常见机构传动	2	授课	掌握工程图学的基本知识和国家标准，绘制出符合国标的二维图；了解连接与机构传动	
		产品详细设计与验证	2	研讨	小组汇报，研讨，提交课程报告 4：产品详细设计任务	
		Lab1 基本立体生成 Lab2 零件设计 Lab3 零件装配与运动仿真 Lab4 零件工程图 Lab5 装配工程图 Lab6 VR 软件使用	18	实验	掌握设计软件的使用，并能够用于产品设计实践，绘制产品的 3D、2D 零件图，装配图	

续表

序号	主要内容	教学内容细分	学时	教学方式	预期学习结果	课程目标
5	机电控制	5.1 机电控制的基本概念 5.2 控制系统组成原理 5.3 电路设计与软件编程	2	授课	掌握控制系统的基本组成原理,了解控制元器件及其选用,掌握简单的控制编程技术	课程目标 3 课程目标 4
		产品总体设计	2	研讨	小组汇报,研讨,提交课程报告5:产品总体设计方案,原理图,控制算法与实现	
		Lab1 控制系统搭建	2	实验	掌握产品运动控制的基本原理与方法	
6	产品制作	6.1 工程材料 6.2 零件制造方法 6.3 3D 打印	2	授课	了解工程材料的类型,常用的零件成型与加工方法	
		产品制作	2	研讨	小组汇报,研讨,提交课程报告6:产品零部件的选用,材料的选择,关键零件的制作	
		Lab1 钻削加工 Lab2 钳工装配 Lab3 3D 打印机拆装	6	实验	掌握台式钻床的操作,3D 打印设备的拆装和操作,完成产品原型的制作	
7	经济分析	7.1 企业经济分析的基本概念 7.2 资金时间价值与工程经济评价 7.3 研发项目经济分析	2	授课	了解产品开发经济分析方法,理解和评价其对社会的综合影响	课程目标 3 课程目标 5
8	报告撰写	产品设计总结	2	研讨	报告的编写符合科技论文写作规范,提交产品设计报告书	
总计			56			

2. 课程教学方法

采用授课(14 学时)+ 研讨课(14 学时)+ 实验课(28 学时)的教学方式,以学生自主学习和合作学习为主,以教师讲授、辅导为辅的教学方法,以学生小组为单位,分工协作,在做中学,在产品制作中发现问题,研讨解决问题。

1)针对每个设计阶段,教师讲授主要基础知识。

2)学生基于项目合作学习,小组研讨。学生基于项目自组织,以团队的形式合作学习,协同工作。

3)小组汇报,班级研讨。研讨课各小组汇报工作进展,对遇到的问题集中讨论解决。

2.1.6 学时分配

总课时为 56 学时,其中授课 14 学时,研讨课 14 学时,实验课 28 学时。各章学时分配如表 2.1-3 所示。

表 2.1-3　设计与建造课程学时分配

教学内容	授课	研讨	实验	自学	课程设计	大作业	其他
1. 工程设计概论	2	2				课程报告 1	
2. 产品规划	2	2				课程报告 2	
3. 概念设计	2	2	2			课程报告 3	
4. 详细设计	2	2	18			课程报告 4	
5. 机电控制	2	2	2			课程报告 5	
6. 产品制作	2	2	6			课程报告 6	
7. 经济分析	2	2				课程报告 7	
总计	14	14	28				

2.1.7　考核与评价方式和标准

课程目标落实与学习成果观测如表 2.1-4 所示。表中掌握程度以 Bloom's 教学目标分类法为基础描述，分为 L1（记忆）、L2（理解）、L3（应用）、L4（分析）、L5（评估）、L6（创造）。

表 2.1-4　设计与建造课程目标落实与学习成果观测

学习成果		学习任务、过程和观测		
预期学习成果	细化预期学习成果	预设学习任务	掌握程度	观测点
课程目标 1	培养定义问题、分析问题和解决问题的能力，熟悉产品开发流程	产品规划	L3	客户需求分析，目标树（课程报告 2）
		概念设计	L3	手绘草图，概念选择，功能图与结构实现（课程报告 3）
		详细设计	L3	系统总图，装配图、零件图（课程报告 4）
		机电控制	L2	控制原理图，控制算法与实现（课程报告 5）
		产品制作	L2	关键零部件制作，产品装配（课程报告 6）
课程目标 2	产品设计表达，常用工具软件的使用	产品设计	L3	使用工具软件绘制产品的 2D、3D 零件图、装配图（课程报告 4）
课程目标 3	团队合作与交流	研讨汇报	L3	研讨课个人参与与提问，产品过程总结与交流
课程目标 4	产品制作与机电控制	产品制作	L3	产品原型演示考核
课程目标 5	项目管理	产品开发过程	L3	工作进度安排，分工合作，成本核算（课程报告 1、7）

课程考核评分组成与要求如表 2.1-5 所示。课程过程报告 60% + 设计过程口头表达 20% + 原型展示和总报告 20%。

表 2.1-5 设计与建造课程考核评分组成与要求

序号	考核结构	考核内容细分	占比
1	课程报告 60%	课程报告 1:项目分工,项目进度安排,甘特图	5%
		课程报告 2:产品规划,客户需求分析,目标树	10%
		课程报告 3:概念设计,多方案选择,功能图与具体实现方案	20%
		课程报告 4:产品详细设计,2D/3D 零件图和装配图	40%
		课程报告 5:控制部分设计,控制原理图,控制算法与实现	10%
		课程报告 6:产品制作,零部件选用,关键零件制作,产品装配	10%
		课程报告 7:产品开发经济分析及社会影响	5%
2	设计过程口头表达个人贡献 20%	研讨课个人参与与提问	50%
		结果答辨个人贡献与表达	50%
3	原型展示与总报告 20%	产品原型演示考核	40%
		课程总报告(小组报告、个人总结、会议记录)符合写作规范	60%

2.2 项目任务书

2.2.1 项目名称

智能派送车设计与制造。

2.2.2 项目设计目的

1)培养工程设计理念,探索工程设计模式。

2)理解专业分工的要求,实施多专业合作交流。

3)培养定义问题和解决问题的能力。

4)了解产品设计的基本流程,掌握机械零件设计表达的方法,了解电气控制系统的基本组成原理和编程技术。

5)培养基本的动手能力。

2.2.3 项目介绍

本项目以团队为单位,团队成员分工合作,设计、制造并测试运行智能派送车。课程结束时各团队携带设计成果参加竞赛,完成答辩和报告。

1. 任务描述

派送车从出发区发车,跟随地面轨迹线自主驶向终点,途中完成三个包裹的投放任务。

2. 派送车说明

1)派送车出发前摆放至出发区,车辆尺寸不能超过出发区的范围(300 mm × 300 mm)。

2)派送车出发时装载三个包裹,包裹尺寸为 50 mm × 50 mm × 10 mm。

3)派送车在行驶中途需要将包裹派送至三处指定地点。根据包裹投放的准确性计分。

4)派送车到达终点线后应自行停止。根据停车位置的准确性计分。

5)派送车出发至停止的整个过程耗时越短,得分越高。

6)包裹投放的准确性、停车位置的准确性和耗时三项的总分为竞赛成绩。

7)不限制派送车的驱动和定位原理,允许采用多车协作方式,但不能人为遥控。

3. 场地说明

场地如图 2.2-1 所示,其中:

1)场地长 3 m,宽 1.5 m;

2)场地背景为白色,所有标记线为黑色,线宽 20 mm;

3)出发区的范围为 300 mm × 300 mm;

4)投放区由十字线标识。

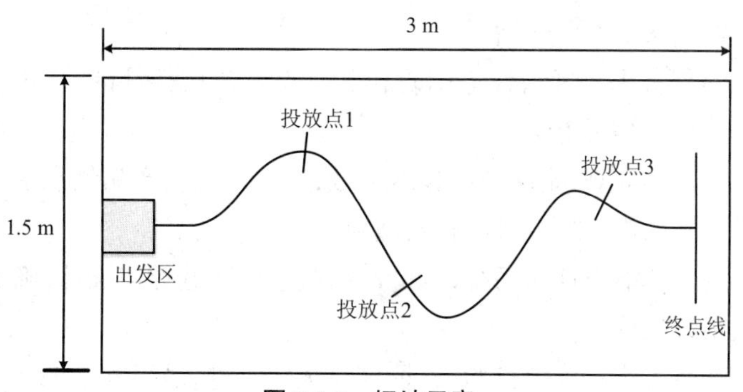

图 2.2-1　场地示意

2.2.4　研制报告

在研制报告中应阐明设计思路、技术要点,提供典型零件的三维模型和工程图、装配模型示意图、电气原理图、接线图、控制流程图,进行市场前景分析,提出改进方案,并给出成员分工、造价表和结论等。

2.2.5　标配器材清单

各小组下发的标配器材和参考单价如表 2.2-1 所示。

表 2.2-1　器材清单列表

设备或耗材名称	数量	参考单价/元	备注
Arduino 开发板	1 套	150	
面包板	2 块	10	
接插线	1 套	20	1 套约 50 根
电池盒	2 个	10	
直流减速电动机	3 个	30	供电电压 5 V

续表

设备或耗材名称	数量	参考单价/元	备注
电动机驱动模块	2 个	30	
传感器模块	2 个	50	
机械零件			螺栓、螺母、轴承等
3D 打印材料		350	
电气元件			电容、电阻、继电器等

注:如需特殊非标零部件,在课程第 13 周提交申报表。

2.2.6 时间安排

以下是 2019 级学生的时间安排,由于新生入学有军训和其他安排,加之第一次开课前的准备工作,课程安排从第 6 周开始。

第 6~7 周:下达任务书,分组,任务调研和资料收集,明确项目目标和任务,进行项目任务分工、项目进度安排(甘特图)。

第 8~9 周:进行产品规划,定义产品技术参数,探索可能的产品创意手绘图,并进行小组讨论,进行方案可行性分析,建立目标树,明确项目立项计划书。

第 10~11 周:进行功能设计与系统设计,产品概念草图选择与设计,确定功能系统图、总体结构布局方案、系统架构。

第 12~13 周:产品方案三维设计验证、评审与优化改进,最终方案确认,详细设计与工程图纸绘制。

第 14~15 周:控制系统硬件选择与设计,电气系统原理图与接线图、控制算法、软件系统方案确定。

第 16~17 周:关键零部件材料选择,结构件加工与快速原型制作,外购件准备,硬件连接与调试,软件程序编写。

第 18~19 周:机械、电气与软件系统集成联调,竞赛评比,经济性与环境影响分析,市场前景分析与进一步研发规划,项目总结与提交。

2.2.7 项目评价标准

以派送车投放位置的准确度、停车位置的准确度、总体耗时和成本控制作为项目成绩的评价标准,并以组为单位提交研制报告。

第 3 章　设计与建造课堂授课

Scientists discover the world that exists; engineers create the world that never was.

——Theodore von Karman

3.1　引言

3.1.1　开设设计与建造课程的原因

1. 为什么开设设计与建造课程

这要从 2019 年 9 月 21 日与一位从 985 大学毕业的学生聊天说起。他 2017 年本科毕业，现在在澳大利亚读硕士研究生。他大学四年上了很多课，考试成绩很好，觉得自己主要的能力是解题。他到了澳大利亚学习后才意识到自己缺少解决工程问题的能力，由于没有完成工程项目的经验和经历，毕业后不知道自己到底应该干什么，因而选择继续学习。

工科毕业生的工作主要是做各种项目。第一学期开设设计与建造课程，给学生们做项目的经历，对其学习后续课程有益。设计与建造类的课程多年前已经在世界先进工程教育大学实施，应用自然科学、数学和工程科学解决复杂工程问题，是对工科毕业生的最低要求。

项目式学习（project-based learning），除了可以培养学生解决复杂工程问题的能力，还能培养学生工程设计、建造、创造、创新、团队、沟通、管理和领导等方面的能力。

2. 工程师做什么

工程师设计、发明、改进、研究、检查、计算、解决问题，完成工程项目，改变世界，设计机器，建造摩天大楼，监管公共设施建设，解决社会需求和各种问题。从微观角度看，工程师能够研发人体组织内的药物输送系统。在宏观层面，工程师能够解决水、空气和土地污染问题。在宇宙层面，工程师能够设计和建造探索宇宙的航天飞机。在原子内部，工程师能够研发数据存储方法，聚焦于原子内部的电子旋转。工程师分为航空工程师、机械工程师、电气工程师、土木工程师、化学工程师、计算机工程师、制造工程师、工业工程师、软件工程师、生物工程师等。几个工程设计、研发与建造的例子如图 3.1-1 所示。

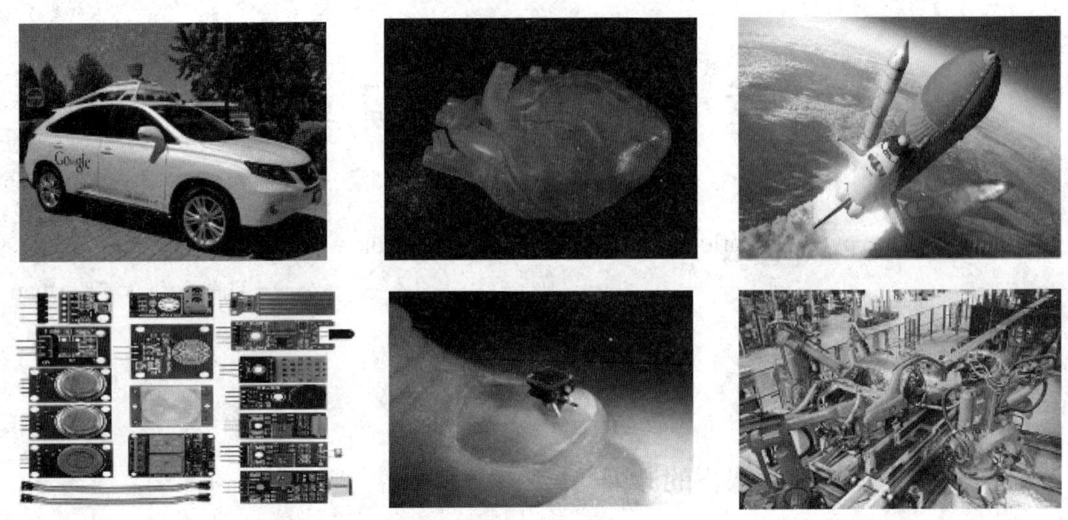

图 3.1-1 工程设计、研发与建造示例

3.1.2 设计、制造和创新

1. 设计与制造

什么是设计？参考维基百科，设计指创造一个物品、系统或行动的方案。设计需要考虑对象的美学、功能性、经济性和社会政治维度。

什么是产品设计？产品设计是创造一种新产品并将其销售给客户，快速、有效地完成新产品的构思和详细设计，是新产品开发的主要部分。

ABET（Accreditation Board for Engineering and Technology）对工程设计的定义：工程设计是为满足需求设计一个系统、零件或流程。设计过程的基础元素包括建立设计目标和准则、设计综合和分析、建造模型、实验和评价等。

什么是产品制造？即按照产品设计要求生产产品。75%以上产品的制造成本和大多数产品的特性都在设计阶段确定，产品设计阶段也是最具创造性和创新性的阶段。产品制造业主要关注制造技术，对设计、设计方法、设计技术、设计软件的关注和重视还不够。

创新设计与智能制造要解决如下问题。

1）为什么别人想到的创意、创新我们没想到？（设计）

2）为什么别人能够生产的产品我们生产不了？（制造）

2. 创新

什么是创新？网上的定义非常多。创新是一个产生创意和将创意或发明转化为商品和服务，并为市场和客户创造价值的过程。创新是通过新想法、新方法、新计划或新装置等，实现预期的目标或成功地解决问题。

3. 设计和创新的关系

创新就是设计，设计就是创新，至少应该如此。寻求解决工程、科技、企业问题的办法的过程都可以认为是设计过程和创新过程。设计方法、设计过程和设计思维能够提高企业创新能力。设计与创新的共同之处如图 3.1-2 所示。

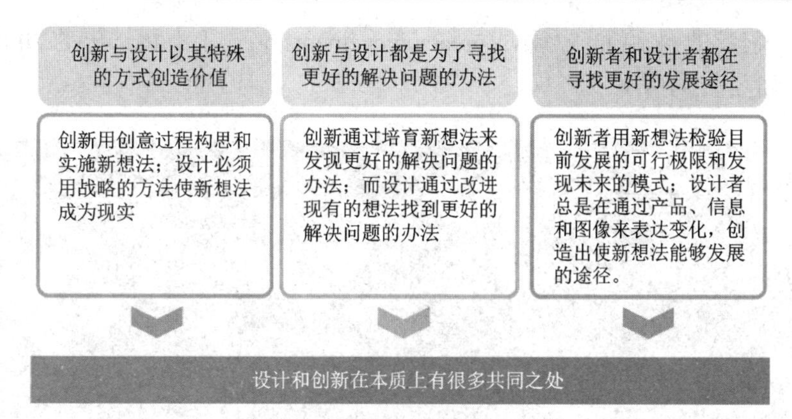

图 3.1-2　设计与创新的共同之处

3.1.3　几点建议

1）建立学习目标：应该有自己的学习（职业）目标，将日常学习与目标建立关系，为实现目标努力。

2）改变学习方法：由应试教育的被动学习转变为主动学习（思考和提问，thinking & questioning）和自觉学习。

3）管理好时间，养成自律的习惯：大学与中学不同，大学期间有很多“自由”时间，要用好自由时间，不要懈怠，保持自律（self-disciplined），遵守学校的各项规则，学会自我管理。

4）毅力与坚持：在学习和做项目的过程中会遇到各种困难和挑战，你们就是在克服困难和征服挑战的过程中成长的。工程师就是要解决问题，面对各种挑战是工程师工作的常态。

5）养成几个习惯：培养面对困难和挑战的积极和乐观态度，热爱读书，培养个人的想象力、设计和动手建造能力，善于团队工作，学会与团队成员沟通和交流，培养管理项目和团队的能力。

6）工程问题和技术发明常常缺少结构和无明确的定义（不清楚和不确定），要学会应用结构性方法解决无结构性问题（learn to apply structured methods to solve unstructured problems）。

3.2　工程设计概论

3.2.1　工程设计概述

1. 工程

工程是利用科学原理设计和建造机器、结构和其他项目，包括桥梁、隧道、道路、车辆和建筑物。工程学科包括广泛的更专业的工程领域，每个领域都更加侧重于应用数学、应用科学和应用类型的特定领域。

在美国工程院的网站(http://www.greatachievements.org/)上有评选出的 20 世纪最伟大的工程成就,如图 3.2-1 所示。

图 3.2-1　20 世纪最伟大的工程成就

按顺序依次为:① Electrification 电力系统;② Automobile 汽车;③ Airplane 飞机;④ Water Supply and Distribution 供配水;⑤ Electronics 电子技术;⑥ Radio and Television 无线电和电视;⑦ Agricultural Mechanization 农业机械化;⑧ Computers 计算机;⑨ Telephone 电话;⑩ Air Conditioning and Refrigeration 空调和制冷;⑪ Highways 高速公路;⑫ Spacecraft 航天技术;⑬ Internet 互联网;⑭ Imaging 影像技术;⑮ Household Appliances 家用电器;⑯ Health Technologies 医疗保健; ⑰ Petroleum and Petrochemical Technologies 石油化工; ⑱ Laser and Fiber Optics 激光和光纤; ⑲ Nuclear Technologies 核能技术; ⑳ High-performance Materials 高性能材料。

2. 工程设计

工程设计是一个系统化、智能化的过程,在这个过程中,工程师为设备、系统或过程生成、评估和指定解决方案,这些设备、系统或过程的形式和功能在满足特定约束集的同时实现用户的目标,满足用户的需求。 换言之,工程设计是一个深思熟虑的过程,用于为设备、系统或过程生成计划或方案,这些设备、系统或过程在遵守特定约束的同时实现给定的目标。

George E. Dieter 在他编写的 *Engineering Design* 一书中提到了设计的四个 C[5]:

1)Creativity 创造力:要求创造以前不存在的东西或设计师之前不曾想到的东西;

2)Complexity 复杂:需要对许多变量和参数进行决策;

3）Choice 选择：从基本概念到最小的形状细节，需要在各级别的许多可能的解决方案之间做出选择；

4）Compromise 妥协：需要平衡多个需求，有时甚至是相互矛盾的需求。

解决工程设计问题步骤如下，其可以在设计过程中的任何时候使用，无论是产品概念设计，还是组件设计。

1）定义问题；

2）收集信息（互联网、专利、图书、技术文章）；

3）生成可选的解决方案；

4）评估每个可选方案，决策选择；

5）交流讨论。

应从做中学习如何去做设计。

案例 1：梯子（图 3.2-2）

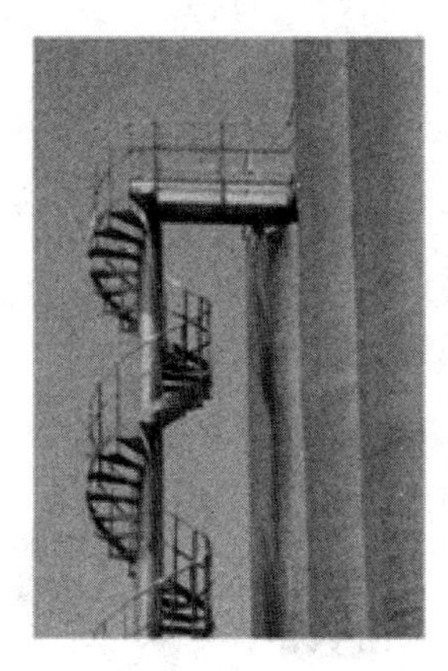

图 3.2-2　不同用途的梯子[4]

梯子的设计过程如下。不断地提出问题是设计过程的一个组成部分[4]。

1）确定客户的目标。

你为什么要另一个梯子？

梯子将如何使用？

我们瞄准的市场是什么？

2）识别约束条件。

“安全”是什么意思？

您愿意花多少钱？

3）确定功能。

梯子可以靠在支撑面上吗？

梯子必须支撑人搬运的东西吗？

4）制定规格参数。

安全梯子应支撑多少重量？

梯子上的人应该可以到达多高？

5）产生设计选择方案。

梯子是单梯子还是伸缩梯子？

梯子可以用木头、铝或玻璃纤维制成吗？

6）建模与分析。

支撑设计荷载的梯阶最大应力是多少？

加载梯阶的弯曲挠度如何随台阶材料的不同而变化？

7）测试与评估。

梯子上的人能到达规定的高度吗？

梯子符合 OSHA 的安全规范吗？

8）完善与优化。

有没有其他方法连接这些梯阶？

这个设计能用更少的材料做吗？

9）设计文档。

选择该设计方案的理由是什么？

客户需要什么信息进行设计？

案例 2：电话（图 3.2-3）

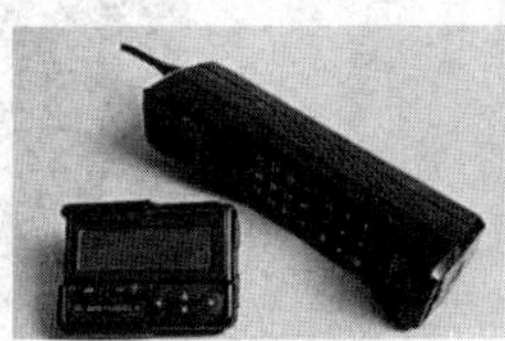

图 3.2-3　不同年代的电话

从不同年代的电话可以看出，设计是一个不断创新和高度迭代的过程。工程设计问题具有挑战性，是因为其没有标准答案，也不可能只有唯一的答案。工程设计往往有多种方案可选择，每种方案都有优势、劣势，选择时要权衡利弊。工程设计通常具有的特征是结构不良（ill-structured）和开放性（open-ended）。通过项目训练，学会应用结构化的设计方法去解决非结构化问题。

3. 工程师的职责

（1）设计不仅是技术问题

设计意味着要承担创建设计的责任：设计师会受到其工作所在的社会的影响，而其设计的产品会影响整个社会。设计师应遵守工程职业道德规范，履行责任，考虑社会、健康、安全、法律、文化、环境等因素。

下面列举一些失败的设计案例，每个案例都涉及人员伤亡或财产重大损失，这都是由工程设计失误造成的，相信工程师已经尽力，但既往经验不足或在工程判断上有重大失误。

案例 1:波音 737 Max 8(图 3.2-4)

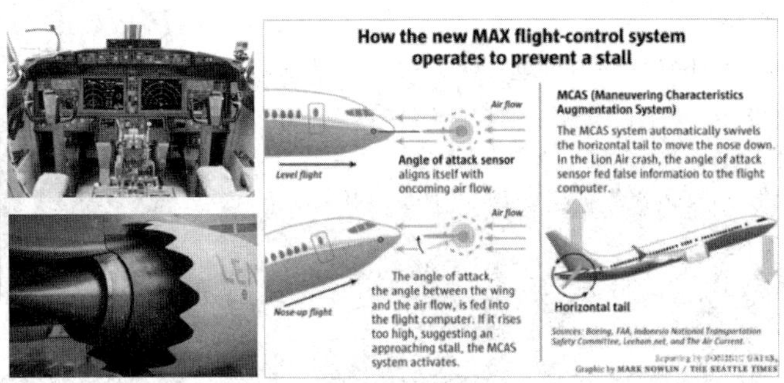

图 3.2-4　波音 737 Max 8

由于波音公司管理层只重视项目进度和成本,机动特性增强系统 MCAS 存在缺陷,加之 737 老款改型带来的设计缺陷,导致了两起空难,以至于波音 737 Max 8 全球停飞。

案例 2:航天飞机(图 3.2-5)

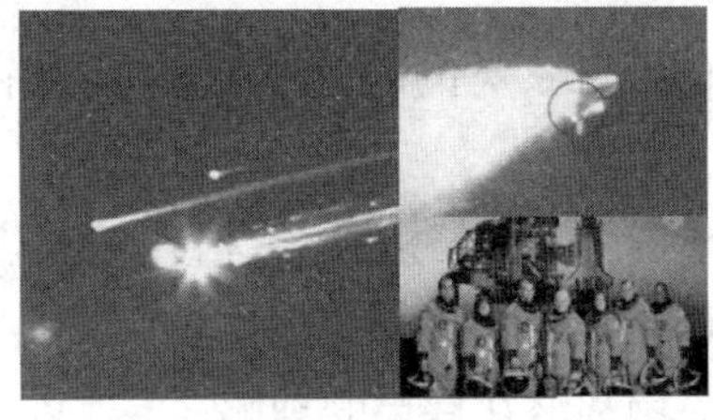

图 3.2-5　失事的航天飞机

美国的航天飞机发生过两次空难。1986 年,美国“挑战者”号航天飞机在升空后不久发生爆炸,调查结果是航天飞机右侧固态火箭推进器上的一个 O 形环失效。2003 年 2 月 1 日美国东部时间上午 9 时,美国“哥伦比亚”号航天飞机返回时,在得克萨斯州北部上空解体坠毁,调查结果是航天飞机外部隔热瓦受损。

案例 3:Tacoma 大桥(图 3.2-6)

Case Study#3:Tacoma bridge

Tacoma bridge opened to traffic on July 1，1940 and dramatically collapsed into Puget Sound on November 7 the same year. This is probably the biggest and most famous non-fatal engineering disaster in U.S. history.

1940年7月1日，美国西海岸华盛顿州建成了一座当时位居世界第三的Tacoma大桥。大桥中央跨距为853. 4 m，全长1 810. 56 m，宽11. 9 m，梁高1.3 m，为悬索桥结构，设计可以抗60 m/s的大风。但不幸的是大桥刚建成4个月（1940年11月7日）就在19 m/s的风吹拂下整体塌毁

图 3.2-6 Tacoma 大桥

1940 年 7 月 1 日,美国西海岸华盛顿州建成了一座当时位居世界第三的 Tacoma 大桥,其为悬索桥结构,设计可以抗 60 m/s 的大风。但不幸的是大桥刚建成 4 个月(1940 年 11 月 7 日)就在 19 m/s 的风吹拂下整体塌毁。

(2)IEEE 工程师职业道德规范[4]

1)承担做出与公众的安全、健康和福利相一致的决定的责任,并及时披露可能危害公众或环境的因素;

2)尽可能避免真实的或可察觉的利益冲突,并在存在利益冲突时将其披露给受影响的各方;

3)诚实、现实地根据现有数据陈述索赔或估计;

4)拒绝一切形式的贿赂;

5)增进对技术及其应用和潜在后果的理解;

6)保持并提高技术能力,并且只在经过培训或在经验合格的情况下,或者在充分披露有关限制后,才可以为他人承担技术任务;

7)寻求,接受并诚实地批评技术工作,承认和纠正错误,并适当赞扬他人的贡献;

8)公平对待所有人,不论种族、宗教、性别、残疾、年龄或国籍等;

9)避免错误的或恶意的行为损害他人的财产、声誉或工作;

10)协助同事和同事的专业发展,并支持他们遵循此道德规范。

(3)设计对环境和可持续发展的影响

每个产品都会对环境产生影响,产品设计工程师有责任在维持或改善产品质量和成本的同时,减小所设计的产品对环境的影响。在设计过程中应注意以下方面:①易于拆卸;②可以回收;③包含回收材料;④使用可识别和可回收的塑料;⑤减少制造过程中能源和天然材料的使用;⑥生产时不产生危险废物;⑦避免使用有害物质;⑧减少化学物质的排放;⑨降

低产品能耗。

3.2.2 产品开发流程

1. 产品开发

成功的产品开发可以使产品实现赢利。可以从五个方面来评估产品开发的绩效:①产品质量(特点和价值);②产品开发周期;③产品成本;④开发成本;⑤团队开发能力和经验的积累。

不成功的产品开发例子如图 3.2-7 所示。

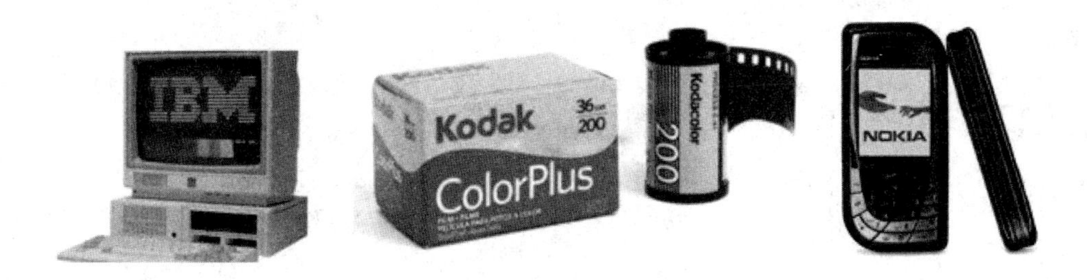

图 3.2-7 不成功的产品开发例子

产品开发的挑战包括以下几个方面:①权衡;②环境的动态性;③大量的设计细节;④时间上的压力;⑤经济性。产品开发具有创造性,需要满足社会和个人需要,开发团队人员的多样性和团队精神。

2. 产品开发周期

不同的产品由于结构的复杂性差异,开发周期不同,图 3.2-8 给出了冰激凌勺、雪崩探测仪、吸尘器、轿车、客机的产品属性和相关开发工作比较[2]。

参数	Belle-V 冰激凌勺	AvaTech 雪崩探测仪	iRobot Roomba 吸尘器	Tesla Model S 轿车	Boeing 787 客机
年产量	10 000	1 000	2 000 000	50 000	120
产品寿命/年	10	3	2	5	40
销售价格/美元	40	2 250	500	80 000	2.5 亿
独立零件/件	2	175	1 000	10 000	130 000
开发时间/年	1	2	2	4	7
内部开发团队/人	4	6	100	1 000	7 000
外部开发团队/人	2	12	100	1 000	10 000
开发成本/美元	100 000	1 000 000	5 000 000	5 亿	150 亿
生产投资/美元	20 000	250 000	10 000 000	5 亿	150 亿

图 3.2-8 五种产品的开发比较[2]

3. 产品开发流程

(1)产品开发流程

产品开发流程是企业构思、设计、制造产品,并使其商业化的一系列步骤或活动。产品的开发流程的六个阶段[2]和每个阶段不同部门的主要任务,如图 3.2-9 所示。

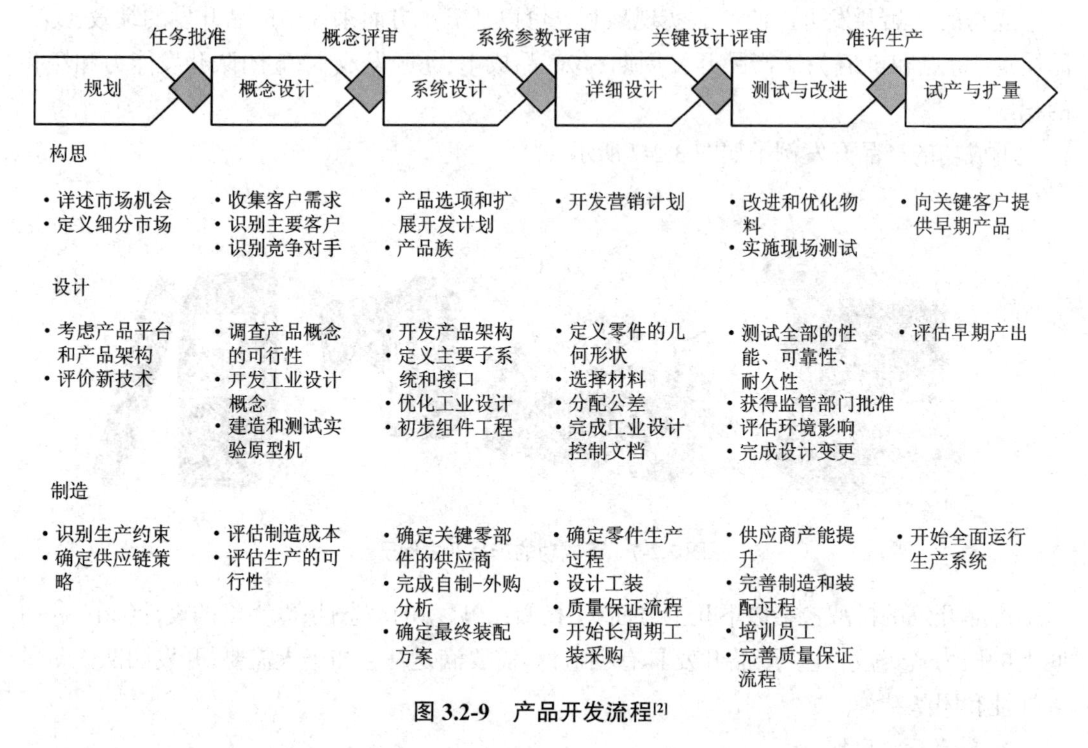

图 3.2-9 产品开发流程[2]

1)阶段 1:规划,这个阶段始于依据企业战略所做的机会识别,详述产品任务书。

2)阶段 2:概念设计,识别目标市场的需求,形成并评估产品的概念设计方案。

3)阶段 3:系统设计,包括产品的架构、几何布局,把产品按功能分解为子系统、组件和关键零部件。

4)阶段 4:详细设计,包括产品的所有非标准零部件的几何形状、材料、公差等的完整规格说明,3D 模型,2D 零件图和装配图,标准件和外购件的规格,产品制造和装配的生产流程规划。贯穿于整个产品开发流程(尤其是详细设计阶段)的三个关键问题是:材料选择、生产成本、可靠性。

5)阶段 5:测试与改进,原型机的测试、评估与改进。

6)阶段 6:试产与扩量,从试产、扩量到产品正式生产的过程通常是渐进的。

产品开发的核心阶段包括:①解决方法;②概念设计;③系统架构设计;④详细设计;⑤工艺设计;⑥制造和装配;⑦测试和部署。

(2)概念开发流程

通常概念开发流程包括:①确认客户需求;②建立目标规格;③生成产品概念;④选择产品概念;⑤测试产品概念;⑥设置最终规格;⑦规划后续开发;⑧进行经济分析;⑨基准竞争

产品比较；⑩建造、测试模型和原型机，如图 3.2-10 所示。

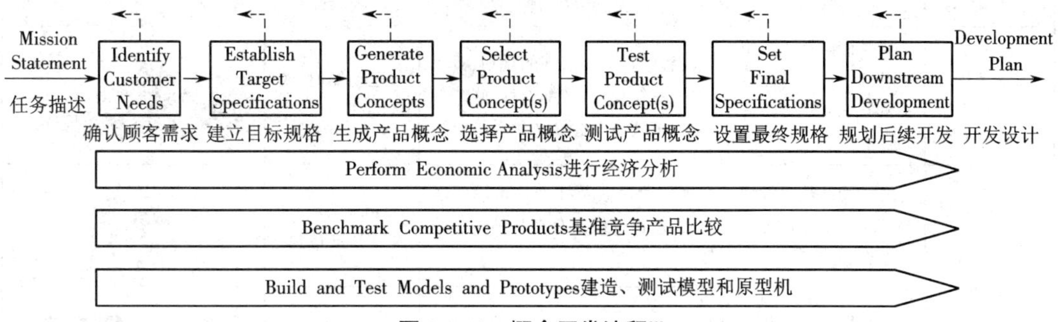

图 3.2-10　概念开发流程[3]

(3)三种产品开发流程

产品开发流程是一个结构化的活动流和信息流，图 3.2-11 展示了三种产品开发流程。

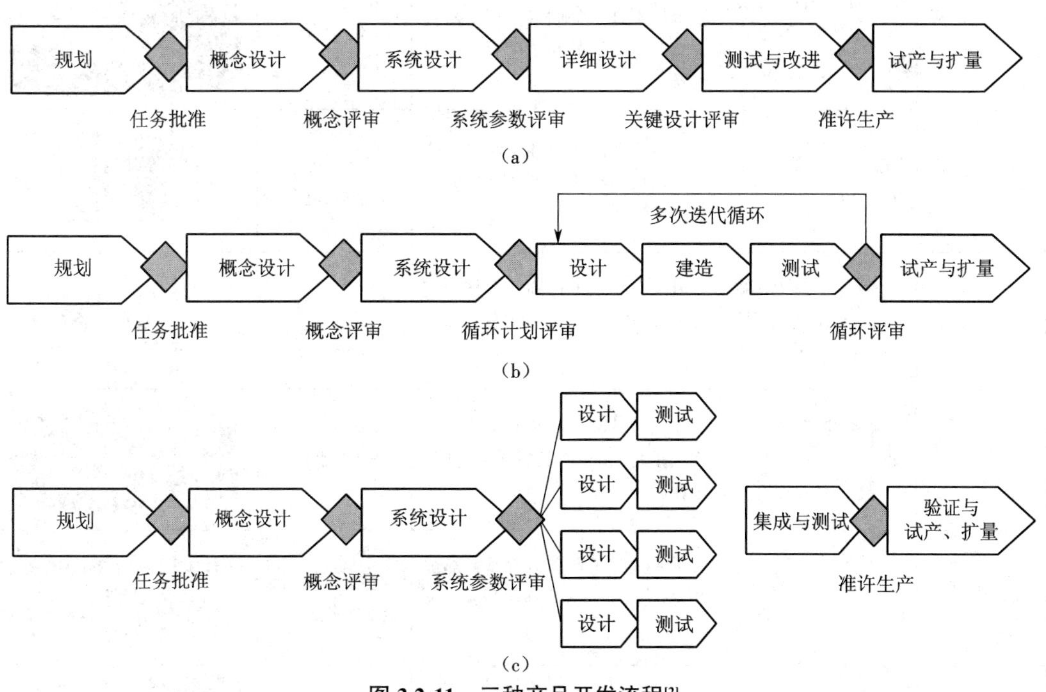

图 3.2-11　三种产品开发流程[2]

(a)基本的产品开发流程　(b)快速迭代的产品开发流程　(c)复杂系统的产品开发流程

(4)基本的产品开发流程的衍生变化总结

基本的产品开发流程有几种常见的衍生变化形式，如表 3.2-1 所示。

表 3.2-1 基本的产品开发流程的衍生形式[2]

流程类型	描述	显著的特性	示例	图示
基本型(市场拉动)产品	开发团队从一个市场机会出发,选择合适的技术满足客户需求	流程通常包括清晰的规划、概念设计、系统设计、详细设计、测试与改进、试产与扩量阶段	运动器材、夹具、工具	
技术推动型产品	开发团队从一种新技术开始,然后找到一个合适的市场	规划阶段涉及技术与市场的匹配,概念设计假定存在一种给定的技术	Gore-Tex 雨衣、Tyvek 信封	
平台型产品	开发团队假设新产品将围绕已建成的技术子系统开发	概念设计假定存在一个已证实的技术平台	电子产品、电脑、打印机	
流程密集型产品	产品的特性在很大程度上被生产流程限制	在项目开发时,要么已经确定了一个具体的生产流程(生产工艺),要么必须将产品和生产流程一起开发	快餐、早餐麦片、化学品、半导体	
定制型产品	新产品与现有产品相比略有变化	项目之间的相似性使建立连续的和高度结构化的产品开发流程成为可能	发动机、开关、电池、电容	
高风险产品	技术和市场的不确定性导致失败的风险较高	风险在早期被识别并在整个流程中被跟踪,应尽早开展分析和测试活动	医药品、宇航系统	
快速构建产品	快速建模和原型化,产生很多次设计—建造—测试循环	详细设计和测试与改进阶段将多次重复,直到产品完成或时间、预算耗尽	软件、手机	
产品-服务系统	产品和它们的相关服务要素被同时开发	所有试题元素和运行元素都被开发,特别关注客户体验和流程设计	餐饮、软件、金融服务	Financial Services
复杂系统	系统必须分解为若干个子系统和大量的部件	子系统和部件被许多团队并行开发,然后进行系统集成和验证	飞机、喷气发动机、汽车	

3.2.3 项目管理

1. 团队组成

产品开发是一项跨学科、跨部门的活动,需要企业中几乎所有的职能部门参与。核心团队组成包括:①市场营销;②设计(工业设计师、机械设计师、电子设计师);③制造(制造工程师、采购专员）。

团队活动：

1）一个明确的、具有挑战性的目标，这个目标为团队成员提供了一些值得追求的目标，并被整个团队所理解和接受；

2）结果驱动的结构，明确每个团队成员的角色，定义一套问责措施，并建立有效的沟通系统；

3）有能力和才华的团队成员，充满激情和创造力；

4）承诺，团队成员将团队目标放在个人需求之前；

5）积极的团队文化，包括诚实、开放、尊重、表现一致这四个要素；

6）卓越的标准；

7）外部支持和认可，有效的团队会从团队外部获得必要的资源和鼓励；

8）有效的领导。

2. 团队中的不同角色

团队包括团队负责人和团队成员，团队负责人要能够组织、协调和指挥团队开展工作，具有一定的领导力。团队成员要能够在团队中独立或合作开展工作，做到有效沟通，合作共事。表 3.2-2 列举了团队中不同角色的行为，团队负责人要努力改变团队成员的消极行为，鼓励团队成员的积极行为。

表 3.2-2　团队中不同角色的行为[6]

积极角色		消极角色
任务角色	维持角色	
激发：提出问题，定义问题	鼓励	支配：树立权威或优越权
寻找信息或观点	协调：努力排除分歧	弃权：不谈论也不参与
给出信息或观点	表述小组观点	避开：改变主题，经常缺席
分类	把关：保持联系渠道公开	无视：贬低他人的观点，粗鲁地取笑别人
总结	折中妥协	不合作：背地里说话、嘀咕和私人谈话
意见测试	标准建立和测试：检验小组是否对程序满意	

（1）团队负责人

团队负责人应确保团队始终专注于自己的目标，培养并保持积极的团队个性，带头挑战并引导团队实现高绩效和专业化。团队负责人必须做到以下几点[19]。

1）专注于目标：帮助团队始终专注于目标并保持坚韧。

2）做一个团队建设者：积极地处理一些项目任务，但最重要的任务是团队建设和团队协调工作，以使团队实现目标并取得成功。

3）计划并合理使用资源（人、时间和金钱）：有效地评估和使用团队成员的能力。

4）召开有效的会议：确保团队定期开会，且会议富有成效。

5）有效沟通：有效沟通团队愿景和目标。表扬好的工作，并对不好的表现提供改进指导。

6)通过营造积极的环境促进团队和谐:如果团队成员关注彼此的优点而不是缺点,那么冲突就不太可能发生。有效率的领导者决不能害怕冲突,冲突是提高团队绩效和个性的机会,也是重新关注团队目标的机会。

7)培养高水平的表现力、创造力和专业精神:使团队成员挑战不可能的事,创造性地思考,并互相激励,以实现高绩效。

8)消除团队成员完成工作的障碍:团队经常面临阻碍生产性工作的组织障碍,有效的领导者应将消除这些障碍视为自己的职责之一。

(2)团队成员

团队成员的特质对团队来说是极其重要的。成功团队的个别团队成员应具备以下特质[19]。

1)尊重:无论性别、种族、背景还是其他与工作无关的问题,都尊重其他成员。这会影响到一些行为,比如准时开会和满足团队的最后期限。

2)出席:出席所有团队会议,准时或提前到达;忠诚可靠;如果不能参加团队会议,提前沟通。

3)责任心:对任务负责并按时完成,无须提醒或哄骗;有精益求精的精神,但不是完美主义者。

4)能力:拥有团队需要的能力,并将这些能力充分贡献给团队;不克制自己或退缩;在团队会议上积极沟通。

5)富有创造力,精力充沛:作为积极角色;传达出成为团队一员的兴奋感;对团队的任务持有"能做"的态度;有创造力,并有助于激发其他人的创造性努力。

6)个性:对团队工作有积极的贡献;有积极的态度和鼓励他人;如果发生冲突,充当和解者;帮助团队达成共识并做出正确的决策;帮助团队创建既富有成效又有趣的环境;发挥团队其他成员的长处。

3. 项目进度安排

(1)工作分解

画出工作分解结构(work breakdown structure, WBS)图,以安排人员逐项完成。

案例1:果汁容器设计[4]

图3.2-12所示为果汁容器设计工作分解,分解为八项任务(understand customer requirements 用户需求分析; analyze function requirements 功能需求分析; generate alternatives 概念方案生成; evaluate alternatives 概念方案评估; select among alternatives 概念方案选择; document design process 记录设计过程; project management activities 项目管理; detailed design 详细设计),下面又细分了子任务。

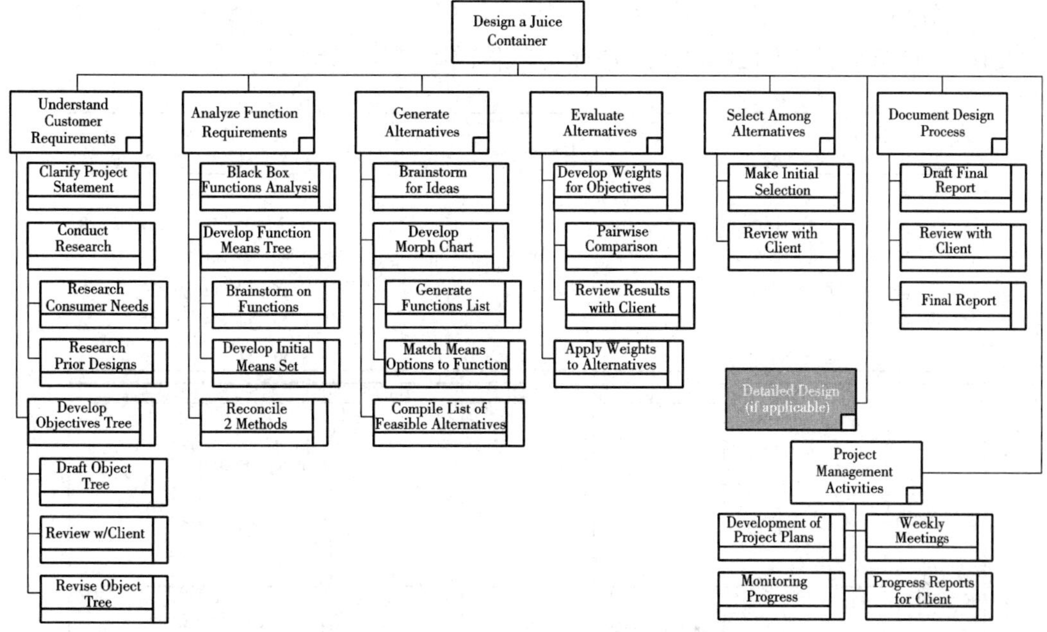

图 3.2-12　果汁容器设计工作分解结构图[4]

案例 2:Danbury arm support[4]（手臂支撑装置）设计

图 3.2-13 所示为 Danbury arm support 设计工作分解，用文档列单描述需要完成的工作任务，设置每行缩进，体现任务的级联。

Work Breakdown Structure

Ⅰ.Preliminary Work
- a.Examine problem statement
- b.Research
- c.Visit Danbury School
  - ⅰ.Talk with Jessica
  - ⅱ.Take measurements
  - ⅲ.Hands–on examination of what device must do
  - ⅳ.Talk with teachers and physical therapist

Ⅱ.Zoning In
- a.Finalize problem statement
- b.Create full list of objectives and constraints
- c.Rank objectives
- d.Create metrics
- e.Create objectives tree and determine functions
- f.Communicate with client on objectives,constraints,and functions

Ⅲ.Brainstorming for Design Alternatives
- a.Use morph chart to create combinations of alternatives
- b.Create sketches of design alternatives
- c.Conceptual testing of alternatives

Ⅳ.Picking a Design
- a.Use metrics and objectives tree
- b.Compare design alternatives against metrics
- c.Communicate with client
- d.Preliminary testing on selected design

Ⅴ.Building a Prototype
- a.Activities prior to building
- b.Gather materials
- c.Determine sources and tools needed to build
- d.Divide work
  - ⅰ.Building prototype
  - ⅱ.Assemble parts
  - ⅲ.Test prototype
  - ⅳ.Document test results

Ⅵ.Final Report

Ⅶ.Presentations to Client and Class

Ⅷ.Overarching Work
- a.Organize meetings
- b.Organize building days

图 3.2-13　Danbury arm support 设计工作分解结构图[4]

(2)团队日历

使用团队日历,如图 3.2-14 所示,按日期安排工作。

March

S	M	T	W	T	F	S
	1	2	3	4	5	6
7	8	9	10	11	12	13
14	15	16	17	18	19	20
21	22	23	24	25	26	27
28	29	30	31			

Design Team

April

May

S	M	T	W	T	F	S
						1
2	3	4	5	6	7	8
9	10	11	12	13	14	15
16	17	18	19	20	21	22
23	24	25	26	27	28	29
30	31					

Sun	Mon	Tue	Wed	Thu	Fri	Sat
				1	2 5:00 PM Prototype Built	3
4	5	6 7:00—8:15 PM Team Meeting	7	8	9 11:00 AM Proof of Concept Due	10
11	12 11:00 AM Rough Outline Due	13 7:00—8:15 PM Team Meeting	14	15	16 5:00 PM Topic Stce Outline Due	17
18	19 11:00 AM Prsntion Outline Due	20 7:00—8:15 PM Team Meeting	21 11:00 AM Slides Due	22	23 5:00 PM Draft Final Report Due	24
25	26 10:00—11:00 AM Present Results	27 7:00—8:15 PM Team Meeting	28	29	30 5:00 PM Final Report Due	

图 3.2-14 团队日历示例[4]

(3)甘特图

甘特图(Gantt chart)是表示活动进度的传统工具。其绘制步骤为:①在有序列表中列出项目的所有事件或里程碑;②估计建立每个事件所需的时间;③列出每个事件的开始时间和结束时间;④以条形图表示信息。甘特图示例如图 3.2-15 所示[7]。

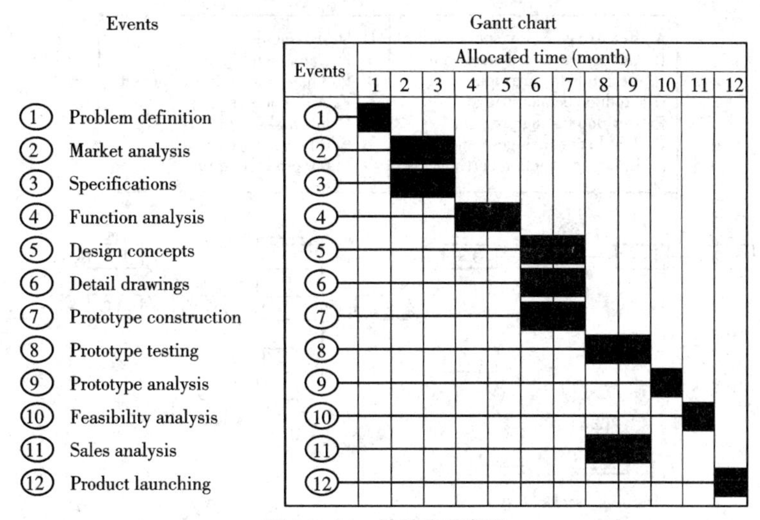

图 3.2-15　甘特图示例[7]

(4)设计结构矩阵

设计结构矩阵是表示和分析活动依赖关系的有用工具。其绘制要点为:对角线用活动标签填满,将矩阵分为上、下三角。上三角按行看,接收信息;下三角按列看,传递信息。如图 3.2-16 所示,A 接收 E 的信息,然后传递给 D。

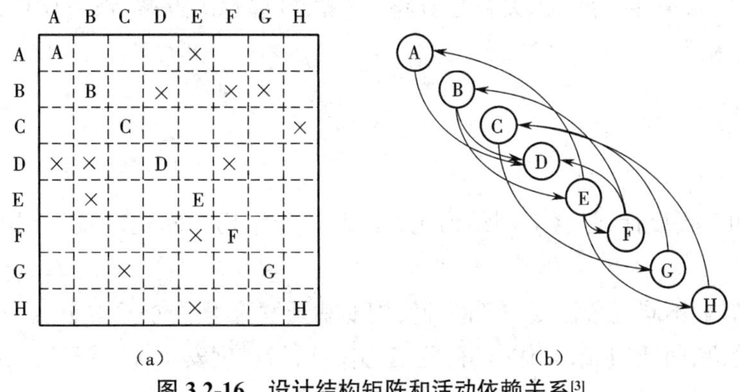

图 3.2-16　设计结构矩阵和活动依赖关系[3]

(a)设计结构矩阵　(b)活动依赖关系

(5)PERT 图

PERT(program evaluation and review technique,计划评审技术)图明确表示活动的依赖关系和进度要求。画 PERT 图时,活动之间的所有连接必须从左向右进行,以表明活动完成的时间顺序。如图 3.2-17 所示,方框中的字母代表任务,数字代表完成任务所用的时间。

关键路线(critical path)是 PERT 图中花费时间最长的事件和活动的序列。

A Receive & accept specification
B Concept generation/selection
C Design beta cartridges
D Produce beta cartridges
E Develop testing program
F Test beta cartridges
G Design production cartridges
H Design molds
I Design assembly tool
J Purchase assembly equipment
K Fabricate molds
L Debug molds
M Certify cartridges
N Initial production run

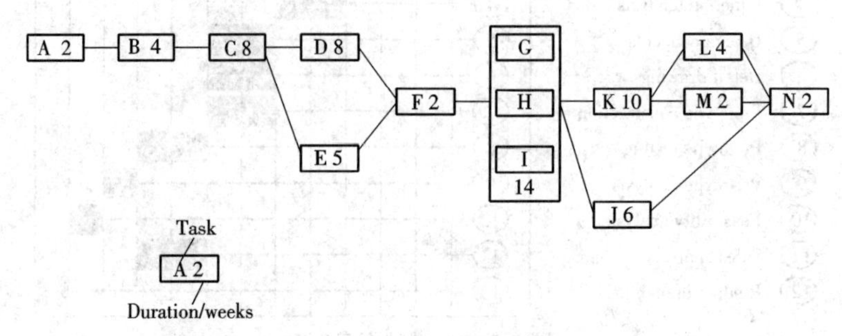

图 3.2-17 PERT 图示例[3]

4. 文档的规范要求

按照下发的课程报告书模板，在每章授课结束后两周内提交本章的课程报告和小组会议记录。

科技报告文档通常包括：封面、目录、图清单、表清单、摘要（意义、内容、方法、结果）、引言（现状、意义、方法、内容）、相关背景资料、方法、可选解决方案、最终设计方案、结论、建议、参考文献、附录。

小结

1）工程和工程设计，学会应用结构化方法解决非结构性问题，理解工程师的社会责任与义务。

2）不同结构、不同复杂程度的产品开发周期和开发流程不同；产品开发的六个阶段。

3）项目管理，团队组成，工作分解，分工协作；项目进度安排，团队日历、甘特图；文档的规范要求，会议记录。

作业

1）针对产品设计任务查阅、搜集资料。

2）编写课程报告 1，内容包括：查阅资料，综述；工作分解，团队日历，项目进度安排，甘特图；团队成员分工；会议记录（项目组每周开会的会议记录）。

3）编写课程报告 1 汇报 PPT。

3.3　产品规划

3.3.1　产品规划

1. 产品规划开发项目

(1)产品规划开发项目的类型

产品规划确定了开发部门将要执行的项目组合和产品进入市场的时间。产品规划开发项目分为四种类型:新产品、衍生产品、改进产品、全新产品,如图 3.3-1 所示。

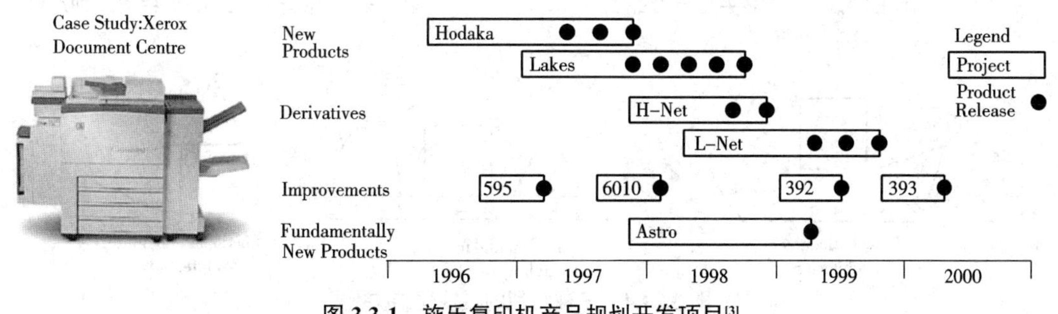

图 3.3-1　施乐复印机产品规划开发项目[3]

新产品(new products),为熟悉的市场和产品类别开发的新产品。

衍生产品(derivatives),利用现有的产品平台开发的新产品来应对熟悉的市场。

改进产品(improvements),仅为现有产品添加或修改某些功能,以使产品线保持最新并具有竞争力。

全新产品(fundamentally new products),为新的和不熟悉的市场开发的新产品或生产技术。

(2)产品平台

产品平台是一组产品之间共享的资产集,如图 3.3-2 所示。零部件和子装配通常是这些资产中最重要的部分。有效的平台允许更快速、更轻松地创建各种衍生产品,每种产品都可以提供特定细分市场所需的功能。图 3.3-3 所示为出自同一产品平台的三种型号的惠普打印机,它们分别为办公型、具有照片处理功能和具有扫描功能。

(3)产品架构

产品架构最重要的特征是它的模块化程度。将功能元素排列成物理块,成为产品或产品系列的构建模块。模块是一组具有相同功能和接合要素(指连接方式和连接部分的结构、形状、尺寸、配合等),但规格和结构不同的可以互换的单元。模块的特点:①模块具有特定的功能;②模块具有通用的接口。

模块化结构有三种类型:插槽型、总线型、组合型,如图 3.3-4 所示。

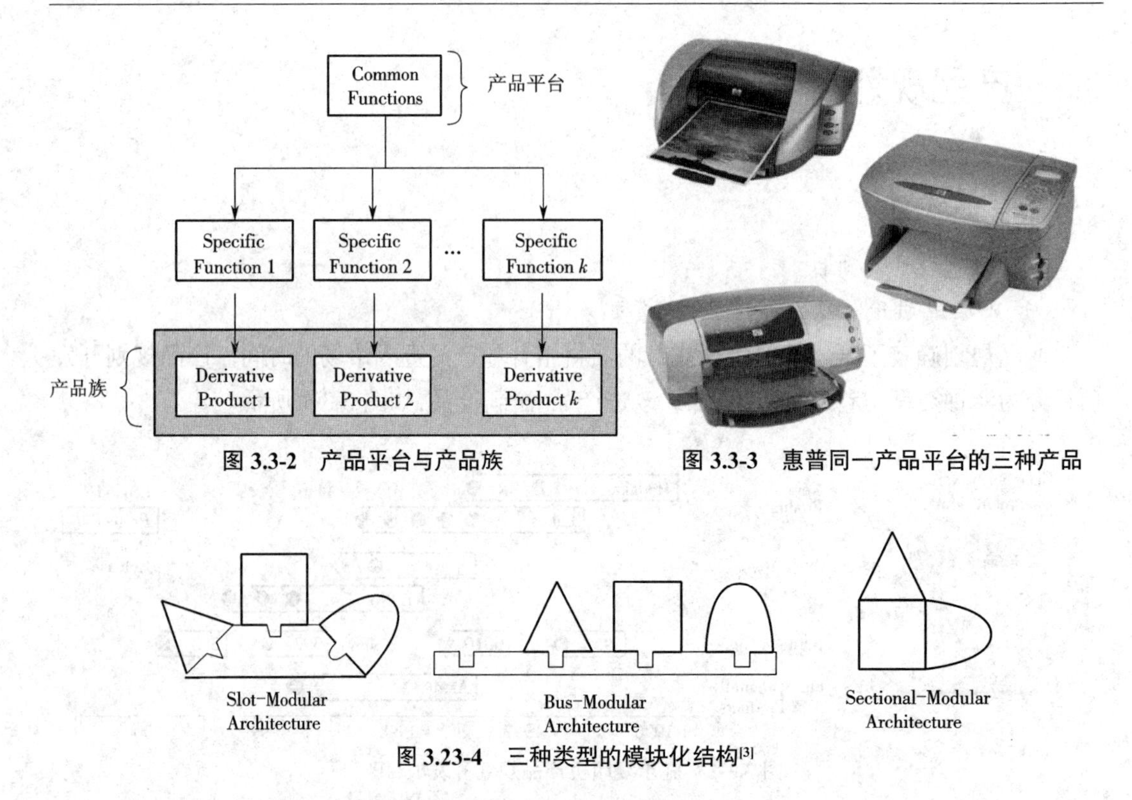

图 3.3-2 产品平台与产品族

图 3.3-3 惠普同一产品平台的三种产品

图 3.23-4 三种类型的模块化结构[3]

插槽模块化结构：组件之间的每个接口类型都不相同，因此产品中的各个组件不能互换。

总线模块化结构：存在一个公共总线，组件通过相同类型的接口连接到总线模块。

组合模块结构：所有接口都是相同的类型，但是没有其他所有块都连接到的单个元素。

案例：HP 台式打印机的架构（见图 3.3-5）。

用力或能量流（粗实线）、物料流（细实线）、信号或数据流（虚线）连接各单元，将单元聚类为组件模块，构成打印机的架构。HP 台式打印机的架构分为 9 个组件模块，分别为外壳、机架、打印纸托盘、墨盒、打印机机械装置、用户界面控制板、逻辑控制板、电源、驱动软件。

HP 台式打印的几何布局设计如图 3.3-6 所示。

2. 产品规划（五个步骤）

产品规划流程如图 3.3-7 所示。产品规划分为五个步骤：①识别机会；②评估并确定项目的优先级；③分配资源和计划时间；④完成项目前期规划；⑤反思结果和过程。

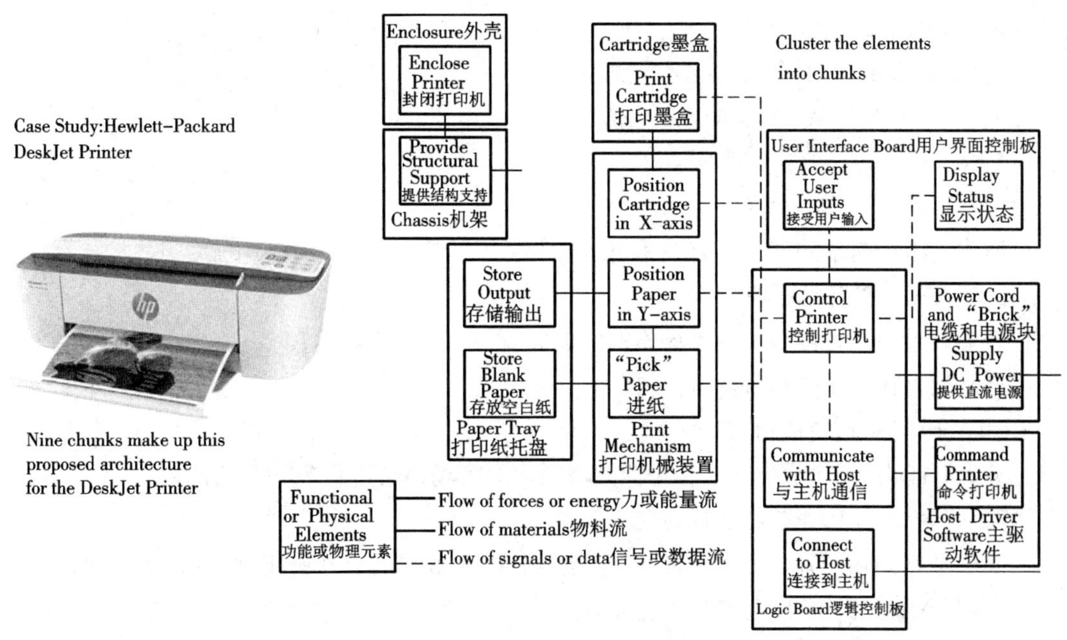

图 3.3-5　**HP 台式打印机的架构**[3]

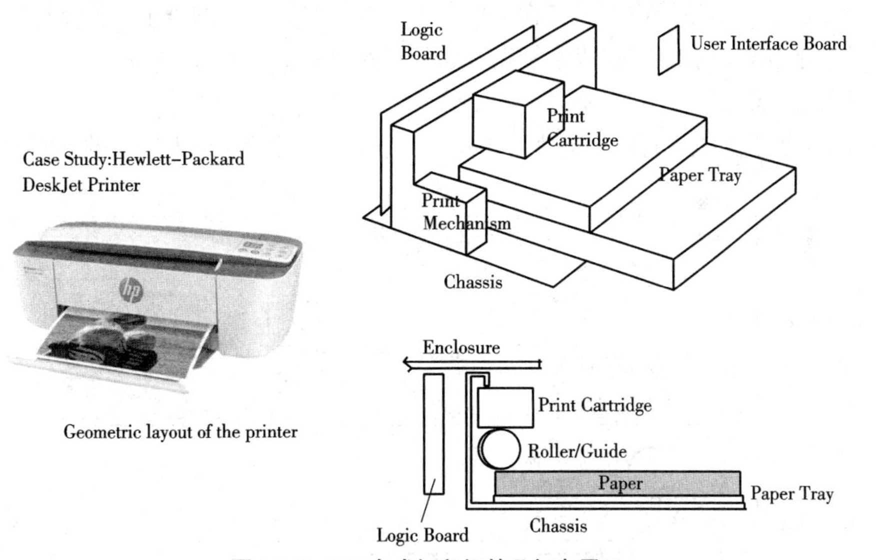

图 3.3-6　**HP 台式打印机的几何布局**[3]

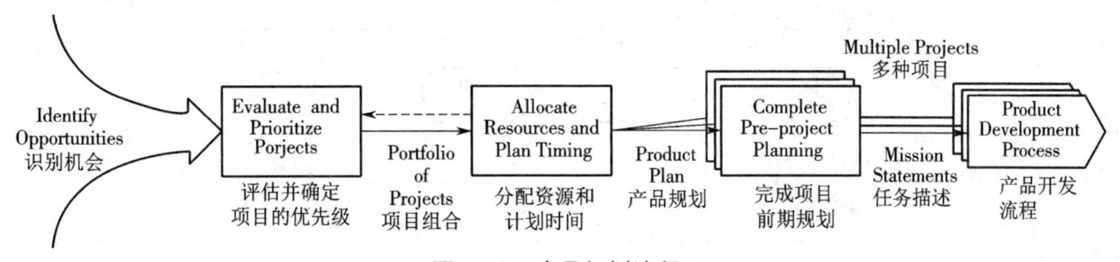

图 3.3-7　**产品规划流程**[3]

（1）步骤1：识别机会

使用"机会漏斗"持续收集各种构思。

使用 Real-Win-Worth-it（RWW）方法。

1）Real——这是真实的吗？

潜在市场是否真实存在？

能满足市场需求的产品具有技术可行性吗？

2）Win——我们能赢吗？

企业和产品是否具备获取市场份额的能力？

产品能否在市场中具备竞争优势？

3）Worth——这个值得做吗？

从赢利能力、风险承受能力和企业战略层面对市场机会进行更深入的评估。

（2）步骤2：评估并确定项目的优先级

四个基本角度可用于评估现有产品类别中新产品的机会并确定优先级：①竞争战略；②市场细分；③技术轨迹；④产品平台规划。

1）竞争战略。

一个组织的竞争策略决定了它在市场和产品上针对竞争者的基本运作方法。竞争策略通常关注以下几种：技术领先、成本领先、以客户为中心、模仿策略。

2）市场细分。

图3.3-8所示为施乐打印机的细分市场，针对部门、工作组、个人用户的不同的产品。

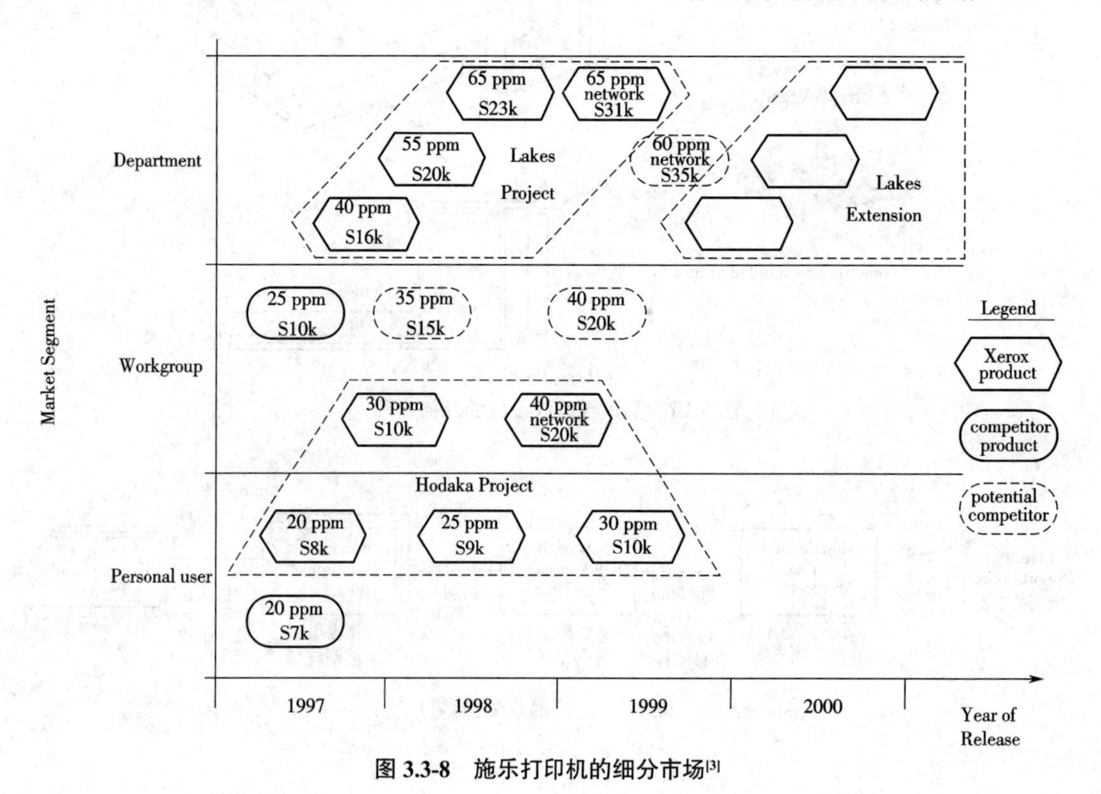

图 3.3-8 施乐打印机的细分市场[3]

3)技术轨迹。

表明技术轨迹的 S 形技术曲线显示,复印技术在刚出现时性能较低,发展到一定程度后性能快速提高,最后达到技术成熟期。图 3.3-9 表明施乐公司确信数字技术将提高产品的性能。

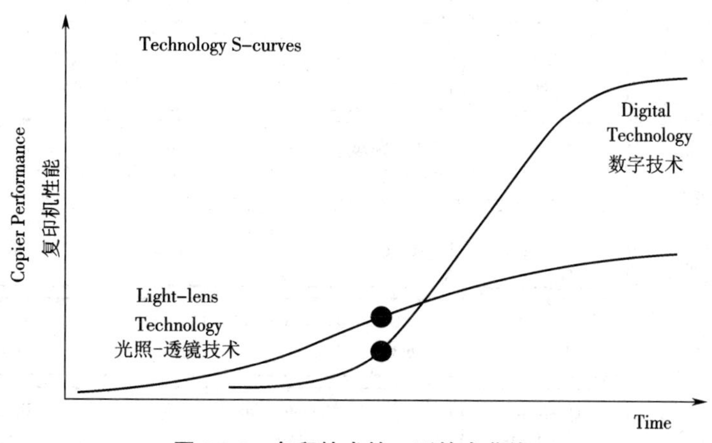

图 3.3-9　复印技术的 S 形技术曲线[3]

4)产品平台规划。

有效的产品平台可以衍生出一个产品族,形成产品系列,满足不同细分市场的需求,如图 3.3-10 所示。

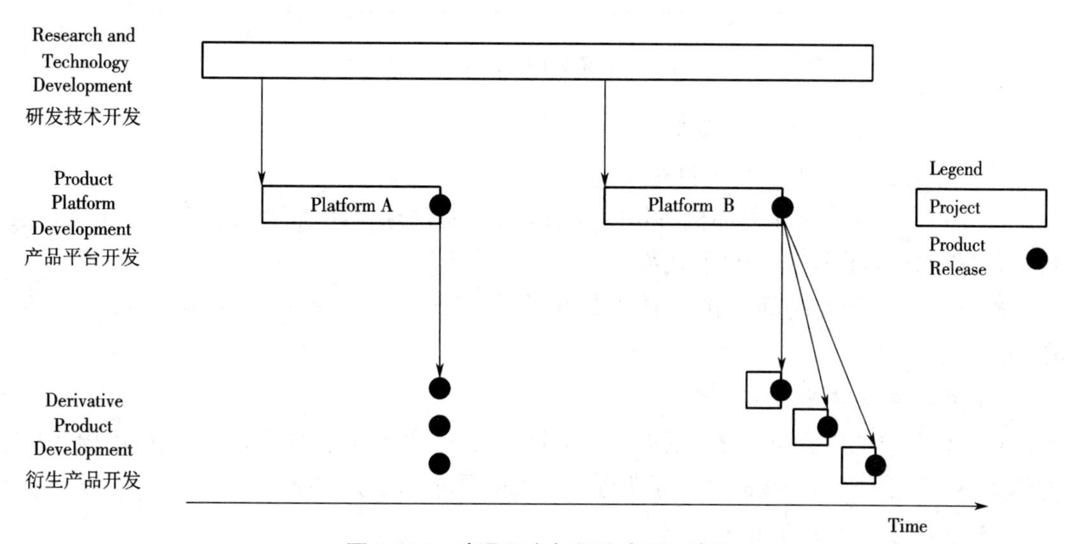

图 3.3-10　产品平台与衍生产品开发[3]

图 3.3-11 为施乐复印机的技术路线图,表明了复印机的各种功能元件所用技术的发展和在不同产品平台项目中的应用。

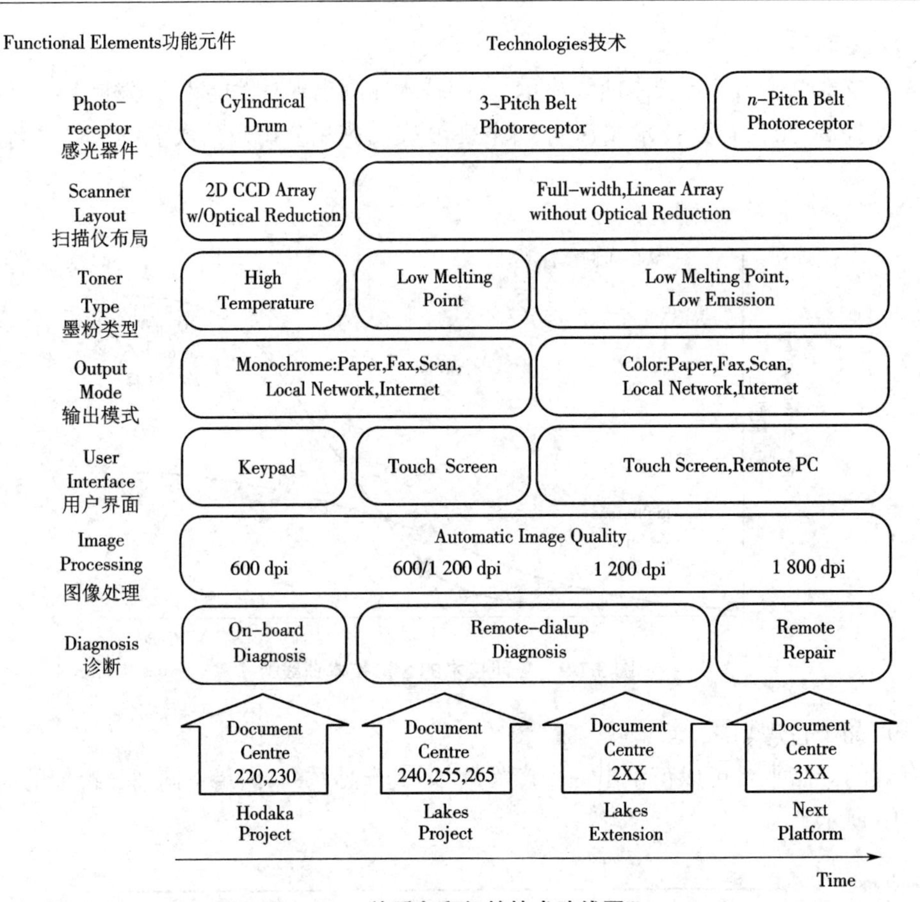

图 3.3-11　施乐复印机的技术路线图[3]

(3)步骤 3:分配资源和计划时间

合理分配开发资源,保证项目完成。

图 3.3-12 所示为施乐复印机按年度规划的开发资源综合计划表,其清楚地显示了在项目执行过程中不同开发资源的利用率。

确定项目的开发时间安排需要考虑以下因素:产品介绍时间、技术准备、市场准备、竞争。

(4)步骤 4:完成项目前期规划

产品任务书的内容包括:产品描述、获益提议、关键商业目标、主要市场、二级市场、假设与约束、利益相关者。图 3.3-13 所示为施乐 Lakes 项目产品任务书。

(5)步骤 5:反思结果和过程

“机会漏斗”是否收集了一系列激动人心的产品机会?

产品计划是否支持公司的竞争战略?

产品计划是否解决了公司当前面临的最重要的问题?

用于产品开发的总资源是否足以实施公司的竞争战略?

	Year 1					Year 2					Year 3				
	Mechanical Design	Electrical Engineering	Manufacturing Engineering	Software/ Firmware	Industrial Design	Mechanical Design	Electrical Engineering	Manufacturing Engineering	Software/ Firmware	Industrial Design	Mechanical Design	Electrical Engineering	Manufacturing Engineering	Software/ Firmware	Industrial Design
Lakes Project	155	160	105	75	7	210	160	140	80	4	125	140	160	90	2
6010 Project	30	25	10	5	1	25	20	5	6				5		
595 Project	60	24	25			20	15	15							
Astro Project	55	60	44	25	2	75	65	50	40	2	45	40	60	20	
Resource Demand	300	269	184	105	10	330	260	210	126	6	170	180	225	110	2
Resource Capacity	250	250	200	100	8	250	250	200	100	8	250	250	200	100	8
Capacity Utilization	120%	108%	92%	105%	125%	132%	104%	105%	126%	75%	68%	72%	113%	110%	25%

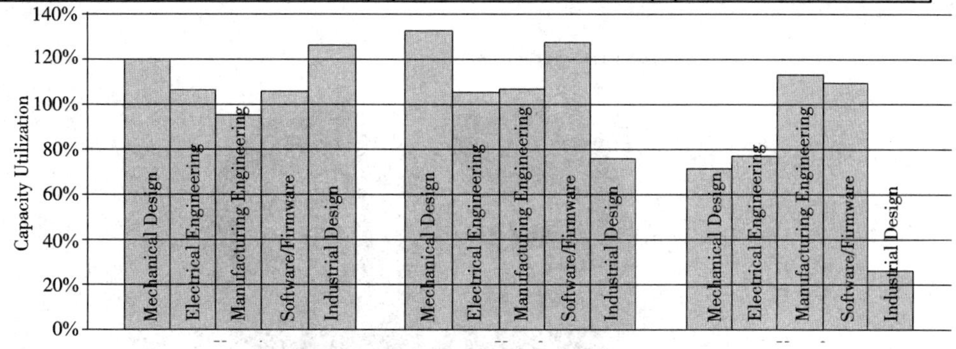

图 3.3-12　施乐复印机按年度规划的开发资源综合计划表[3]

Mission Statement: Multifunctional Office Document Machine

Product Description 产品描述（产品的基本功能、前景）

• Networkable, digital machine with copy, print, fax, and scan functions

Benefit Proposition 获益提议（客户购买产品的几个关键原因）

• Multiple document processing functions in one machine, • Connected to office computer network

Key Business Goals 关键商业目标（支持企业战略目标，产品推出时间，财务绩效，市场份额目标）

• Support Xerox strategy of leadership in digital office equipment, • Serve as platform for all future B&W digital products and solutions, • Capture 50% of digital product sales in primary market, • Environmentally friendly, • First product introduction 4th Q 1997

Primary Market 主要市场

• Office departments, mid-volume (40-65 ppm, above 42,000 avg. copies/mo.)

Secondary Market 二级市场

• Quick-print market, • Small "satellite" operations

Assumptions and Constraints 假设与约束

• New product platform, • Digital imaging technology , • Compatible with Centre Ware software, • Input devices manufactured in Canada, • Output devices manufactured in Brazil, • Image processing engine manufactured in both the United States and Europe

Stakeholders 利益相关者

• Purchasers and users, • Manufacturing operations, • Service operations, • Distributors and resellers

图 3.3-13　施乐 Lakes 项目产品任务书[3]

是否考虑过利用有限资源的创新方法，例如使用产品平台、合资企业和与供应商的伙伴关系？

核心团队是否接受最终任务说明中的挑战？

任务说明的内容是否一致？

任务说明中列出的假设是否真的必要或者项目是否过于紧张？

开发团队是否有自由开发最好的产品？

如何改进产品计划流程？

3.3.2 客户需求

1. 客户需求分析

以Nest恒温器(图3.3-14)为例,说明识别客户需求的方法,该方法的目标为:确保产品专注于客户需求;确定潜在的或隐藏的客户需求和明确的客户需求;提供事实依据,以证明产品规格合理;创建开发过程的需求活动的档案;确保没有遗漏或遗忘任何重要的客户需求;在开发团队成员之间形成对客户需求的共识。

Case Study: Nest thermostat

图3.3-14 Nest恒温器

问题定义:通过描述客户需求来确定问题的框架,这意味着在开始概念设计之前,要明确客户的目标,确定约束条件并确立功能。

输入:原始问题陈述。

任务:修订客户的问题陈述;明确目标;确定约束条件;确立主要功能。

输出:客户需求;修订问题陈述;最终目标的初步清单;约束的初始列表;主要功能的初始列表。

2. 客户需求分析过程(五个步骤)

客户需求分析过程的五个步骤:①收集来自客户的原始数据;②根据客户需求解释原始数据;③组织客户需求的层次结构,将客户需求分为一级、二级和(如有必要)三级;④确定客户需求的相对重要性;⑤反思结果和过程。

(1)步骤1:收集来自客户的原始数据

收集数据可以通过访谈、研讨、观察客户使用现有产品的需求。归档和客户的交流可以通过录音、笔记、录像、拍照。图3.3-15所示为Nest恒温器客户访谈数据模板。

(2)步骤2:根据客户需求解释原始数据

编写需求书的五个原则:①"做什么"而非"怎么做";②产品特点;③肯定而非否定;④产品属性;⑤避免"必须"和"应该",如图3.3-16所示。

Customer:	Bill Esposito	Interviewer(s):	Jonathan and Lisa
Address:	100 Memorial Drive Cambridge, MA 02139	Date:	19 January 2015
Telephone:	617-864-1274	Currently uses:	Honeywell Model A45
Email:	bespo@zmail.com	Type of user:	Homeowner
Willing to do follow-up?	Yes		

Question/Prompt	Customer Statement	Interpreted Need
Typical uses	I have to manually turn it on and off when it gets too hot or cold.	The thermostat maintains a comfortable temperature without requiring user action.
	Each time I want to change the temperature, I need to adjust both thermostats in the house.	Any user inputs need not be made in multiple locations. (!)
Likes—current model	I like that I can change the temperature if the setting is too high.	The temperature setting is easy to control manually.
	It didn't cost a fortune.	The thermostat is affordable to purchase.
Dislikes—current model	I'm too lazy to learn how to figure it out.	The thermostat requires little or no user instruction or learning.
	I sometimes forget to turn it off when we leave the house.	The thermostat saves energy when no one is home. (!)
	Sometimes the buttons don't register a push and I have to press then repeatedly	The thermostat definitively registers any user inputs.
Suggested improvements	I would like my iPhone to adjust my thermostat.	The thermostat can be controlled remotely without requiring a special device.
	I like to shift quickly between different options like energy saving or ultra comfort.	The thermostat responds immediately to differences in occupant preferences.

图 3.3-15　Nest 恒温器客户访谈数据模板[3]

Guideline	Customer Statement	Needs Statement—Right	Needs Statement—Wrong
"What" not "how"	I would like my iPhone to adjust my thermostat.	The thermostat can be controlled remotely without requiring a special device.	The thermostat is accompanied by a downloadable iPhone app.
Specificity	I have different heating and cooling systems.	The thermostat can control separate heating and cooling systems.	The thermostat is versatile.
Positive not negative	I get tired of standing in front of my thermostat to program it.	The thermostat can be programmed from a comfortable position.	The thermostat does not require me to stand in front of it for programming.
Attribute of the product	I have to manually override the program if I'm home when I shouldn't be.	The thermostat automatically responds to an occupant's presence.	An occupant's presence triggers the thermostat to automatically change modes.
Avoid "must" and "should"	I'm worried about how secure my thermostat would be if it were accessible online.	The thermostat controls are secure from unauthorized access.	The thermostat must be secure from unauthorized access.

图 3.3-16　Nest 恒温器编写需求书的原则[3]

(3)步骤 3:组织客户需求的层次结构

对客户需求进行分级,图 3.3-17 所示为 Nest 恒温器的客户需求分级层次列表。

表中的客户需求可归类为以下八个方面:易于安装;耐用;易于使用;可精确控制;智能;个性化;值得购买;可靠。对其进行分级,"*"代表重要性等级,"!"表示潜在需求。

(4)步骤 4:确定客户的需求的相对重要性

图 3.3-18 所示为 Nest 恒温器客户需求调查。

** **The thermostat is easy to install.**
*** The thermostat works with my existing heating and/or cooling system.
** The thermostat installation is an easy do-it-yourself project for a novice.
** The thermostat can control separate heating and cooling systems.
* The thermostat can be installed without special tools.
The thermostat is easily purchased.

* **The thermostat lasts a long time.**
The thermostat is safe to bump into.
The thermostat resists dirt and dust.
! The thermostat exterior surfaces do not fade or discolor over time.
The thermostat is recyclable at end of life.

*** **The thermostat is easy to use.**
** The thermostat user interaction is easy to understand.
* The thermostat is easy to learn to use.
* The thermostat does not place significant demands on user memory.
! The thermostat can be programmed from a comfortable position.
The thermostat can be controlled remotely without requiring a special device.
! The thermostat works pretty well right out of the box with no setup.
The thermostat's behavior is easy to change.
The thermostat is easy to control manually.
The thermostat display is easy to read from a distance.
The thermostat display can be read clearly in all conditions.
The thermostat's controls accommodate users with limited dexterity.
The thermostat accommodates different conventions for temperature scales.
The thermostat accommodates different preferences for representing time and date.

** **The thermostat controls are precise.**
** The thermostat maintains temperature accurately.
The thermostat minimizes unintended variability in temperature.
The thermostat allows temperatures to be specified precisely.

*** **The thermostat is smart.**
*** The thermostat can adjust temperature during the day according to user preferences.
** The thermostat can be programmed to a precise schedule.
! The thermostat automatically responds to occupancy.
! The thermostat prevents pipes from freezing in cold months.
The thermostat alerts the user when a problem arises.
The thermostat does not require users to set time or date.
The thermostat adjusts automatically to the seasons.

* **The thermostat is personal.**
* The thermostat accommodates different user preferences for comfort.
The thermostat accommodates different user preferences for energy efficiency.
The thermostat controls are secure from unauthorized access.
The thermostat provides useful information.

*** **The thermostat is a good investment.**
** The thermostat is affordable to purchase.
*** The thermostat saves energy.
* The thermostat tracks cost savings.

** **The thermostat is reliable.**
The thermostat does not require replacing batteries.
The thermostat works normally when electric power is suspended.

图 3.3-17 Nest 恒温器的客户需求分级层次列表[3]

Thermostat Survey

For each of the following thermostat features, please indicate on a scale of 1 to 5 how important the feature is to you. Please use the following scale:

1. Feature is undesirable. I would not consider a product with this feature.
2. Feature is not important, but I would not mind having it.
3. Feature would be nice to have, but is not necessary.
4. Feature is highly desirable, but I would consider a product without it.
5. Feature is critical. I would not consider a product without this feature.

Also indicate by checking the box to the right if you feel that the feature is unique, exciting, and/or unexpected.

Importance of feature on a scale of 1 to 5		Check box if feature is unique, exciting, and/or unexpected.
______	The thermostat does not require the user to set time or date.	☐
______	The thermostat does not require replacing batteries.	☐
______	The thermostat adjusts automatically to the seasons.	☐
______	The thermostat accommodates different preferences for representing date and time.	☐

And so forth.

图 3.3-18 Nest 恒温器客户需求调查[3]

（5）步骤 5：反思结果和过程

①是否与目标市场上的主要顾客都进行了交流？

②是否确定出已识别的最主要的需求？

③是否捕捉到目标顾客的潜在需求？

④如何完善改进客户需求分析流程？

3. 产品目标树

依据客户需求分级层次列表，可以绘制出产品目标树，如图 3.3-19 所示，产品目标树显示客户需求的目标和子目标。

案例：喉部手术稳定装置

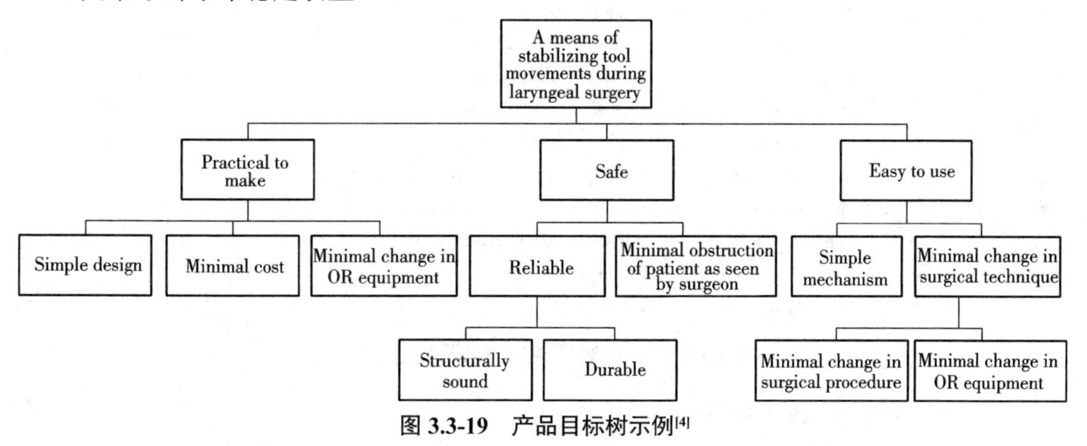

图 3.3-19　产品目标树示例[4]

3.3.3　产品规格

1. 产品规格

产品规格为对产品功能的精确描述。产品规格的设定过程如下。

1）设定目标规格：根据客户需求和基准，为每个客户需求制定指标，设定理想的和可接受的值。

2）修正产品规格：基于选定的概念和可行性测试，进行技术和经济建模，权衡其重要性。

3）反思结果和过程：持续改进。

以山地自行车前叉悬架（图 3.3-20）为例，说明产品规格的设定过程。图 3.3-21 中列出了客户对悬架的需求及其重要度。

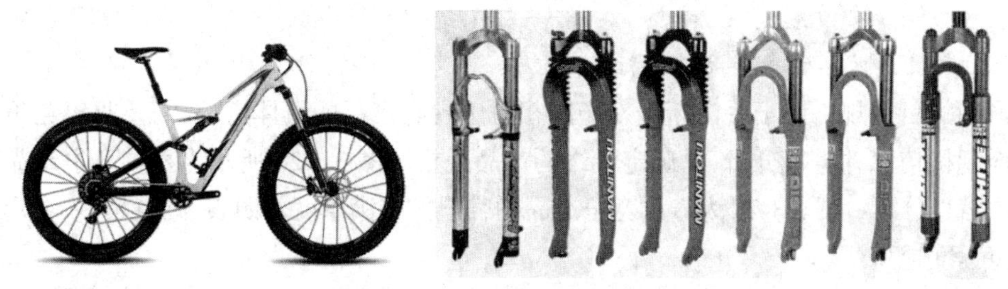

图 3.3-20　山地自行车前叉悬架

No.	Need		Imp.
1	The suspension	reduces vibration to the hands.	3
2	The suspension	allows easy traversal of slow, difficult terrain.	2
3	The suspension	enables high-speed descents on bumpy trails.	5
4	The suspension	allows sensitivity adjustment.	3
5	The suspension	preserves the steering characteristics of the bike.	4
6	The suspension	remains rigid during hard cornering.	4
7	The suspension	is lightweight.	4
8	The suspension	provides stiff mounting points for the brakes.	2
9	The suspension	fits a wide variety of bikes, wheels, and tires.	5
10	The suspension	is easy to install.	1
11	The suspension	works with fenders.	1
12	The suspension	instills pride.	5
13	The suspension	is affordable for an amateur enthusiast.	5
14	The suspension	is not contaminated by water.	5
15	The suspension	is not contaminated by grunge.	5
16	The suspension	can be easily accessed for maintenance.	3
17	The suspension	allows easy replacement of worn parts.	1
18	The suspension	can be maintained with readily available tools.	3
19	The suspension	lasts a long time.	5
20	The suspension	is safe in a crash.	5

图 3.3-21 客户对悬架的需求及其重要度[3]

2. 建立目标规格(四个步骤)

建立目标规格有以下四个步骤:①准备指标列表;②收集竞争产品的指标基准信息;③为每个指标设置理想值和临界可接受值;④反思结果和过程。

(1)步骤 1:准备指标列表

在客户需求与度量指标之间建立联系,给出度量指标的单位,如图 3.3-22 所示。

列度量指标清单应考虑如下准则:

1)度量指标应该是完整的;

2)度量指标应该是因变量,而不是独立变量;

3)度量指标应该有实际意义;

4)有些客户需求不能轻易转化为可计量的指标;

5)度量指标应该是同行业市场普遍认可的标准。

使用需求-指标矩阵可以明确地表示出客户需求与度量指标之间的联系,如图 3.3-23 所示。

(2)步骤 2:收集竞争产品的指标基准信息

产品的目标规格用于决定新开发产品相对于现有产品的具体定位,需要收集竞争产品的对应规格信息并进行分析,以确定最终的产品规格。图 3.3-24 所示为六种竞争产品的指标基准信息分析。图 3.3-25 为六种竞争产品的客户需求满意度对照表,圆点越多,客户需求的满意程度越高。

Metric No.	Need No.	Metric	Imp.	Unit
1	1, 3	Attenuation from dropout to handlebar at 10 Hz	3	dB
2	2, 6	Spring preload	3	N
3	1, 3	Maximum value from the Monster	5	g
4	1, 3	Minimum descent time on test track	5	s
5	4	Damping coefficient adjustment range	3	N•s/m
6	5	Maximum travel (26-in. wheel)	3	mm
7	5	Rake offset	3	mm
8	6	Lateral stiffness at the tip	3	kN/m
9	7	Total mass	4	kg
10	8	Lateral stiffness at brake pivots	2	kN/m
11	9	Headset size	5	in
12	9	Steer tube length	5	mm
13	9	Wheel size	5	List
14	9	Maximum tire width	5	in
15	10	Time to assemble to frame	1	s
16	11	Fender compatibility	1	List
17	12	Instills pride	5	Subj.
18	13	Unit manufacturing cost	5	US$
19	14	Time in spray chamber without water entry	5	s
20	15	Cycles in mud chamber without contamination	5	k-cycles
21	16, 17	Time to disassemble/assemble for maintenance	3	s
22	17, 18	Special tools required for maintenance	3	List
23	19	UV test duration to degrade rubber parts	5	h
24	19	Monster cycles to failure	5	Cycles
25	20	Japan Industrial Standards test	5	Binary
26	20	Bending strength (frontal loading)	5	kN

图 3.3-22　悬架的度量指标清单[3]

	Need \ Metric	1 Attenuation from dropout to handlebar at 10 Hz	2 Spring preload	3 Maximum value from the Monster	4 Minimum descent time on test track	5 Damping coefficient adjustment range	6 Maximum travel (26-in. wheel)	7 Rake offset	8 Lateral stiffness at the tip	9 Total mass	10 Lateral stiffness at brake pivots	11 Headset size	12 Steer tube length	13 Wheel size	14 Maximum tire width	15 Time to assemble to frame	16 Fender compatibility	17 Instills pride	18 Unit manufacturing cost	19 Time in spray chamber without water entry	20 Cycles in mud chamber without contamination	21 Time to disassemble/assemble for maintenance	22 Special tools required for maintenance	23 UV test duration to degrade rubber parts	24 Monster cycles to failure	25 Japan Industrial Standards test	26 Bending strength (frontal loading)
1	Reduces vibration to the hands	•		•	•																						
2	Allows easy traversal of slow, difficult terrain		•																								
3	Enables high-speed descents on bumpy trails	•		•	•																						
4	Allows sensitivity adjustment					•																					
5	Preserves the steering characteristics of the bike						•	•																			
6	Remains rigid during hard cornering		•						•																		
7	Is lightweight									•																	
8	Provides stiff mounting points for the brakes										•																
9	Fits a wide variety of bikes, wheels, and tires											•	•	•	•												
10	Is easy to install															•											
11	Works with fenders																•										
12	Instills pride																	•									
13	Is affordable for an amateur enthusiast																		•								
14	Is not contaminated by water																			•							
15	Is not contaminated by grunge																				•						
16	Can be easily accessed for maintenance																					•					
17	Allows easy replacement of worn parts																					•	•				
18	Can be maintained with readily available tools																						•				
19	Lasts a long time																							•	•		
20	Is safe in a crash																									•	•

图 3.3-23　悬架的需求–指标矩阵[3]

Metric No.	Need No.	Metric	Imp.	Unit	ST Tritrack	Maniray 2	Rox Tahx Quadra	Rox Tahx Ti 21	Tonka Pro	Gunhill Head Shox
1	1, 3	Attenuation from dropout to handlebar at 10 Hz	3	dB	8	15	10	15	9	13
2	2, 6	Spring preload	3	N	550	760	500	710	480	680
3	1, 3	Maximum value from the Monster	5	g	3.6	3.2	3.7	3.3	3.7	3.4
4	1, 3	Minimum descent time on test track	5	s	13	11.3	12.6	11.2	13.2	11
5	4	Damping coefficient adjustment range	3	N•s/m	0	0	0	200	0	0
6	5	Maximum travel (26-in. wheel)	3	mm	28	48	43	46	33	38
7	5	Rake offset	3	mm	41.5	39	38	38	43.2	39
8	6	Lateral stiffness at the tip	3	kN/m	59	110	85	85	65	130
9	7	Total mass	4	kg	1.409	1.385	1.409	1.364	1.222	1.100
10	8	Lateral stiffness at brake pivots	2	kN/m	295	550	425	425	325	650
11	9	Headset size	5	in	1.000 1.125	1.000 1.125 1.250	1.000 1.125	1.000 1.125 1.250	1.000 1.125	NA
12	9	Steer tube length	5	mm	150 180 210 230 255	140 165 190 215	150 170 190 210	150 170 190 210 230	150 190 210 220	NA
13	9	Wheel size	5	List	26 in	26 in	26 in	26 in 700C	26 in	26 in
14	9	Maximum tire width	5	in	1.5	1.75	1.5	1.75	1.5	1.5
15	10	Time to assemble to frame	1	s	35	35	45	45	35	85
16	11	Fender compatibility	1	List	Zefal	None	None	None	None	All
17	12	Instills pride	5	Subj.	1	4	3	5	3	5
18	13	Unit manufacturing cost	5	US$	65	105	85	115	80	100
19	14	Time in spray chamber without water entry	5	s	1,300	2,900	> 3,600	> 3,600	2,300	> 3,600
20	15	Cycles in mud chamber without contamination	5	k-cycles	15	19	15	25	18	35
21	16, 17	Time to disassemble/assemble for maintenance	3	s	160	245	215	245	200	425
22	17, 18	Special tools required for maintenance	3	List	Hex	Hex	Hex	Hex	Long hex	Hex, pin wrench
23	19	UV test duration to degrade rubber parts	5	h	400+	250	400+	400+	400+	250
24	19	Monster cycles to failure	5	Cycles	500k+	500k+	500k+	480k	500k+	330k
25	20	Japan Industrial Standards test	5	Binary	Pass	Pass	Pass	Pass	Pass	Pass
26	20	Bending strength (frontal loading)	5	kN	5.5	8.9	7.5	7.5	6.2	10.2

图 3.3-24　六种竞争产品的指标基准信息分析[3]

No.	Need	Imp.	ST Tritrack	Maniray 2	Rox Tahx Quadra	Rox Tahx Ti 21	Tonka Pro	Gunhill Head Shox
1	Reduces vibration to the hands	3	•	••••	••	•••••	••	•••
2	Allows easy traversal of slow, difficult terrain	2	••	••••	•••	•••••	•••	•••••
3	Enables high-speed descents on bumpy trails	5	•	•••••	••	•••••	••	•••
4	Allows sensitivity adjustment	3	•	••••	••	•••••	••	•••
5	Preserves the steering characteristics of the bike	4	••••	••	•	••	•••••	•••••
6	Remains rigid during hard cornering	4	•	•••	•	•••••	•	•••••
7	Is lightweight	4	•	•••	•	•••	••••	•••••
8	Provides stiff mounting points for the brakes	2	•	••••	•••	•••	•••••	••
9	Fits a wide variety of bikes, wheels, and tires	5	••••	•••••	•••	•••••	•••	•
10	Is easy to install	1	••••	•••••	••••	••••	•••••	•
11	Works with fenders	1	•••	•	•	•	•	•••••
12	Instills pride	5	•	••••	•••	•••••	•••	•••••
13	Is affordable for an amateur enthusiast	5	•••••	•	•••	•	•••	••
14	Is not contaminated by water	5	•	•••	••••	••••	••	•••••
15	Is not contaminated by grunge	5	•	•••	•	••••	••	•••••
16	Can be easily accessed for maintenance	3	••••	•••••	••••	••••	•••••	•
17	Allows easy replacement of worn parts	1	••••	•••••	••••	••••	•••••	•
18	Can be maintained with readily available tools	3	•••••	•••••	•••••	•••••	••	•
19	Lasts a long time	5	•••••	•••••	•••••	•••	•••••	•
20	Is safe in a crash	5	•••••	•••••	•••••	•••••	•••••	•••••

图 3.3-25　六种竞争产品的客户需求满意度对照表[3]

（3）步骤 3：为每个指标设置理想值和临界可接受值

分析对比现有产品的规格参数，为给定的产品指标项设定目标值，包括临界可接受值和理想值，如图 3.3-26 所示。

表达度量指标值的方法有：①不小于 X；②不大于 X；③在 X 和 Y 之间；④恰好为 X；⑤一组离散值。

（4）步骤 4：反思结果和过程

开发团队需要进行多次分析迭代来确定产品指标的目标值。

Metric No.	Need Nos	Metric	Imp	Units	Marginal Value	Ideal Value
1	1, 3	Attenuation from dropout to handlebar at 10 Hz	3	dB	> 10	> 15
2	2, 6	Spring preload	3	N	480–800	650–700
3	1, 3	Maximum value from the Monster	5	g	< 3.5	< 3.2
4	1, 3	Minimum descent time on test track	5	s	< 13.0	< 11.0
5	4	Damping coefficient adjustment range	3	N·s/m	0	> 200
6	5	Maximum travel (26-in. wheel)	3	mm	33–50	45
7	5	Rake offset	3	mm	37–45	38
8	6	Lateral stiffness at the tip	3	kN/m	> 65	> 130
9	7	Total mass	4	kg	< 1.4	< 1.1
10	8	Lateral stiffness at brake pivots	2	kN/m	> 325	> 650
11	9	Headset size	5	in	1.000 1.125	1.000 1.125 1.250
12	9	Steer tube length	5	mm	150 170 190 210	150 170 190 210 230
13	9	Wheel size	5	List	26 in	26 in 700C
14	9	Maximum tire width	5	in	> 1.5	> 1.75
15	10	Time to assemble to frame	1	s	< 60	< 35
16	11	Fender compatibility	1	List	None	All
17	12	Instills pride	5	Subj.	> 3	> 5
18	13	Unit manufacturing cost	5	US$	< 85	< 65
19	14	Time in spray chamber without water entry	5	s	> 2,300	> 3,600
20	15	Cycles in mud chamber without contamination	5	k-cycles	> 15	> 35
21	16, 17	Time to disassemble/assemble for maintenance	3	s	< 300	< 160
22	17, 18	Special tools required for maintenance	3	List	Hex	Hex
23	19	UV test duration to degrade rubber parts	5	h	> 250	> 450
24	19	Monster cycles to failure	5	Cycles	> 300k	> 500k
25	20	Japan Industrial Standards test	5	Binary	Pass	Pass
26	20	Bending strength (frontal loading)	5	kN	> 7.0	> 10.0

图 3.3-26 产品的目标规格[3]

3. 确定最终规格(五个步骤)

在产品开发的初期,指标的目标值只大体描述,通常需要在产品开发的后续阶段不断修正。

确定最终规格需要进行权衡分析,多方面考虑,其分为五个步骤:①开发产品的技术模型;②开发产品的成本模型;③修正规格,必要时进行权衡分析;④分配合理的规格参数;⑤反思结果和过程。

(1)步骤 1:开发产品的技术模型

产品的技术模型是用于为一组特定设计决策预测指标值的工具。图 3.3-27 为悬架的技术模型,包括悬架性能的动态模型、制动器安装刚度的静态模型、悬架耐久性的疲劳模型。

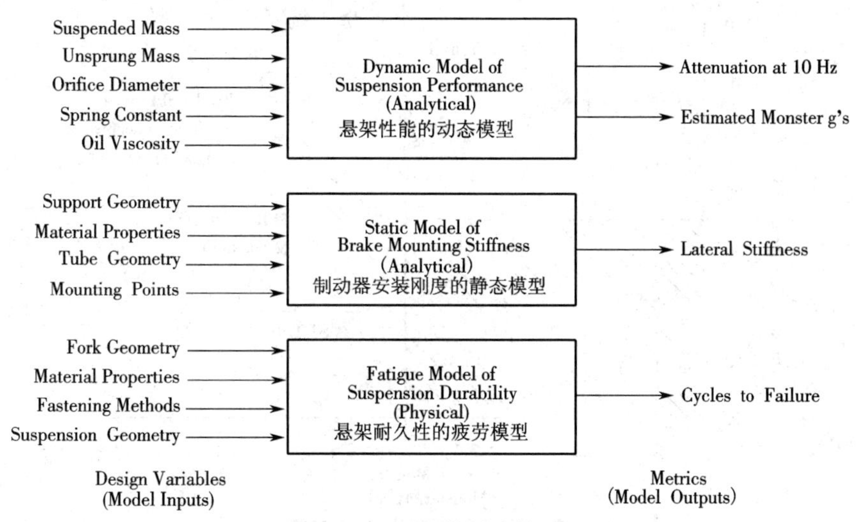

图 3.3-27　悬架的技术模型[3]

(2)步骤 2:开发产品的成本模型

通过罗列材料清单,并查询估计每一个组件的购买价格,初步预估产品成本,如图 3.3-28 所示。

Component	Qty/ Fork	High ($ ea.)	Low ($ ea.)	High Total ($/fork)	Low Total ($/fork)
Steer tube	1	2.50	2.00	2.50	2.00
Crown	1	4.00	3.00	4.00	3.00
Boot	2	1.00	0.75	2.00	1.50
Lower tube	2	3.00	2.00	6.00	4.00
Lower tube top cover	2	2.00	1.50	4.00	3.00
Main lip seal	2	1.50	1.40	3.00	2.80
Slide bushing	4	0.20	0.18	0.80	0.72
Slide bushing spacer	2	0.50	0.40	1.00	0.80
Lower tube plug	2	0.50	0.35	1.00	0.70
Upper tube	2	5.50	4.00	11.00	8.00
Upper tube top cap	2	3.00	2.50	6.00	5.00
Upper tube adjustment knob	2	2.00	1.75	4.00	3.50
Adjustment shaft	2	4.00	3.00	8.00	6.00
Spring	2	3.00	2.50	6.00	5.00
Upper tube orifice cap	1	3.00	2.25	3.00	2.25
Orifice springs	4	0.50	0.40	2.00	1.60
Brake studs	2	0.40	0.35	0.80	0.70
Brake brace bolt	2	0.25	0.20	0.50	0.40
Brake brace	1	5.00	3.50	5.00	3.50
Oil (liters)	0.1	2.50	2.00	0.25	0.20
Misc. snap rings, o-rings	10	0.15	0.10	1.50	1.00
Decals	4	0.25	0.15	1.00	0.60
Assembly at $20/h		30 min	20 min	10.00	6.67
Overhead at 25% of direct cost				20.84	15.74
Total				$104.19	$78.68

图 3.3-28　有估算成本的材料清单[3]

(3)步骤 3:修正规格,必要时进行权衡分析

通过分析技术模型和成本模型,对产品规格进行修正。图 3.3-29 为一张竞争性分析图,显示了估算的制造成本, Monster 测试得分,三个概念的权衡曲线,理想值与临界值的定义范围。

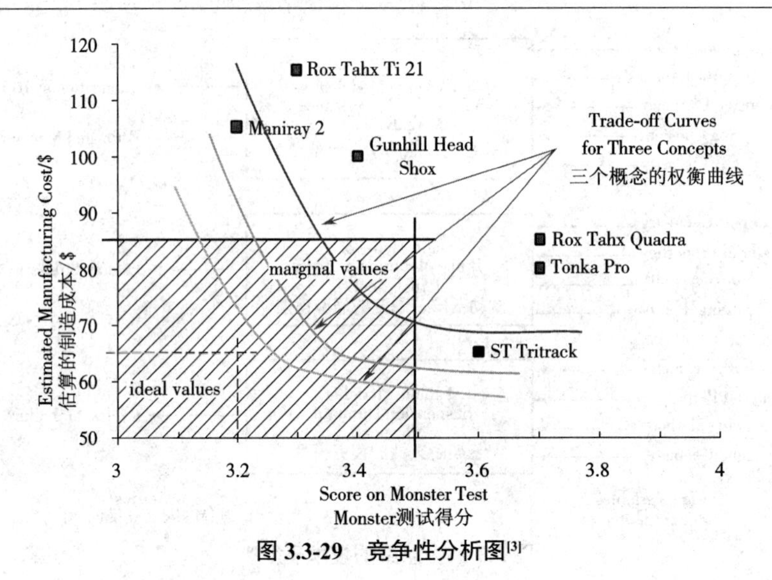

图 3.3-29 竞争性分析图[3]

图 3.3-30 为经过权衡分析,得到的悬架规格表。

No.	Metric	Unit	Value
1	Attenuation from dropout to handlebar at 10 Hz	dB	> 12
2	Spring preload	N	600–650
3	Maximum value from the Monster	g	< 3.4
4	Minimum descent time on test track	s	< 11.5
5	Damping coefficient adjustment range	N·s/m	> 100
6	Maximum travel (26-in. wheel)	mm	43
7	Rake offset	mm	38
8	Lateral stiffness at the tip	kN/m	> 75
9	Total mass	kg	< 1.4
10	Lateral stiffness at brake pivots	kN/m	> 425
11	Headset size	in	1.000 1.125
12	Steer tube length	mm	150 170 190 210 230
13	Wheel size	List	26 in
14	Maximum tire width	in	> 1.75
15	Time to assemble to frame	s	< 45
16	Fender compatibility	List	Zefal
17	Instills pride	Subj.	> 4
18	Unit manufacturing cost	US$	< 80
19	Time in spray chamber without water entry	s	> 3,600
20	Cycles in mud chamber without contamination	k-cycles	> 25
21	Time to disassemble/assemble for maintenance	s	< 200
22	Special tools required for maintenance	List	Hex
23	UV test duration to degrade rubber parts	h	> 450
24	Monster cycles to failure	Cycles	> 500k
25	Japan Industrial Standards test	Binary	Pass
26	Bending strength (frontal loading)	kN	> 10.0

图 3.3-30 悬架规格表[3]

(4)步骤 4:分配合理的规格参数

确定规格的难点:①确保子系统的规格实际上能反映产品的整体规格;②确定不同子系统的特定规格的实现有相同的难度。

(5)步骤 5:反思结果和过程

对结果和过程进行反思,不断修正。

小结

1)产品规划:产品规划开发项目的类型,产品平台,产品示意图/聚类分析,产品规划五步骤,产品开发任务书,Real-Win-Worth-it(RWW)方法。

2)客户需求:客户需求分析过程(五个步骤),需求描述的五个原则,产品目标树。

3)产品规格:产品规格,建立目标规格(四个步骤),需求-指标矩阵,确定最终规格(五个步骤)。

作业

1)针对产品设计任务查阅、搜集资料。

2)编写课程报告 2,内容包括:绘制产品示意图,聚类分析为组件;产品开发任务书;客户需求分析,目标树;产品目标规格,设定最终规格参数;会议记录(项目组每周开会的会议记录)。

3)编写课程报告 2 汇报 PPT。

3.4　概念设计

3.4.1　概念生成

1. 产品概念

产品概念是对产品的技术、工作原理和形式的近似描述。它是对产品如何满足客户需求的简明描述。一个产品概念通常被表达为一张草图或一个粗略的三维模型,并且常常伴随着一个简短的文本描述。

在确定了一系列客户需求并制定了目标产品规范之后,将面临以下问题。

1)是否有现成的产品概念适合这种应用方式?

2)有哪些新概念可以满足既定的需求和规格?

3)有哪些方法可以支持概念生成过程?

(1)概念案例

大城市堵车现象严重,广阔的天空就是未来开发的对象。图 3.4-1 所示的 G440 概念飞行汽车可能就是未来交通工具的雏形,它有 4 个涡轮、7 个座位,可竖直离开地面和着陆,操作简便,接近汽车,但它不会像直升机那样飞得很高,以低空飞行为主。

图 3.4-1　G440 概念飞行汽车

(2)概念设计

概念设计由从分析用户需求到生成产品概念的一系列有序的、可组织的、有目标的设计活动组成,如图 3.4-2 所示,它表现为由粗到精、由模糊到清晰、由抽象到具体的不断进化的过程。

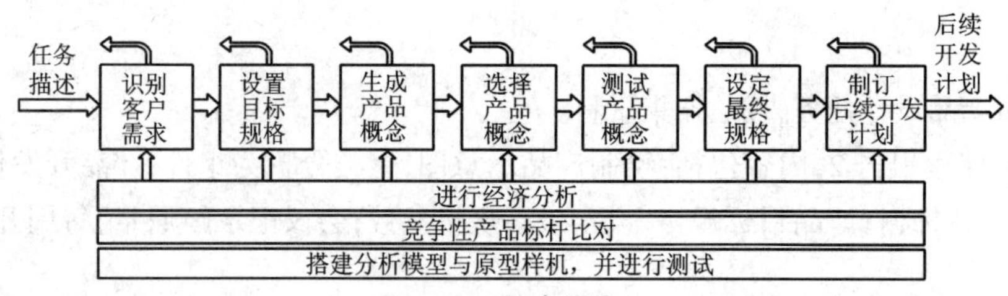

图 3.4-2　概念设计[2]

(3)产品概念的特点

1)产品概念的质量决定产品的成败。

①好的产品概念在后续开发中可能难以实现。

②差的产品概念不可能取得成功。

2)概念生成活动相对成本低,速度快。

①值得付出努力。

②认真地执行完善的创成方法。

以射钉枪为例,其概念设计只占开发成本的 5%,开发时间的 15%。

3)开发团队经常生成数以百计的产品概念。

只有 5~20 个产品概念值得在概念选择阶段细加斟酌。

4)优秀的产品概念令开发团队充满信心。

①方案空间已被遍历探索。

②竞争对手难以找到更好的方案。

(4)开发团队常见的功能障碍

1)只考虑一两个概念方案,来自个别独断专行的团队成员。

2）不能认真考虑其他公司产品（相关产品/不相关产品）概念的可用之处。

3）只有一两个成员进行概念生成，其他成员缺乏信心与责任感。

4）不能有效地整合富有前景的子方案。

5）不能充分考虑一类概念方案的完整范畴。

（5）结构化方法的优势

1）鼓励团队成员，通过众多不同的信息来源收集资料。

2）引导团队彻底探索可能空间内的候选方案。

3）提供一种机制，将不同的子方案集成整合。

4）为缺乏经验的团队成员提供循序渐进的工作步骤。

2. 概念生成五步法（图 3.4-3）

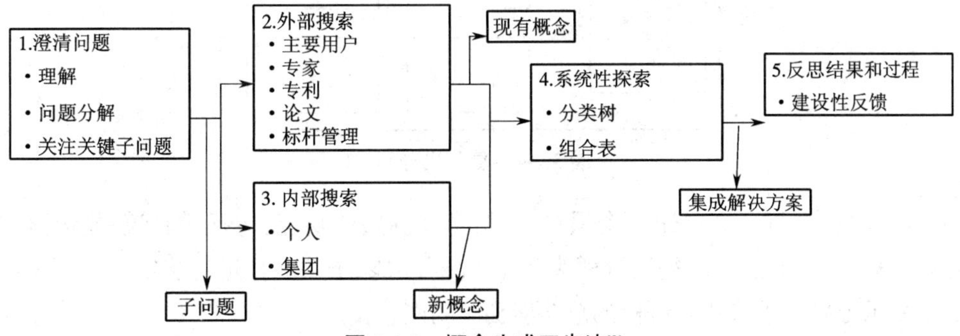

图 3.4-3　概念生成五步法[2]

（1）步骤 1：澄清问题

全面理解面临的问题，如有必要，分解为数个子问题。例如对无绳射钉枪开发团队来说，要澄清的问题如下。

1）挑战：设计一种更好的手持式屋顶射钉枪。

①紧固屋顶材料。

②比现有气动工具速度更快。

2）假设。

①使用钉子。

②与现有工具的钉匣相兼容。

③钉子穿透瓦片，钉进木头。

④手持式。

3）需求。

①快速连续射钉。

②重量小。

③触发后无显著的延迟。

4）目标规格。

①钉子长度：25~38 mm。

②射钉能量:<40 J。

③射钉力:<2 000 N。

④最高射速:1 钉/s。

⑤平均射速:12 钉/min。

⑥工具总质量:<4 kg。

⑦触发延迟:<0.25 s。

如果设计问题高度复杂,难以求解,可将其分解为数个简单的子问题分别求解,然后集成。如图 3.4-4 所示,将复印机分解为原稿翻页器、白纸进纸器、打印装置、扫描装置。

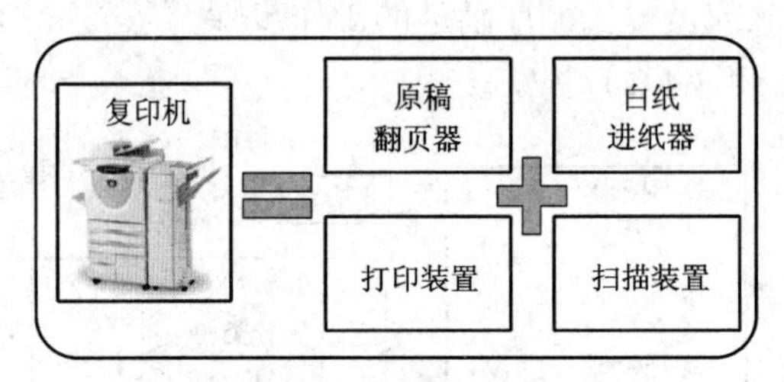

图 3.4-4 复印机分解

问题分解首先将产品看作一个黑箱,分析产品的整体功能,包括物料流、能量流、信号流;之后分解为子功能,一般每层分解为 3~10 个子功能,子功能再进一步细分。图 3.4-5 和图 3.4-6 所示分别为手持式射钉枪的总功能和子功能。

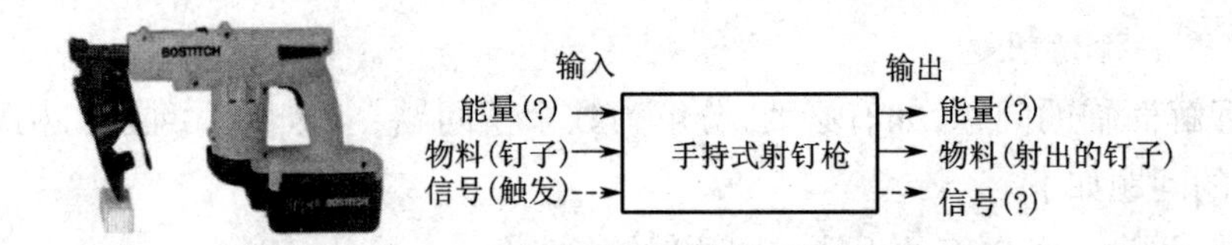

图 3.4-5 手持式射钉枪的总功能[2]

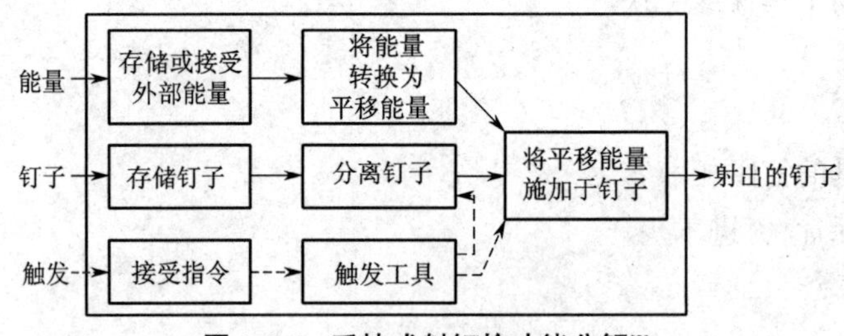

图 3.4-6 手持式射钉枪功能分解[2]

这一阶段的目标是描述产品的功能要素,不涉及具体的技术性工作原理,快速创建数张功能图草图后将其完善。功能图的创建包括:

1)为现有产品创建功能图;

2)为开发团队创成的任意产品概念创建功能图;

3）根据已知的子功能技术创建功能图；

4）按照物料流、能量流、信号流确定所需的操作。

不同类型的产品可采用不同的方法分解。技术功能简单、较多用户交互的产品，可按用户动作顺序进行分解。例如射钉枪分解为五个用户动作：移动射钉枪，粗略定位、精确定位、扣动扳机，触发射钉枪。射钉枪分解为与三个关键需求相对应的子问题：快速连续射钉、重量小、钉匣容量大。工作原理不是问题，形状结构是主要问题的产品（如牙刷、储物箱），可按用户关键需求进行分解。

在这一阶段中，还要关注关键子问题，要选择最有助于产品成功、最可能受益于创新性方案的子问题，这样其他子问题会被有意识地推迟解决。例如射钉枪开发团队选择关注下列子问题：

1）存储或接受外部能量；

2）将能量转换为平移能量；

3）将平移能量施加于钉子。

然后解决其他子问题：钉子传递、触发、用户交互等。

（2）步骤 2：外部搜索

对整体问题及其子问题，找出已有的解决方案，这在概念开发全过程中将持续不断地进行。与全新方案相比，已有方案更快、更省，开发团队可将精力集中于关键子问题。

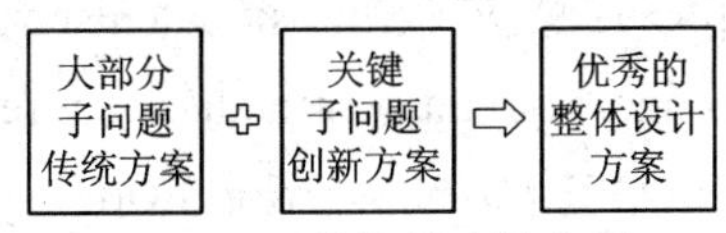

图 3.4-7　外部搜索的作用

资料的搜集、分析与评价可以是直接竞争产品，也可以是相关子功能可用的技术。在时间、资源有限的情况下，资料的搜集可以先扩大搜索范围，然后集中重点搜索。

1）访谈领先用户

识别客户需求时，曾经访谈过领先用户，领先用户比普通用户提前数月甚至数年体验到需求，将受益于产品创新。尤其是在高科技产品用户群体中，领先用户常常已经发明了解决方案。开发团队可以在新产品的市场中或与某些子功能相关的市场中寻找领先用户。例如射钉枪开发团队咨询建筑承包商，了解现有工具的缺点。

2）向专家咨询。

专家为相关产品制造企业的专业人士，包括专业咨询顾问、大学教授、供应商的技术代表。专家拥有一个或多个子问题领域的专门知识，可以直接提供解决方案，指引更有效的搜索方向。向专家咨询时应注意：

①多数专家咨询一小时之内不收费；

②咨询顾问在初次讨论之后收费；

③如果认为产品可被采用，供应商可提供数天的无偿支持；

④恳请专家推荐其他专家（“第二代”专家）；

⑤竞争对手的专家不愿提供独有的信息。

例如射钉枪开发团队咨询了数十位专家,包括火箭燃料专家、MIT 的电动机研究人员、气弹簧制造商的工程师等。

3)检索专利。

专利是重要技术信息来源,内容丰富,容易获取,含有详细插图和技术说明。检索专利时应注意:

①近期(近 20 年)专利受专利法保护,使用需付专利费;

②弄清已有专利,避免侵权;

③没有申请到本国专利、全球专利的外国专利和过期专利可免费使用;

④利用关键词在数据库中检索专利全文较容易;

⑤向国家专利局或代理机构支付少量费用即可获取专利文档。

Innojoy 专利搜索引擎(http://www.innojoy.com/search/home.html)收录了全球 100 多个国家的 1 亿多项商业专利,简单易用,为科学家、研发人员、法律专业人士等提供了技术情报和研发决策。此外,还有以下专利搜索网络。

万象云:https://www.wanxiangyun.net/。

中国国家知识产权局:http://epub.sipo.gov.cn/gjcx.jsp。

FreePatentsOnline:http://www.freepatentsonline.com/。

世界知识产权组织(WIPO):英文版 https://patentscope.wipo.int/search/en/structuredSearch.jsf;中文版 https://patentscope.wipo.int/search/zh/structuredSearch.jsf。

欧洲专利局(European Patent Office):https://worldwide.espacenet.com/advancedSearch。

美国专利与商标局:http://patft.uspto.gov/netahtml/PTO/search-bool.html。

日本专利局:https://www4.j-platpat.inpit.go.jp/eng/tokujitsu/tjkt_en/TJKT_EN_GM201_Top.action。

4)检索文献

包括公开出版的文献(期刊,会议论文集,政府报告,市场、消费者、产品信息,新产品公告)和技术手册(Marks 机械工程标准手册、Perry 化学工程师手册、机构与机械装备资料集)。

检索文献的难点在于确定关键词和限制搜索范围,可采用互联网搜索(初步搜索,信息质量难以评估)和数据库搜索(可能只有摘要,缺全文和图表,需进一步搜索全文信息)。例如射钉枪开发团队检索到的文献包括涉及能量存储、飞轮、电池等子问题的文章和包含一种敲击工具机构的手册。

可通过天津大学图书馆网站(http://www.lib.tju.edu.cn/n17397/n17496/n17724/index.html)检查文献。

中文数据库:中国知网 CNKI,万方数据知识服务平台,维普期刊全文期刊数据库。

英文数据库:Elsevier ScienceDirect,IEEE/IET Electronic library,INSPEC,IOP(英国物理学会)。

5）与相关产品对标分析。

通过标杆比对，研究与待开发产品类似、与关键子问题具有相似功能的现有产品。开发团队可以获取并拆解大多数这些产品，发现其共性原理方案，了解细节信息。

例如手持式射钉枪的类似产品和类似功能如下。

类似产品：火药驱动单次敲击式水泥射钉枪；螺线管式电磁锤；工厂用气动射钉枪；掌上型多次敲击气动射钉枪。

类似功能：能量存储与转换。如：以叠氮化钠为推进剂的安全气囊等产品；滑雪用的化学暖手宝；带二氧化碳压缩气瓶的气步枪；便携电脑及其电池组。

（3）步骤 3：内部搜索

利用个人与团队的知识和创造力（个人工作、集体工作）生成新产品概念方案，从记忆中提取信息，解决问题。

1）工作准则。

①延迟决策：推迟几天或几周，小组讨论规则为不批评。

②创成大量的新想法：探索整个解决方案空间，用一个想法激发出更多想法。

③鼓励看起来不可能实现的想法：改正缺点，修补瑕疵，矫正方向，拓展解空间的边界。

④运用图形或实体介质：例如用泡沫塑料、黏土、纸板等制作模型，有助于理解和讨论。

团队成员先独立工作，创成初步的产品概念，然后进行团队讨论，讨论、评价、改进产品概念，达成共识，交流信息，完善产品概念。由于工作忙碌（接电话，来人拜访，紧急事务），很少有人能够集中精力数小时用于生成产品概念，所以在实际工作中倾向于团队讨论，这样能保证团队成员投入足够的时间。

例如射钉枪开发团队，每周由一位成员负责针对 1~2 个子问题提出至少 10 种产品概念方案，然后团队集中讨论并扩展方案，进一步研究更有前途的新方案。

2）生成产品概念方案的小窍门。

①类比模拟。自然界或生物界中有没有类似情况？有没有大得多或小得多的类似情况？在不相关的应用领域有没有类似的装置？

②畅想希望，期盼奇迹。“我多想能够……啊！”“如果……，会出现什么结果？”这有助于激发个人或团队考虑新的可能性。

例如射钉枪开发团队可以类比打桩机（图 3.4-8）的多次打击，讨论电磁轨道式射钉枪方案，在考虑长度为多少合适时，可以联想“我希望这个电磁射钉枪有 1 m 长，这样就不用跪着钉钉子了”。

③用关联性“引子”激发创意：多数人能通过新的引子联想出新创意，引子往往诞生于问题背景中；用不相关的“引子”激发创意：偶然性、随机性或者不相关的引子也能令人遐想，有效地促生新创意。

可以在集体讨论中每人独立提出一组创意，然后传递给下一位同事，看到别人的创意，多数人会萌生新的创意；也可以从一堆照片中随机抽出一张，看看照片上的物体跟自己手头的问题有什么关系。

图 3.4-8　打桩机

④设定量化目标:创成新概念令人疲倦、厌烦,个人或团队被强制要求完成一定数量的有价值的创意。例如射钉枪开发团队给每个人布置量化任务:10~20 个新概念。

⑤运用“画廊法”:将概念草图张贴在会议室墙壁上,团队成员沿墙行走,查看每一个概念,概念提出者可解释说明,大家提出改进建议或者提出相关新概念。

例如,射钉枪的子问题存储或接受外部能量和将平移能量施加于钉子的解决方案分别如图 3.4-9 和图 3.4-10 所示。

■ 自调节化学反应，释放高压气体	■ 高压油管（液压）	■ 核反应
■ 碳化物燃料（如照明灯用的煤汕）	■ 高速旋转的飞轮	■ 冷聚变
■ 燃烧木屑（来自木工车间）	■ 电池组（与工具绑定，挂在腰带上或置于脚下）	■ 太阳能电池
■ 火药	■ 燃料电池	■ 太阳能蒸汽转换
■ 叠氮化钠（汽车安全气囊用爆炸物）	■ 人力（手摇或脚摇）	■ 蒸汽管道
■ 可燃气体（丁烷、丙烷、乙炔等）	■ 有机物分解产生的甲烷	■ 风能
■ 压缩空气（罐装或来自压缩机）	■ 类似于化学暖手宝“燃烧”	■ 地热能
■ 罐装压缩二氧化碳		
■ 来自普通电源插座的电能		

图 3.4-9　存储或接受外部能量的解决方案[2]

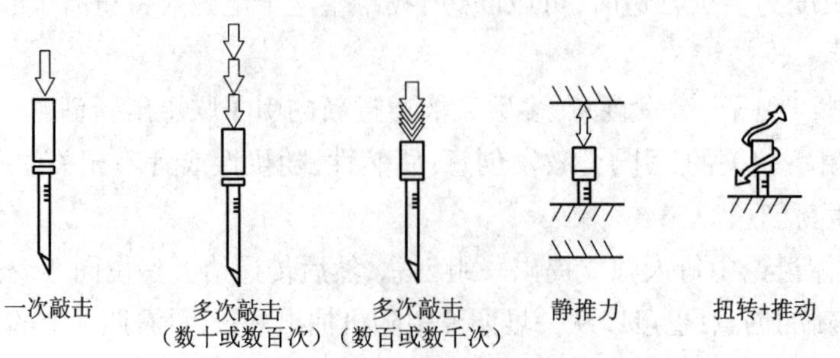

图 3.4-10　将平移能量施加于钉子的解决方案[2]

（4）步骤 4：系统性探索

这一阶段要遍历可行的空间方案，组织整合各种子方案。例如射钉枪开发关注三个子问题，能量存储、能量转换、射出动作。若每个子问题都有 15 种子方案，那么子方案组合有 15 × 15 × 15=3 375 种，由于资源与时间有限，不可能全部尝试，且很多组合无意义，这时就要建立产品概念分类树（将可行的概念划分为相互独立的不同类型）和产品概念组合表（选择性地考虑，对将各种子方案进行组合）。

1）形态矩阵表。

例如对轮椅取回装置，其子功能对齐轮椅、移动、引导、停止可以选择不同的形式。图 3.4-11 所示为轮椅取回装置的形态矩阵表，每个子功能有 6 个选项作为原理解，供概念组合时选择。

	Option 1	Option 2	Option 3	Option 4	Option 5	Option 6
Align Wheelchair	Pull(manual)	Rail	Track	Remote	Sonar	Laser
Move	Rail motor	Track	Pull(manual)	Self-propelled motor	Push	It Powered
Steer	(left) (right) Motor	Track	Rail	Pull	One wheel turns	(left) (right) Brake type
Stop	Reverse power	Pad	Parachute	Cut power	Reverse thrust	Manual

图 3.4-11　轮椅取回装置的形态矩阵表[7]

2）产品概念分类树。

将可行解的整个空间划分成若干类别，以进行比较和剪除。使用分类树的益处有：

①及早剪除希望渺茫的分支；

②辨识解决问题的多条独立途径；

③暴露对某些分支的重视不足或过度；

④对特定分支的问题细化分解。

例如射钉枪能源问题子方案的产品概念分类树如图 3.4-12 所示。在能源问题子方案中：

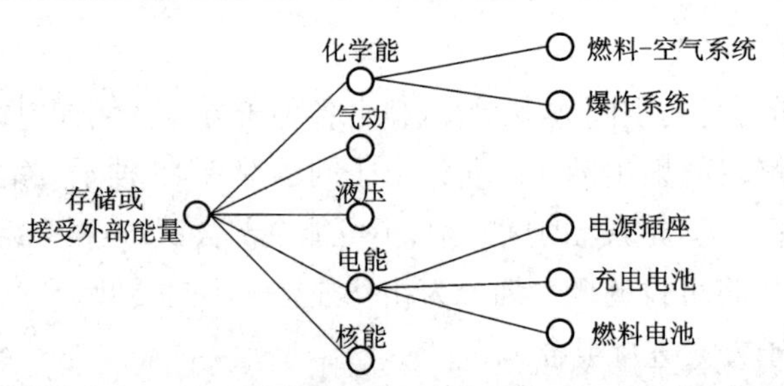

图 3.4-12 射钉枪能源问题子方案的产品概念分类树[2]

①将核能分支剪除，不再考虑；

②在化学能—爆炸系统分支与电能分支之间难以抉择，把它们交给两个小分队，用数周的时间探讨；

③认识到对液压分支及其转换技术重视不够，决定用数天的时间进行研究；

④增加一项子功能“累积平移能量”。

“累积平移能量”子功能如图 3.4-13 所示，考虑电能分支，在射钉过程中瞬时功率在数毫秒内到达 10 kW，比常规电源的功率大得多；同时射钉能量必须在一个工作循环时间（约 100 ms）内积蓄完成且瞬间释放。

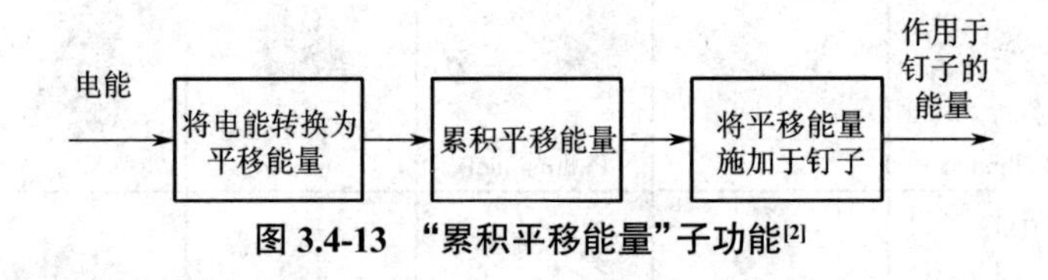

图 3.4-13 “累积平移能量”子功能[2]

3）产品概念组合表。

将各类子方案系统性组合，图 3.4-14 所示为将电能转换为平移能量、累积平移能量、将平移能量施加于钉子这三个功能的产品概念组合表。

将电能转换为平移能量	累积平移能量	将平移能量施加于钉子
旋转电机与传动装置	弹簧	单次敲击
直线电机	移动的重块	多次敲击
电磁螺线管		静力推动

图 3.4-14 产品概念组合表[2]

4）对探索过程的管理。

①要灵活使用分类树和组合表，组织思维，引导创造力。

②尽可能创建多种不同的分类树和组合表，以探索更多的可能性；完善对原始问题的分解方式，追加进一步的内部和外部搜索。

③在开发初期，开发团队关注少量关键子问题，最终所有子问题都必须得到解决。

例如在射钉枪开发过程中，缩小探索范围时精力集中在几个使用电能和化学能的产品方案上；进行细化完善工作时完成用户界面设计、造型设计、参数配置等。

（5）步骤 5：反思结果和过程

实际上，不断地反思贯穿于整个概念创成过程。

①是否已经充分探索所有可行空间？

②是否还有其他形式的产品功能图？

③是否还有其他方式来分解问题？

④是否充分搜索了外部资源？

⑤是否采纳并整合了每位团队成员的想法？

例如射钉枪开发团队过度关注能量存储和转换问题，忽视了用户界面与整体配置，经过讨论，认为这种做法是对的；研究了分类树上的很多分支，得出化学能方案存在安全隐患，应尽早放弃的结论。

3. 小结

概念创成始于客户需求与目标规格。须生成数以百计的产品概念初始方案，以供选择。

概念创成五步法：澄清问题、外部搜索、内部搜索、系统性探索、反思结果和过程。

结构化方法有助于全面探索，避免遗漏；全过程经常性回顾反思，不断迭代；概念创成的能力，可以学习和提高。

3.4.2　概念选择

1. 概念选择方法

以可重用注射器（图 3.4-15）为例，其产品特征为精确剂量控制和病人自用；核心问题为成本（现有产品采用不锈钢制造）和剂量的计量精度；选择标准包括操作难易度、使用步骤难易度、剂量设定的可读性、剂量计量的精度、耐用性、制造难易度、便携性等。该产品开发团队绘制了七张产品概念图，如图 3.4-16 ~ 图 3.4-22 所示。

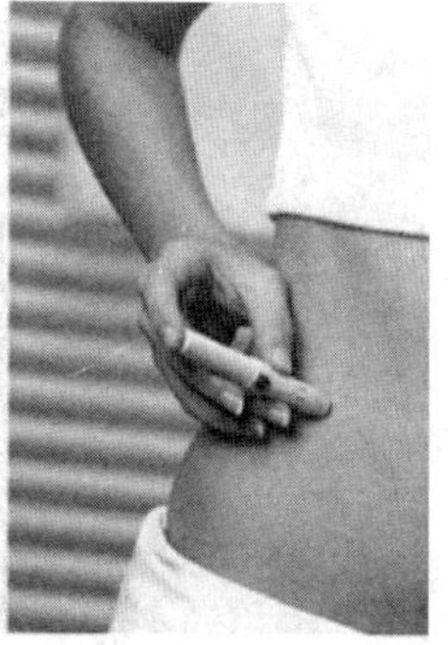

图 3.4-15　可重用注射器

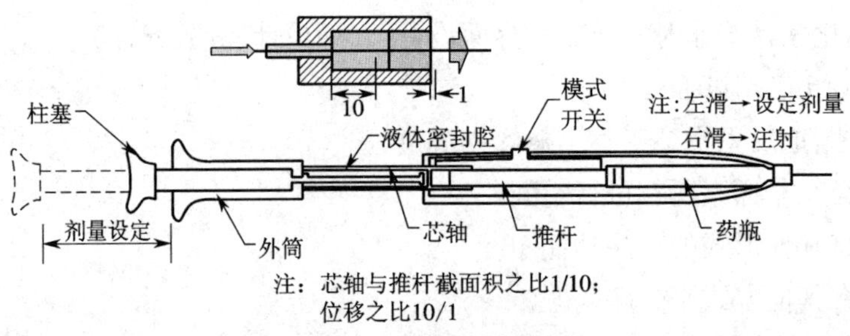

注：芯轴与推杆截面积之比1/10；
位移之比10/1

图 3.4-16　概念 A:液压缸[2]

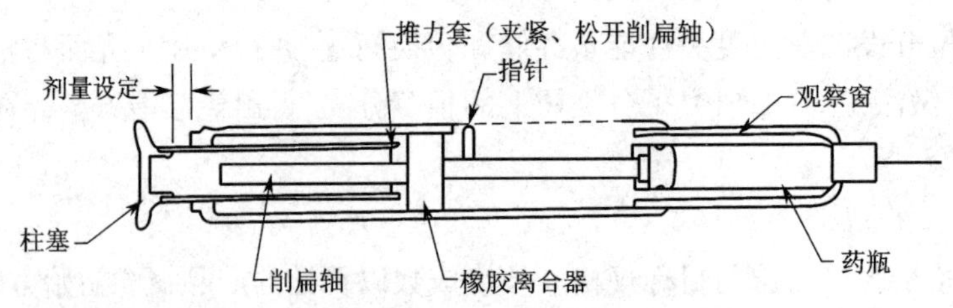

注：将柱塞旋转90°，松开离合器，向后拉动，设定剂量；
转回90°，合上离合器，向前推动，注射药液

图 3.4-17　概念 B:橡胶闸[2]

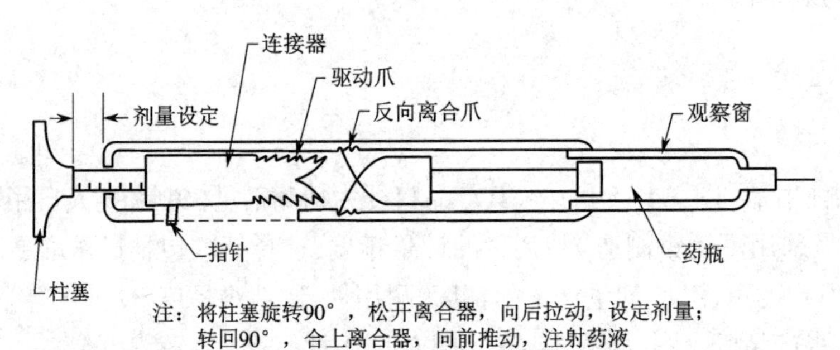

注：将柱塞旋转90°，松开离合器，向后拉动，设定剂量；
转回90°，合上离合器，向前推动，注射药液

图 3.4-18　概念 C:棘爪[2]

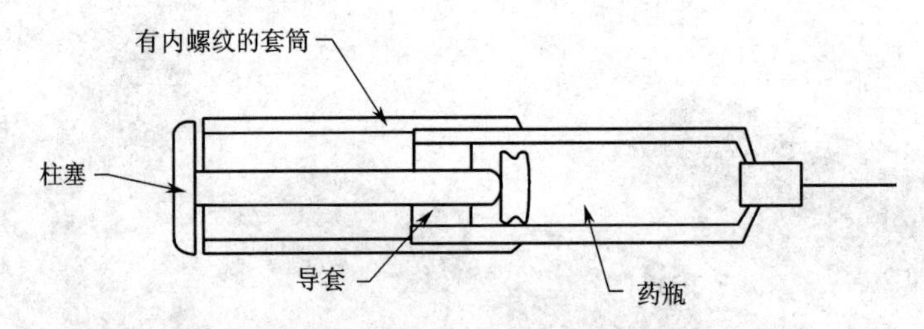

注：将有内螺纹的套筒向前旋转一定的圈数，设定剂量；
向前推动柱塞，注射药液，直至被套筒末端阻挡限位

图 3.4-19　概念 D:柱塞限位[2]

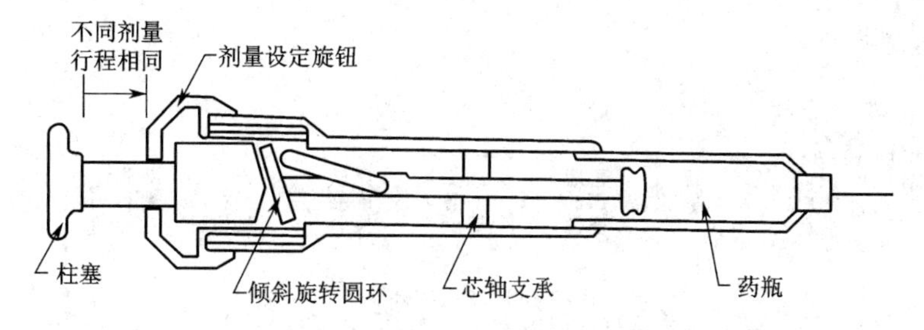

注：将剂量设定旋钮旋转到一定的圆周刻度位置，
拉回柱塞，然后向前推动，注射药液

图 3.4-20　概念 E:倾斜圆环[2]

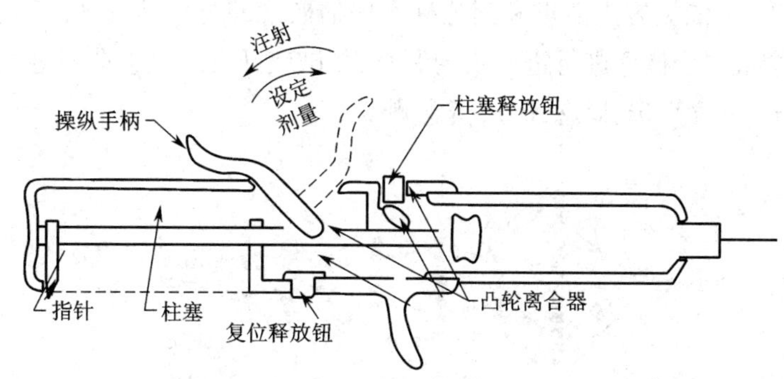

注：将手柄向前推，设定剂量将手柄向后拉，凸轮
推动柱塞向前，注射药液

图 3.4-21　概念 F:手柄设定[2]

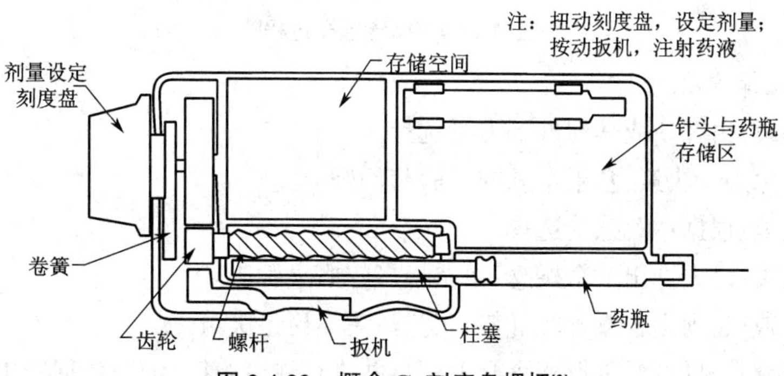

图 3.4-22　概念 G:刻度盘螺杆[2]

在概念选择过程中：

①当设计方案尚抽象、粗略的时候，如何选择最佳的产品概念？

②那些较差的产品概念中也有一些优良的特征，如何识别出来并且派上用场？

③如何让开发团队的全体成员都接受做出的决定？

④如何把决策过程记录下来并存档？

(1)概念选择

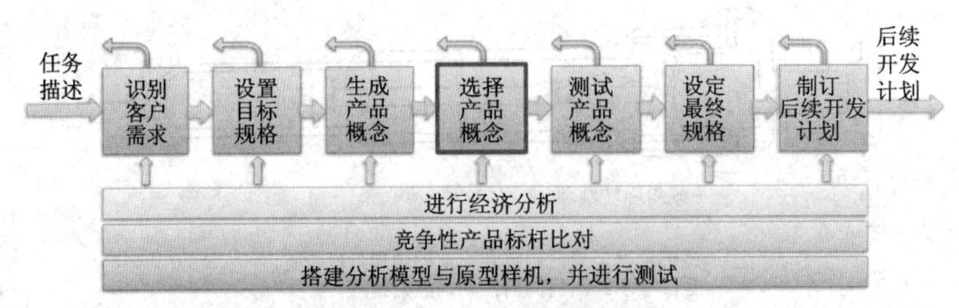

图 3.4-23　概念选择[2]

概念选择是一个依据客户需求和其他标准评估概念的过程,以比较各概念的优点和缺点,从而选出一个或多个概念进行进一步的调查、测试或开发。概念选择过程如图 3.4-24 所示,分为概念生成、概念筛选、概念评分、概念测试。

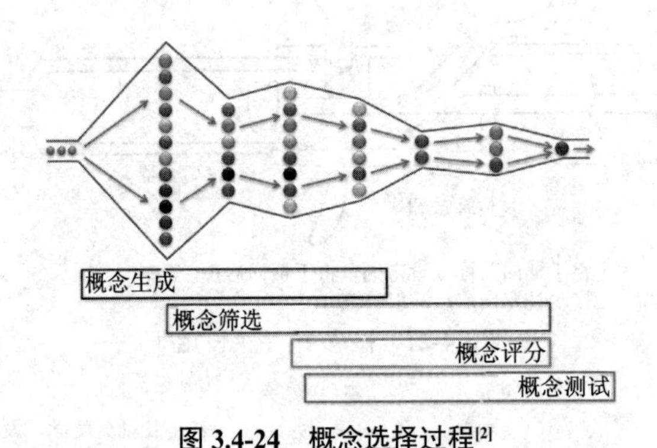

图 3.4-24　概念选择过程[2]

(2)概念选择方法

1)外部决策:由客户或其他外部力量选择。

2)内部资深人士决策:基于个人的经验与偏好。

3)直觉决策:根据主观感受选择。

4)投票表决:每人选出数个概念,得票最多的概念胜出。

5)罗列优缺点:列出各概念的优势与劣势,集体讨论决策。

6)开发原型并测试:对重点概念开发原型并进行测试,基于测试数据做出选择。

7)利用决策矩阵:用预定的选择标准对各概念进行评分。

(3)结构化概念选择方法的潜在益处

1)以客户为中心的产品:以面向客户的标准评估产品。

2)有竞争力的产品:在关键维度上赶超竞争性产品的性能。

3)产品与工艺相协调:提高产品的可制造性,产品与企业的工艺能力匹配。

4)缩短产品导入时间:减少歧义,加快沟通,减少犯错。

5)有效的集体决策:基于客观性标准进行决策,减小随意性和个人因素的影响。

6)决策过程记录建档:形成容易理解的档案文件。

（4）概念选择六步法

1）准备选择矩阵。

2）产品概念评估。

3）产品概念排序。

4）产品概念组合与改进。

5）选择一个或数个产品概念。

6）反思结果和过程。

2. 概念筛选

使用筛选矩阵对共同的参考概念进行快速、粗略评估。

（1）步骤 1：准备选择矩阵

图 3.4-25 所示为可重用注射器的选择矩阵，矩阵对图 3.4-16～图 3.4-22 中的七种概念进行了操作难易度、使用步骤难易度、剂量设定的可读性、剂量计量的精度、耐用性、制造难易度、便携性的评分。

选择标准	产品概念						
	A 液压缸	B 橡胶闸	C 棘爪	D 柱塞限位	E 倾斜圆环	F 手柄设定	G 刻度盘螺杆
操作难易度	0	0	-	0	0	-	-
使用步骤难易度	0	-	-	0	0	+	0
剂量设定的可读性	0	0	+	0	+	0	+
剂量计量的精度	0	0	0	0	-	0	0
耐用性	0	0	0	0	0	+	0
制造难易度	+	-	-	0	0	-	0
便携性	+	+	0	0	+	0	0
“+”的个数	2	1	1	0	2	2	1
“0”的个数	5	4	3	7	4	3	5
“-”的个数	0	2	3	0	1	2	1
净得分	2	-1	-2	0	1	0	0
排序	1	6	7	3	2	3	3
是否继续开发?	是	否	否	组合	是	组合	修改

图例：“+”优势
“0”相同
“-”劣势

图 3.4-25　可重用注射器的选择矩阵[2]

选择矩阵的注意事项如下。

1）当概念数超过 12 时，采用多票表决法从待评的概念中做出初步选择。开发团队成员每人 3~5 票，得票多的概念再行筛选。

2）选择标准要基于客户与企业需求，一般包括抽象程度高，有 5~10 个维度，区分度高，权重相等。

3）选取一个概念作为参考基准，可以是工业标准，也可以是团队熟悉且简单易懂的概念。

4）尽量选择现有的商业化产品、同类最佳标杆产品、上一代产品、候选产品中的某一个、各种产品优秀特征的模拟组合。

（2）步骤 2：产品概念评估

评估时可以采用相对评分（如优势+、相同 0、劣势-），也可与参考概念相比，还可以逐一考虑各项选择标准。

对一般情况，针对一条标准评估所有概念，然后转向下一条标准；对概念众多的情况，以所有标准对一个概念进行评估，然后转向下一个概念。

评估只是粗评估，因为概念只是最终产品的概括设想，详细评估意义不大。在某些情况下，也可使用客观性测度指标进行评估，如装配成本（与产品零部件数量基本成正比）、使用步骤难易度（与操作步骤数量基本成正比）。如果缺乏客观性指标，以团队共识进行评估。

（3）步骤 3：产品概念排序

汇总各个概念得到的+、0、-的总个数，计算产品概念的净得分（净得分=N_+-N_-），计算完成后按净得分排序。

（4）步骤 4：产品概念组合与改进

有的产品概念净得分很高，但个别特征较差，拉了后腿，这时可进行局部修改（G → G+），使整体有所提升；或将两个概念组合（D+F → DF），看其能否继续保持优势，并减少劣势。如可重用注射器对刻度盘螺杆进行改进（图 3.4-26）或将柱塞限位和手柄设定组合（图 3.4-27），形成新的产品概念。

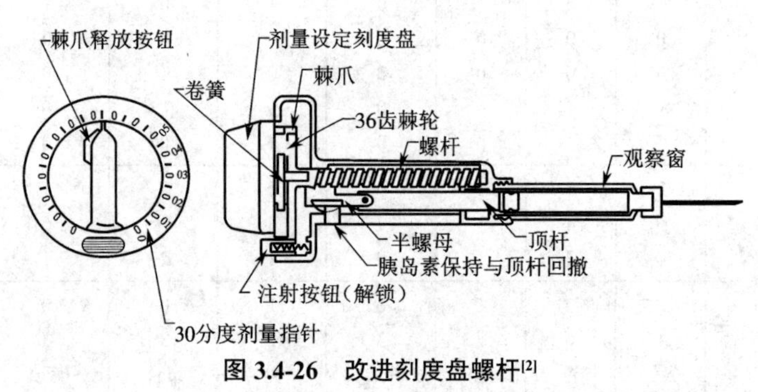

图 3.4-26　改进刻度盘螺杆[2]

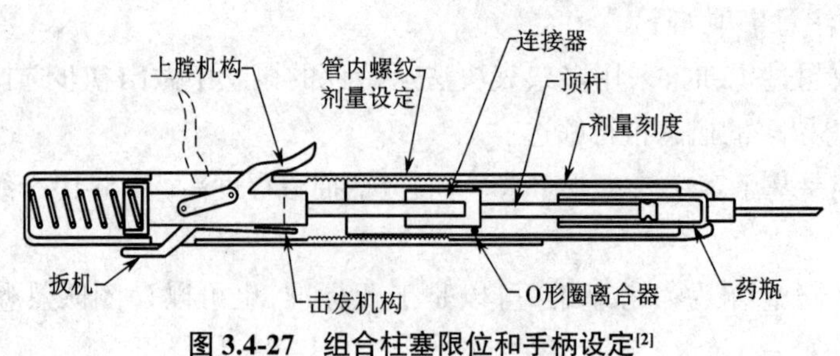

图 3.4-27　组合柱塞限位和手柄设定[2]

（5）步骤 5：选择一个或数个产品概念

对组合与改进后的概念进行选择，选出值得进行后续研究与分析的产品概念，这一步还要考虑概念评分，进行带权重的选择与更细致的评估。

（6）步骤 6：反思结果和过程

1）全体开发团队成员都对结果满意吗？

2）如果某位成员不同意集体的决定，可能一项或几项重要标准缺失，也可能某项评估错误，至少不明确。

3）考虑结果是否对每个人都有意义，减小出错的可能性，增加团队兑现承诺的可能性。

3. 概念评分

利用概念评分矩阵表对组合与改进后的概念进行评分，图 3.4-28 所示为可重用注射器的概念评分矩阵表，从操作难易度、使用步骤难易度、剂量设定的可读性、剂量计量的精度、耐用性、制造难易度、便携性这几个方面进行评分。

选择标准	权重	产品概念							
		A 液压缸（参考基准）		DF 手柄限位		E 倾斜圆环		G+ 刻度盘螺杆	
		评分	加权分	评分	加权分	评分	加权分	评分	加权分
操作难易度	5%	3	0.15	3	0.15	4	0.2	4	0.2
使用步骤难易度	15%	3	0.45	4	0.6	4	0.6	3	0.45
剂量设定的可读性	10%	2	0.2	3	0.3	5	0.5	5	0.5
剂量计量的精度	25%	3	0.75	3	0.75	2	0.5	3	0.75
耐用性	15%	2	0.3	5	0.75	4	0.6	3	0.45
制造难易度	20%	3	0.6	3	0.6	2	0.4	2	0.4
便携性	10%	3	0.3	3	0.3	3	0.3	3	0.3
总分		2.75		3.45		3.1		3.05	
排序		4		1		2		3	
是示否继续开发?		否		开发		否		否	

图 3.4-28　可重用注射器的概念评分矩阵表[2]

（1）步骤 1：准备选择矩阵

准备选择矩阵时采用层级式选择标准，以增加选择细节。图 3.4-28 所示为使用步骤难易度的层级。选择标准的重要度可以通过以下几个方面确定。

1）采用权重值（1~5）。

2）采用百分比分配。

3）运用市场调研手段，通过客户数据确定客观性权重。

4）开发团队一致认可，确定主观性权重。

（2）步骤 2：产品概念评估

评估时每次关注一项标准，对所有概念进行评分，可细化量表尺度，以增加区分度。相对评估时需要参考基准概念（最容易制造），各项标准采用不同的参考基准，若各项标准采用同一参考基准,会导致“尺度压缩”。如图 3.4-29 所示,与参考基准相同时得分为 3,比参考基准好的话评分高,比参考基准差的话评分就低。

相对性能	评分
比参考基准差得多	1
比参考基准稍差	2
与参考基准相同	3
比参考基准稍好	4
比参考基准好得多	5

图 3.4-29 产品概念评估[2]

(3)步骤 3:产品概念排序

计算评估得到的分数与权重的乘积,并将一个概念的得分加起来,如式 3.4-1 所示。

$$S_j = \sum_{i=1}^{n} r_{ij} w_i \tag{3.4-1}$$

式中:r_{ij} 为概念 j 第 i 项标准的评分;w_i 为第 i 项标准的权重;n 为标准的项数;S_j 为概念 j 的总分。

(4)步骤 4:产品概念组合与改进

开发团队试图通过改变或组合改进现有产品概念,最富有创造性的完善与改进有可能发生在选择阶段,到了此时开发团队才真正认识到各个产品概念的固有优势和劣势。

(5)步骤 5:选择一个或数个产品概念

选择时并非简单地选取排序靠前的产品概念,要通过灵敏度分析,评估不确定性因素的影响程度,变化权重和评分,观察对排序的影响。在最终选择时,可能选择一个得分较低,但是不确定性较小的产品概念。

在不同的细分市场中,客户偏好有差异,可创建两组或更多的评分矩阵,此时权重亦不同。某个概念可能在多个细分市场上占据优势。例如可重用注射器开发团队一致认为产品概念 DF 前景更好,最有希望生产出成功的产品。

(6)步骤 6:反思结果和过程

团队对选择的概念和整个概念选择过程进行反思。

1)此时为概念开发过程的“极限点”:开发团队成员感到满意,所有相关的问题、事项都已经讨论过,选出的概念最具潜力和优势(满足客户需求,在商业上成功)。

2)审视每个被淘汰的产品概念:如果发现某个被抛弃的概念比被选中的概念还好,则必须寻找导致这种不一致现象的源头(某项重要选择标准缺失?权重设置不妥?方法使用不当?)。

3)概念选择方法是以何种方式支持团队决策的?

(7)注意事项

1)选择标准的分解:经常难以分解为一系列独立的标准。

2)主观标准:团队集体判断,并非最佳方式;将选择的范围缩小到 3~4 种概念,征求客户代表的意见。

3)促进产品概念的改进:记录突出的属性(正面或负面);找出可用于其他概念的设计特征。

4)何处考虑成本:客户并不关心成本,只关心售价;成本影响产品的经济可行性。

5)选择复杂概念中的简单子概念:复杂概念是多个简单子概念的集成;可以首先评估简单子概念。

6)概念选择:贯穿于整个开发过程,选择方法在不同层次反复使用。

(8)小结

采用结构化产品概念选择方法,实现成功的产品设计。

概念筛选:按照选择标准,与参考基准概念对比,评估候选产品概念,是一种粗略比较的机制,以缩小候选产品概念的考虑范围。

概念评分:每项选择标准使用不同的参考基准;各项选择标准赋以不同的权重;细化评估量表。

概念选择六步法:准备选择矩阵,产品概念评估,产品概念排序,产品概念组合与改进,选择一个或数个产品概念,反思结果和过程。

3.4.3　概念测试

概念测试阶段基于客户数据,不依赖开发团队判断,需要对产品概念的原型进行展示。概念测试的结果是估计新产品未来的市场规模,进行经济分析的关键要素。

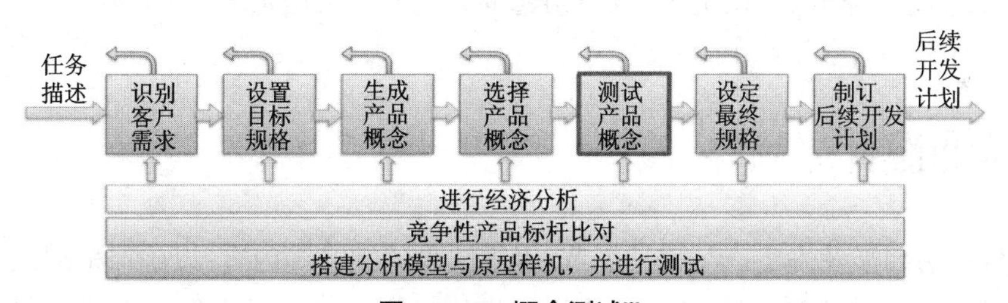

图 3.4-30　概念测试[2]

1. 概念测试的益处

1)验证客户需求是否得到充分满足。

2)评估产品概念的销售潜力。

3)收集客户信息,完善产品设计。

2. 需要概念测试的时候

1)识别初始的产品机会。

2)从两个或多个产品概念中选择。

3)评估产品概念的销售潜力。

4)决定产品进一步开发和商业化。

3. 概念测试七步法

1)步骤 1:确定概念测试的目的。

2)步骤2:选择客户调查的人群。

3)步骤3:选择调查方式。

4)步骤4:传播产品概念。

5)步骤5:测度客户反响。

6)步骤6:解析调查结果。

7)步骤7:反思结果和过程。

小结

1)概念生成:概念生成(五个步骤),功能分解图,形态矩阵表。

2)概念选择:概念选择方法,概念筛选(六个步骤),概念评分(六个步骤)。

3)概念测试:概念测试(七个步骤)。

作业

1)针对产品设计任务查阅、搜集资料。

2)编写课程报告3,内容包括:派送车总功能图,功能分解图(能量流、物料流、信号流);形态矩阵表,产品概念生成,每位同学手绘一张派送车概念设计方案草图;概念方案实现草图,概念评分矩阵表;会议记录(项目组每周开会的会议记录)。

3)编写课程报告3汇报PPT。

3.5 详细设计

详细设计主要涉及确定产品设计细节,提供缺少的细节等内容,以确保根据已经经过验证和测试的设计制造出质量合格而且效益较好的产品。详细设计是将所有细节整合在一起,做出所有决策,并由管理部门做出将设计投产决定的阶段。

详细设计阶段的各项活动如下:①做出自制或外购决策;②选择零件,确定尺寸;③完成工程图;④完成物料清单;⑤修改产品设计说明书;⑥完成验证原型实验;⑦进行最终成本评估;⑧准备设计项目报告;⑨设计终审;⑩设计交付制造。

3.5.1 产品设计表达

1. 视图

在进行零件产品的投影时,观察者、零件产品、视图的空间关系为:观察者→零件产品→视图。视图是根据有关标准《机械制图 图样画法 视图》(GB/T 4458.1—2002)和规定,用正投影法绘制出的机件的图形。视图表达的是机件的外部结构和形状,一般只画出机件在投射方向上的可见部分,尽量避免用虚线表示机件不可见的轮廓和棱线,视图可分为基本视图、向视图、局部视图、斜视图、剖视图等,应根据需要表达的物体的结构、形状特点选择不同的视图。

国家标准规定，正六面体的六个面为基本投影面。可认为六面体是在三个投影面的基础上增加三个投影面而构成的。如图 3.5-1 所示，将零件产品置于正六面体内，分别向基本投影面投射，即可得到六个基本视图（基本视图是机件向基本投影面投射得到的视图）。其中，由前向后进行投影获得主视图，由上向下进行投影获得俯视图，由左向右进行投影获得左视图，由后向前进行投影获得后视图，由右向左进行投影获得右视图，由下向上进行投影获得仰视图。

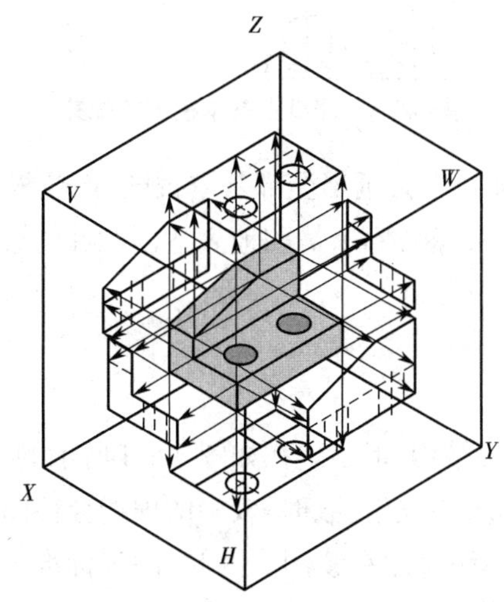

图 3.5-1　六投影面体系的构成

六个基本视图要绘制在同一个平面上才能获得产品的工程图，则投影正六面体按照如图 3.5-2 所示的国家标准规定方式展开。即主视图所在的投影面不动，其他各投影面分别绕相应的投影轴转动，展平到主视图所在的平面上。正六面体展开后，各基本视图的配置关系如图 3.5-3 所示。各视图之间依然保持着“长对正，高平齐，宽相等”的基本投影规律，即主、俯、仰、后视图“长对正”，主、左、右、后视图“高平齐”，俯、左、仰、右视图保持“宽相等”。

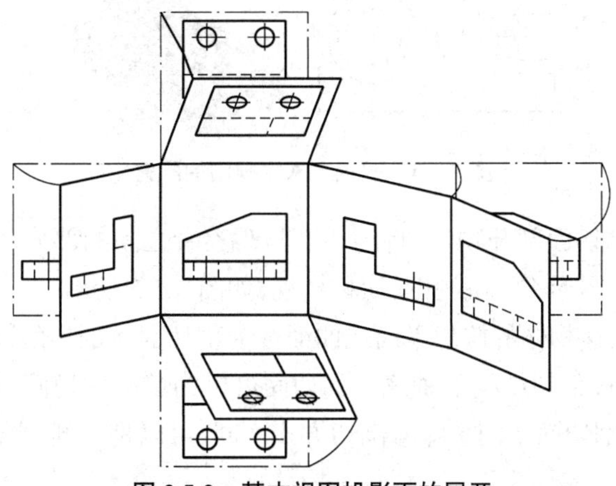

图 3.5-2　基本视图投影面的展开

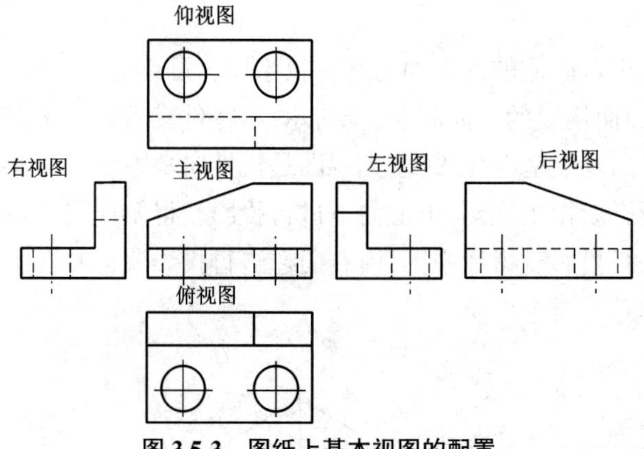

图 3.5-3 图纸上基本视图的配置

使用基本视图表达机件时，不必画出全部基本视图，而应根据机件外形的复杂程度，按照实际需要确定视图的个数，完整、清晰、简明地表达出机件的结构特点。一般以主视图、俯视图和左视图（俗称三视图）为常用。

2. 剖视图

（1）剖视图的基础知识

视图主要表达物体的外部结构、形状。在如图 3.5-4 所示的视图中，物体的内部结构、形状用虚线表示。当机件的内部结构较复杂时，较多的虚线会使图面显得纷乱，既难于将机件的结构表示清楚，又不利于标注尺寸和读图。因此，国家标准规定采用“剖视”的方法来表达机件的内部结构，以避免图样中出现过多的虚线。

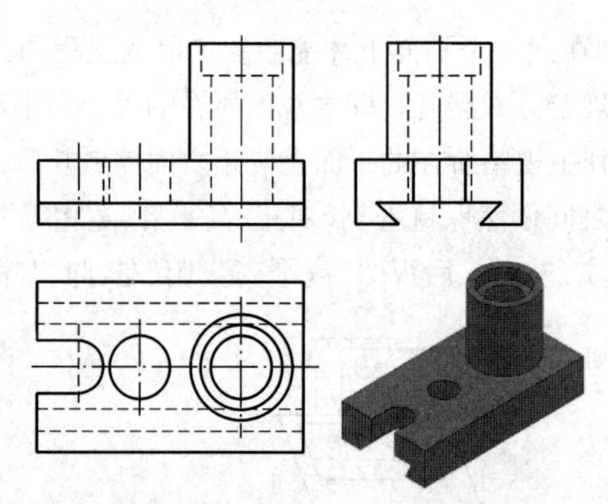

图 3.5-4 图纸上基本视图的配置

剖视图：假想用剖切面剖开物体，将剖切面与观察者之间的部分移去，把剩下的部分向投影面投射，所得到的图形称为剖视图，简称剖视，如图 3.5-5 所示。

剖切面：剖切被表达物体的假想平面或曲面称为剖切面。剖切面通常为假想平面，且应通过物体的对称面或被剖切结构的轴线。剖切面可以为单一剖切面、几个平行的剖切面或几个相交的剖切面。剖切面不同意味着剖切方式不同，可以是全剖、半剖、局部剖。

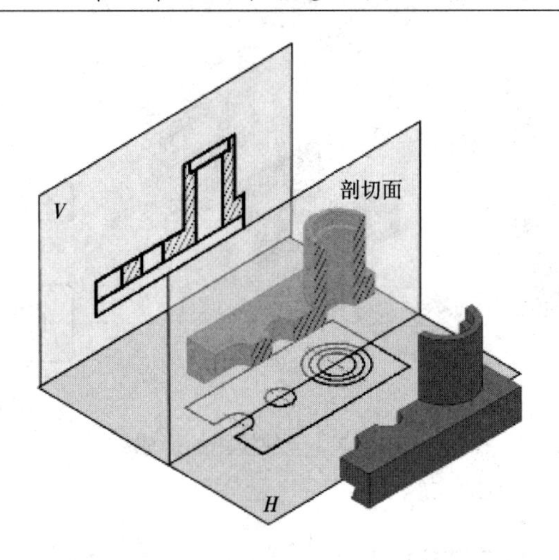

图 3.5-5　剖视图、剖切面、剖面区域的形成

剖面区域:剖切面与物体接触的部分叫剖面区域。剖面区域是假想剖切时被切到的物体实体部分,一般以通用剖面线或特定剖面符号来表示。

通用剖面线:通用剖面线是以适当角度绘制的细实线,当不需要在剖面区域中表示材料类别时采用,最好与物体的主要轮廓或剖面区域的对称线成 45° 角,如图 3.5-6 所示。

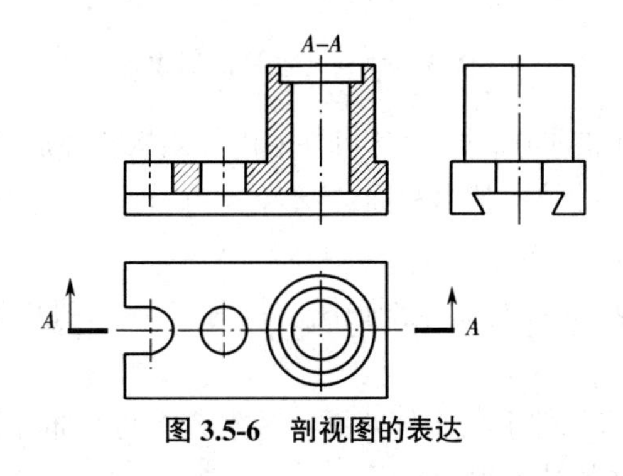

图 3.5-6　剖视图的表达

(2)剖视图的分类

国家标准规定,剖视图分为全剖视图、半剖视图和局部剖视图。

全剖视图:用剖切面将机件完全剖开所得的剖视图称为全剖视图[图 3.5(c)]。

全剖视图主要表达机件的内部结构,常用于外形较简单,内部结构较复杂且不对称的机件。有些外形简单且具有对称平面的机件,如由回转体构成的机件,为了布局简洁、尺寸标注方便、图形清晰等,也采用全剖视图,如图 3.5-7(a)、图 3.5-7(b)所示。

半剖视图:将具有对称平面的机件向垂直于该对称平面的投影面投射,所得的图形可以对称中心线(对称平面的积聚投影)为界,一半画成剖视图,另一半画成视图,这种图形即为半剖视图(图 3.5-8)。

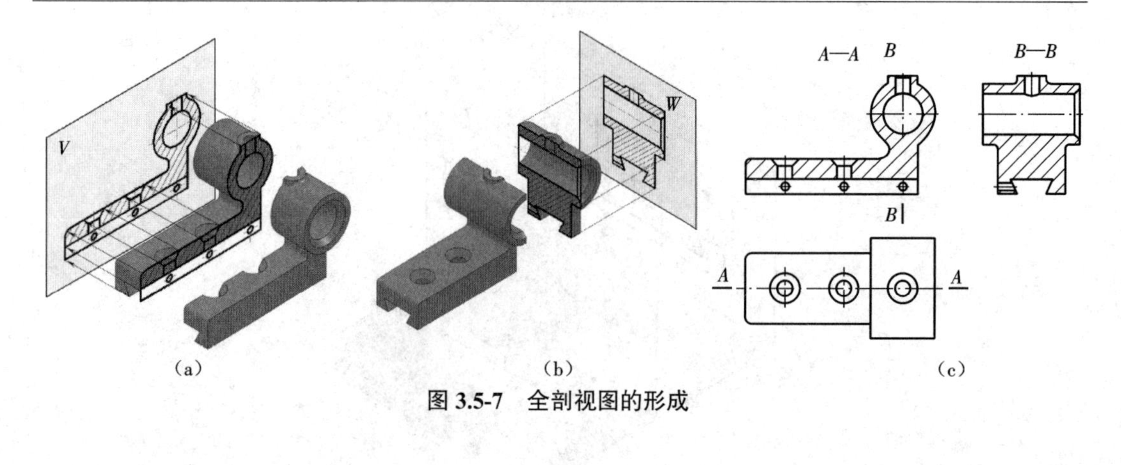

图 3.5-7　全剖视图的形成

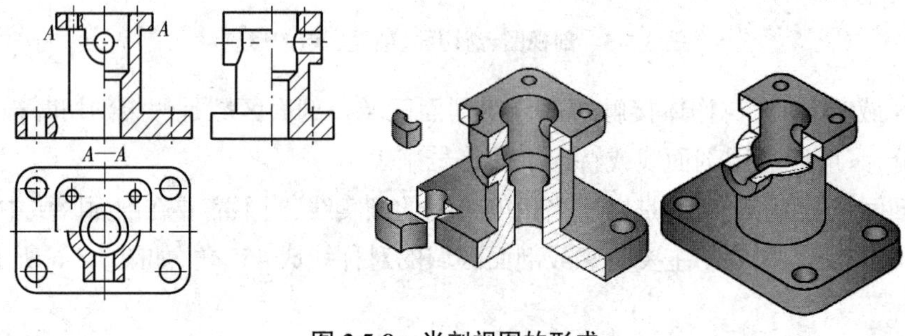

图 3.5-8　半剖视图的形成

半剖视图能够在一个图形中同时表达机件的内部结构和外形，适用于内、外结构均需表达的对称机件。如果机件的结构基本对称，且不对称部分已另有图形表达清楚，也可以画成半剖视图。需要指出的是：

1）这里所说的“对称”指在得到半剖视图的投射方向上，机件的内、外结构应该对称或基本对称；

2）半剖视图是假想将机件上处于剖切面与观察者之间的部分移走一半而得到的，其标注仍然要遵循剖视图标注的基本规则；

3）在半剖视图中，已经剖开的内部结构不再用虚线在视图中画出，剖视与视图两部分之间必须用代表对称中心线的点画线分界，不能使用实线或其他图线。

画半剖视图时，人们习惯于将机件的前半部分或右半部分假想剖开。

局部剖视图：用剖切面局部地剖开机件所得的剖视图称为局部剖视图（图 3.5-9）。

局部剖视图可用于内、外结构均需表达的机件，既不受机件结构是否对称的限制，又可根据实际需要确定要剖切的范围，可以只剖开机件上一个小的局部，也可以将机件的大部分剖开而只留一小部分外形。因此，局部剖视图是一种灵活地表达机件内部结构的方法，运用得当能使图样既表达清晰，又简洁合理。例如在图 5.2-50 中，机件上、下底板上的小孔结构未表达，如果在主视图中采用两个局部剖视图分别予以表达，如图 5.2-51 所示，则可在不增加图形个数的前提下将机件的内、外结构全都表示清楚。这是局部剖视图运用得当的典型例子。

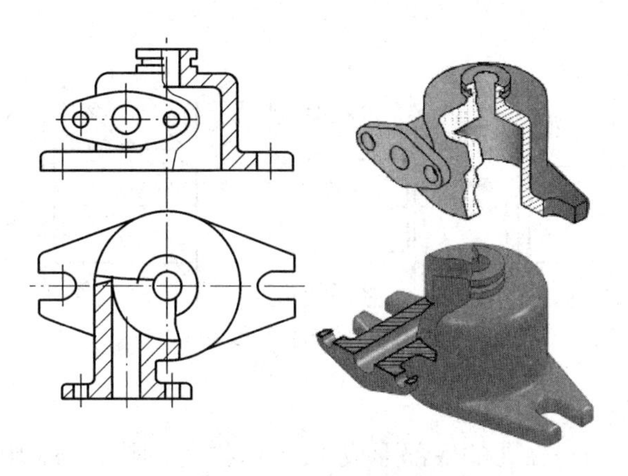

图 3.5-9　局部剖视图的形成

3. 常见的工艺结构

产品零件的结构、形状除必须满足设计要求，还要适合制造和加工工艺的一些特点。产品零件结构的工艺性指所设计零件的结构在一定条件下是否适合制造、加工工艺的一系列特点，能否质量好、产量高、成本低地制造出来，以获得较好的经济效益。产品零件与组合体等几何元素的关系可以理解为

产品零件=组合体+工艺结构

工艺结构在三维设计中又称放置特征，其可以使创建的模型更加精细化，更广泛地使用于各行业。

（1）铸造圆角

为了便于取模，防止浇注时金属溶液冲坏沙型和冷却时转角处产生裂纹，铸件表面的相交处应制成过渡的圆弧面，因此，画图时相交处应画成圆角，如图 3.5-10（b）所示。圆角半径为 2~5 mm，在视图中一般不标注，而是集中注写在技术要求里，如“未注明铸造圆角 *R*3~5”。两个相交的铸造表面如果有一个切削加工，则应画成尖角，如图 3.5-10（c）所示。

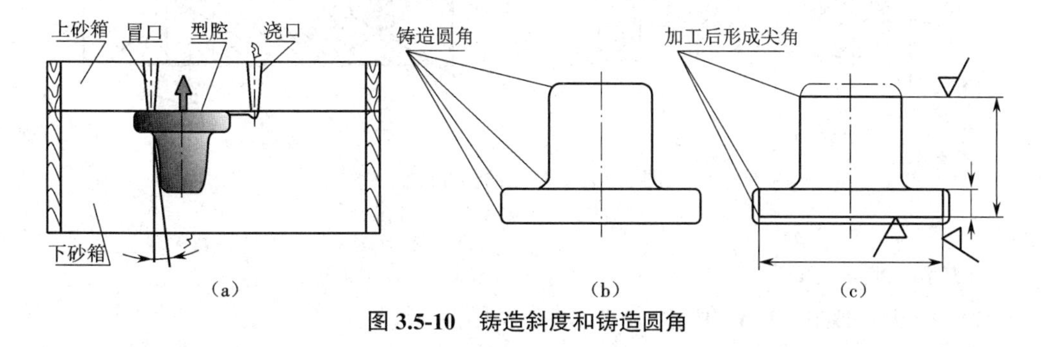

图 3.5-10　铸造斜度和铸造圆角

（2）倒角和倒圆

为了去除零件加工时产生的毛刺、锐边和便于装配，在轴端、孔口和零件的端部常加工出倒角。倒角为 45° 时，可采用简化注法；不是 45° 时，应分开标注。为了增大强度，阶梯轴的拐角处常加工成圆角过渡的形式，称为倒圆。倒角和倒圆的画法和尺寸注法如图 3.5-11

所示。

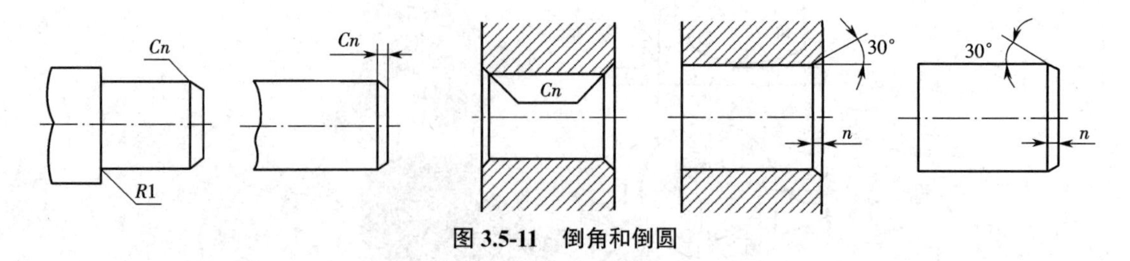

图 3.5-11 倒角和倒圆

(3)钻孔结构

用钻头加工不通孔时,在孔的底部形成 120° 的锥角,画图时必须画出,但一般不需标注,孔深只注圆柱部分的深度。用钻头加工阶梯孔时,在两孔之间亦应画出 120° 的圆锥面部分,如图 3.5-12(a)、图 3.5-12(b)所示。

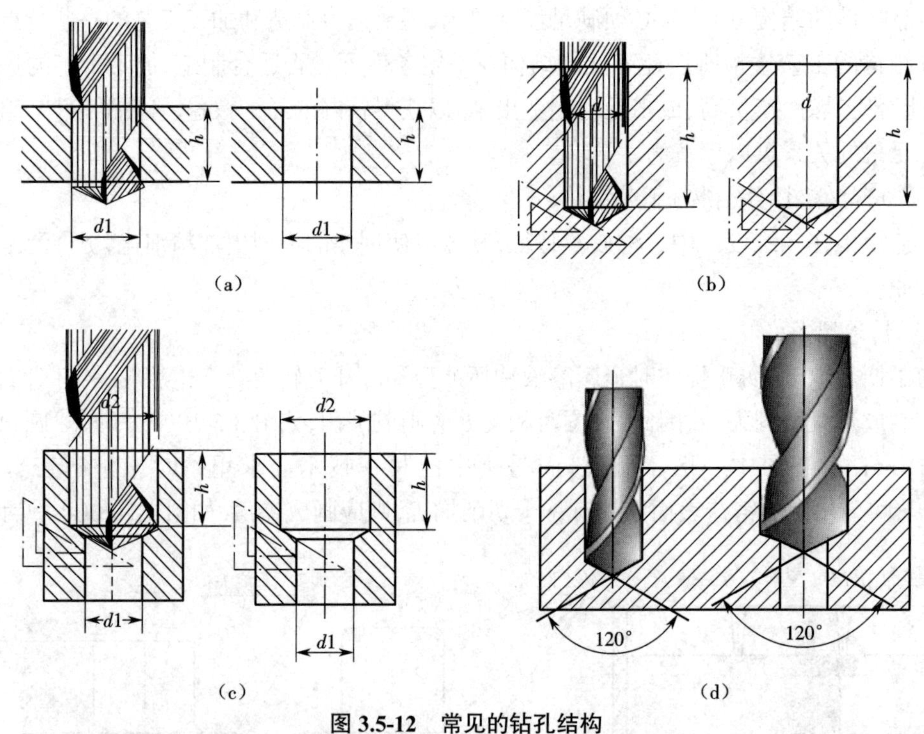

图 3.5-12 常见的钻孔结构

(a)通孔 (b)盲孔 (c)阶梯孔 (d)钻头加工

(4)销孔、螺孔、沉孔

常见的销孔、螺孔、沉孔的标注方式如图 3.5-13 所示。

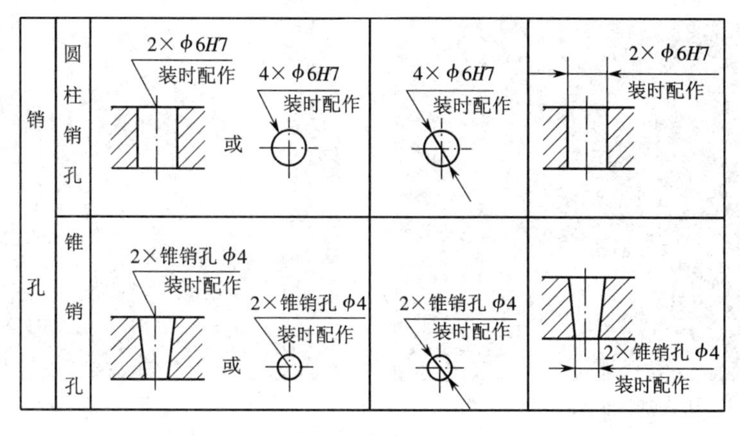

(a)

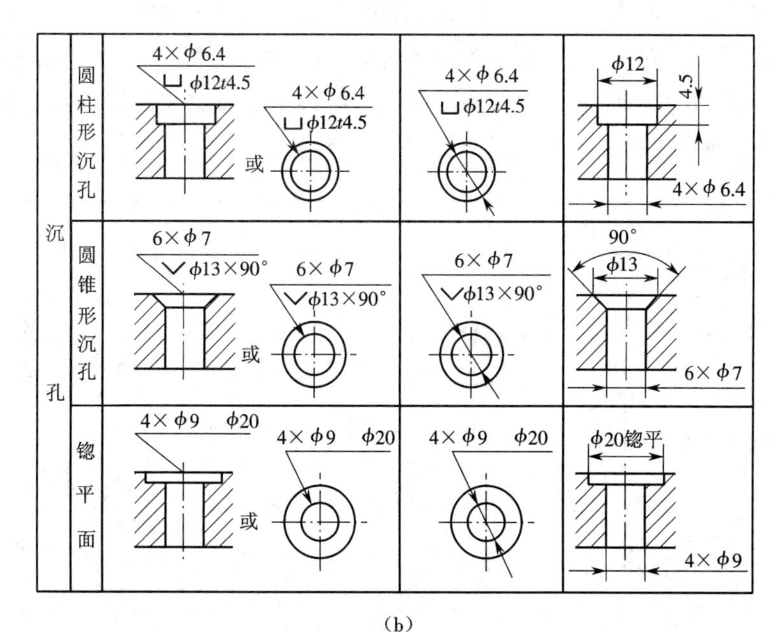

(b)

图 3.5-13　常见的销孔、沉孔的标注方式

(a)销孔　(b)沉孔

4. 产品视图的选择

(1)轴、套类零件视图的选择

轴、套类零件一般由共轴线的回转体组成,这类零件主要在车床或磨床上加工,如图 3.5-14 所示。为了便于加工时看图,轴、套类零件的主视图均按加工位置(即轴线水平)放置。轴、套类零件上常有键槽、销孔、退刀槽等结构,这些结构可采用断面图、局部剖视图、局部放大图等表示。

(2)轮、盘类零件视图的选择

轮、盘类零件主要包括各种手轮、皮带轮、法兰盘和端盖等。它们的主要部分一般也由共轴线的回转体组成,但轴向长度较小,如图 3.5-15 所示。

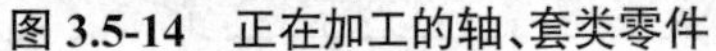

图 3.5-14 正在加工的轴、套类零件

图 3.5-15 正在加工的轮、盘类零件

轮、盘类零件的主要加工面也在车床或磨床上加工，选择主视图时，按加工位置将轴线水平放置，并取适当的剖视，以表达某些结构，如图 3.5-16 所示。这类零件常有沿圆周分布的孔、槽和轮辐等结构，因此需要用左视图或右视图表示这些结构的形状和分布情况，如图 5.2-58 所示。轮、盘类零件一般采用两个基本视图表示。

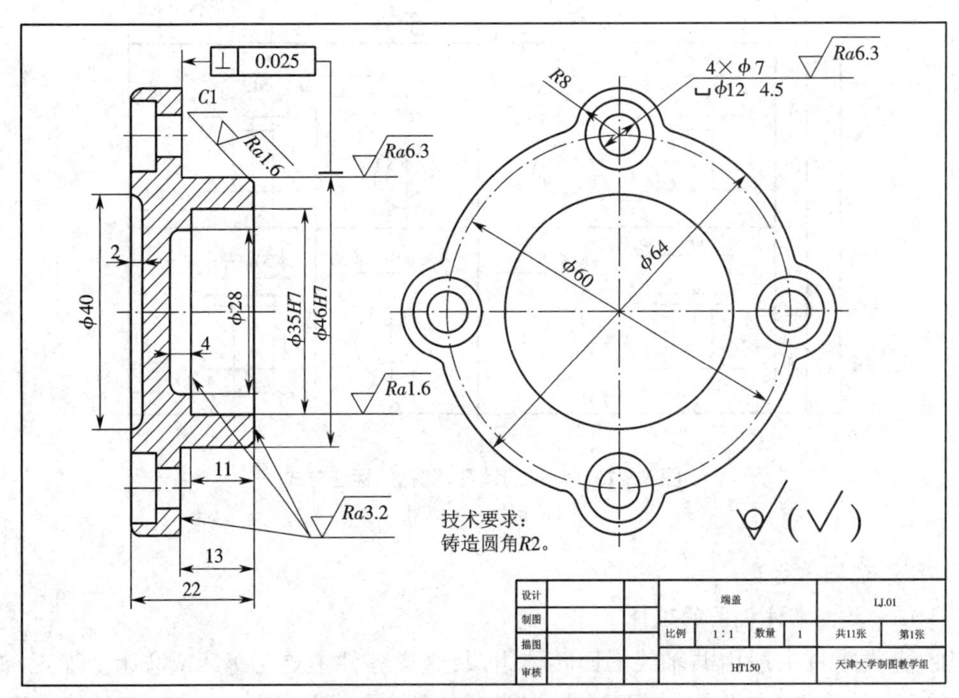

图 3.5-16 轮、盘类零件工程图示例

（3）叉、杆类零件视图的选择

叉、杆类零件包括杠杆、连杆、拨叉、支架等，图 3.5-17 所示为压砖机上的杠杆。有的叉、杆类零件的结构、形状比较复杂，还常有倾斜或弯曲的结构，工作位置往往不固定，加工工序较多，因此，一般选择反映其形状特征的视图作为主视图。

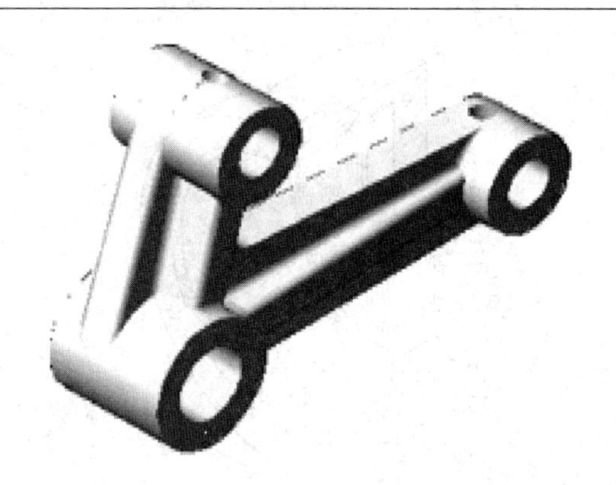

图 3.5-17　叉、杆类零件示例

图 3.5-18 为压砖机杠杆的一种视图表达方案。主视图反映了组成杠杆的三个轴孔和连接它们的两臂的形状和相对位置。俯视图选取了局部剖视，将倾斜部分剖去，表达了水平臂内、外形体的真实形状。*A*—*A* 剖视图和移出断面图表明了斜壁上部孔的深度、位置和肋板的形状。

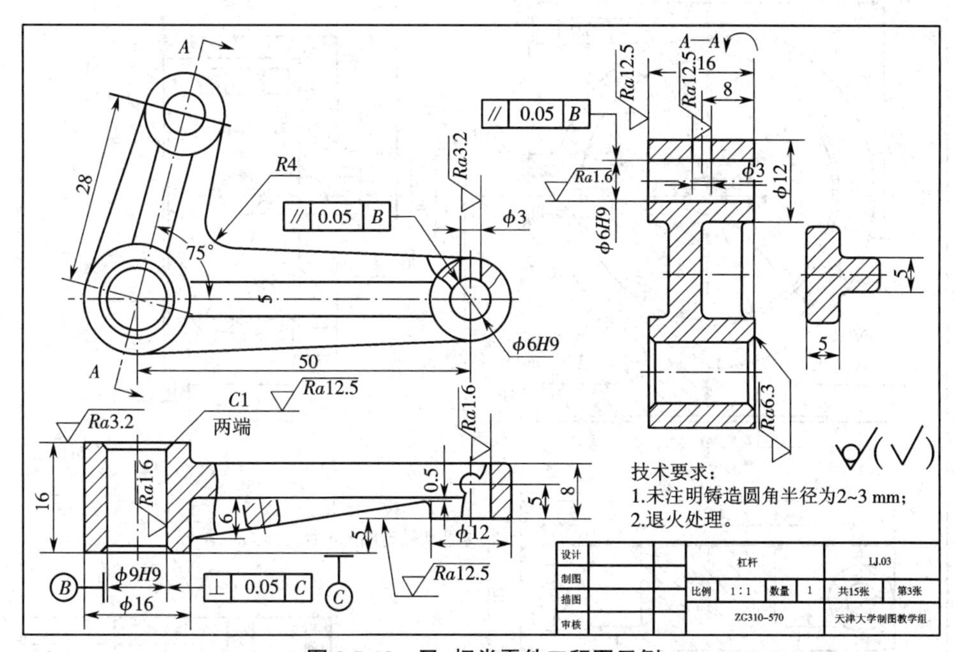

图 3.5-18　叉、杆类零件工程图示例

（4）箱体类零件视图的选择

箱体类零件包括机座、箱体和机壳等，如图 3.5-19 所示的回转泵泵体。此类零件的结构一般比较复杂，加工工序亦较多，其主视图一般按工作位置摆放，并且主视图应能较明显地反映其形状特征。箱体类零件一般需三个或更多的基本视图来表达各个部分的特征结构。

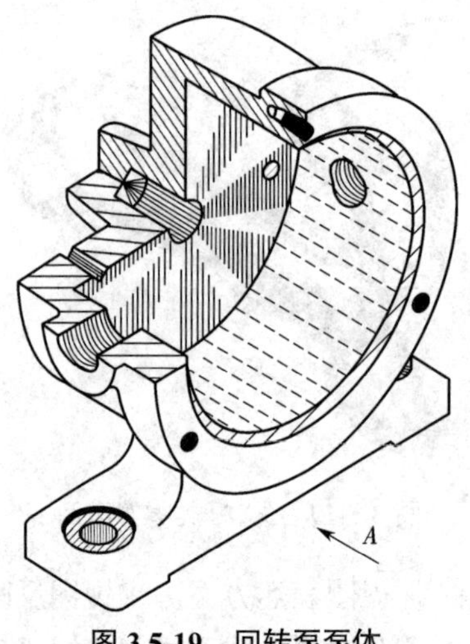

图 3.5-19 回转泵泵体

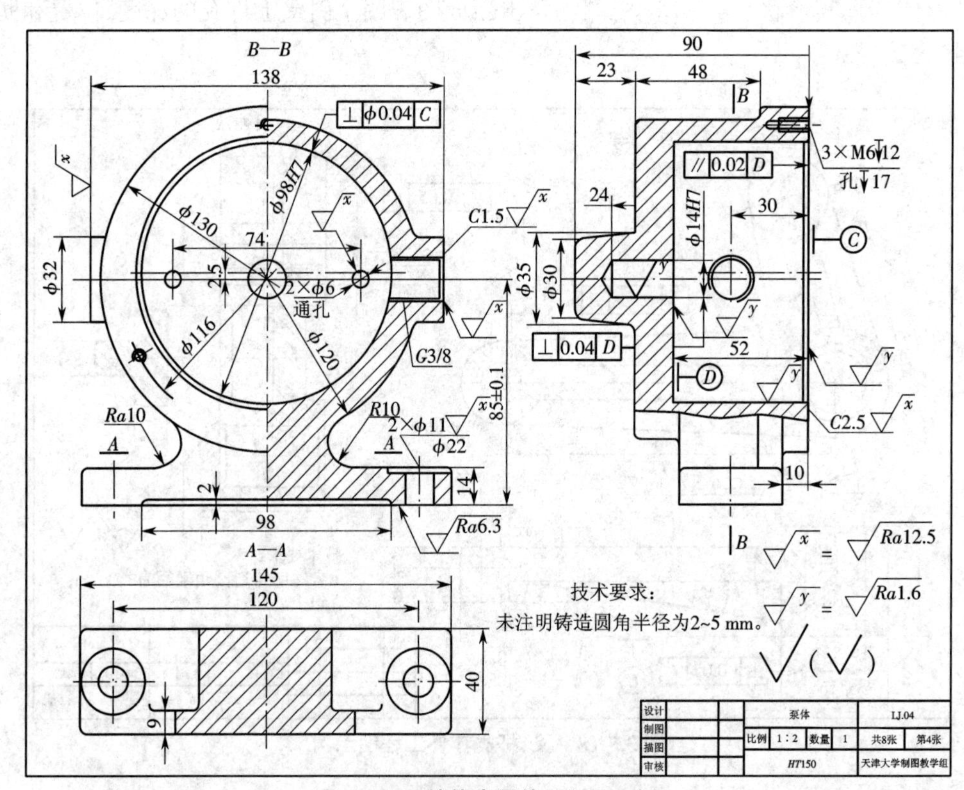

图 3.5-20 箱体类零件工程图示例

同一个零件通常有几种表达方案,且各方案往往各有优缺点,需全面地进行分析、比较。选择视图时,各视图要有明确的表达重点,所选择的视图要既表达得清楚、完整,又便于看图。上面将机器零件分成四类,分别介绍了它们视图的选择,目的是便于掌握视图选择的一般规律,实际上机器零件是各种各样的,对某些结构特殊的零件应做具体分析,灵活选用恰当的表达方法。

5. 尺寸标注

尺寸是用特定长度或角度单位表示的数值，在技术图样上用图线、符号和技术要求表示出来。在产品工程图中，图形仅表达产品零件的结构、形状，尺寸才能反映产品零件的真实大小。尺寸标注应做到正确、完整、清晰、合理。其中，正确指尺寸标注应符合国家标准的规定；完整指尺寸应标注齐全，需要的尺寸不遗漏，且不重复标注；清晰指尺寸布局要整齐、简洁，便于读图；合理指所标注的尺寸要满足设计要求，且便于加工、测量和装配。

（1）基本规则

1）产品零件的真实大小应以图样上所标注的尺寸为依据，与图形的大小和绘图的准确程度无关。

2）产品零件的工程图（包括技术要求和其他说明）中的尺寸通常以毫米（mm）为单位，一般无须标注计量单位的代号或名称。但若采用其他单位标注尺寸，则必须注明相应计量单位的代号或名称。

3）产品零件的工程图中标注的尺寸是其所表示产品零件的最后完工尺寸，否则应另加说明。

4）产品零件的每个尺寸一般只标注一次，并应标注在反映该结构最清晰的图形上。

5）标注尺寸时应尽可能使用符号或缩写词。图 3.5-21 列出了常用的符号和缩写词。

名称	符号或缩写词	名称	符号或缩写词
直径	ϕ	45° 倒角	C
半径	R	深度	⊤
球直径	$S\phi$	沉孔或锪平	⊔
球半径	SR	埋头孔	∨
厚度	t	均布	EQS
正方形	□		

图 3.5-21　常用的符号和缩写词

（2）尺寸的组成

如图 3.5-22 所示，一个完整的尺寸由尺寸界线、尺寸线和尺寸数字组成。

1）尺寸界线：尺寸界线用细实线绘制，由图形的轮廓线、轴线或对称中心线处引出，也可用轮廓线、轴线或对称中心线作为尺寸界线，如图 3.5-23 所示。习惯上，画尺寸界线时要超出尺寸线约 2 mm。尺寸界线一般应与尺寸线垂直，必要时才允许倾斜。如图 3.5-24 所示，在光滑过渡处标注尺寸时，必须用细实线将轮廓线延长，从它们的交点处引出尺寸界线。

2）尺寸线：尺寸线用细实线绘制，其终端常采用箭头的形式，且与尺寸界线相接触，如图 3.5-25（a）所示。尺寸线不能用其他图线代替，一般也不得与其他图线重合或画在其延长线上。尺寸线终端的箭头的形状和尺寸如图 3.5-25（b）所示，其中 b 为图形中粗实线的宽度。同一图样中的尺寸线箭头大小应基本相同。习惯上，两条平行的尺寸线或尺寸线与平行轮廓线的间隔为 7 mm 左右。

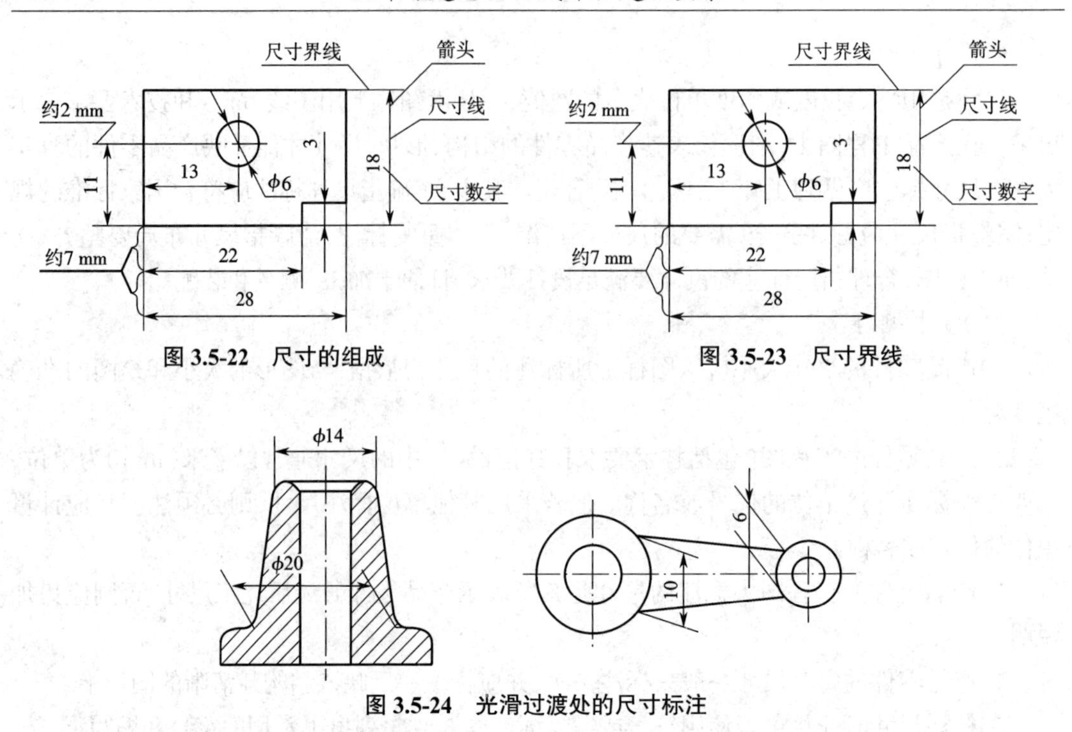

图 3.5-22　尺寸的组成

图 3.5-23　尺寸界线

图 3.5-24　光滑过渡处的尺寸标注

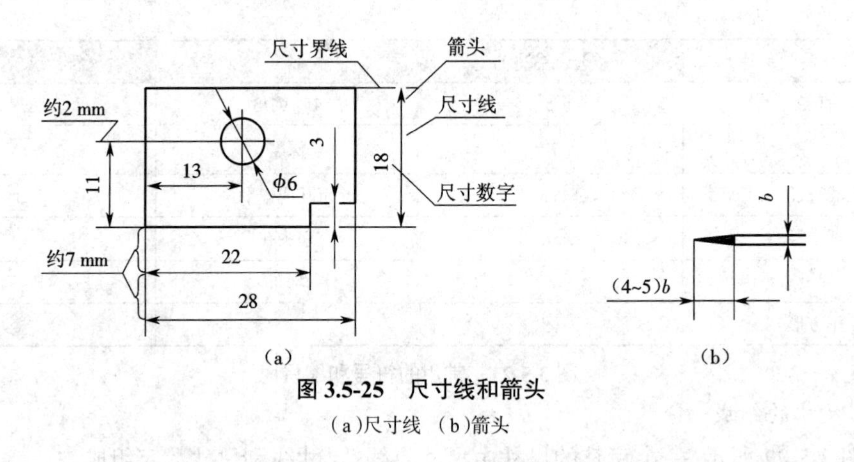

图 3.5-25　尺寸线和箭头

(a)尺寸线 (b)箭头

3)尺寸数字:尺寸数字包括阿拉伯数字、符号和缩写词。如图 3.5-22 所示,线性尺寸的尺寸数字一般注写在尺寸线上方,也允许注写在尺寸线的中断处。若没有足够的位置,还可引出标注。尺寸数字的方向一般采用图 3.5-22 所示的方式,即在水平方向上时字头朝上,在竖直方向上时字头朝左,在倾斜方向上时字头趋于向上。尺寸数字不可被任何图线穿过,否则必须将图线断开。

(3)常用尺寸注法

产品工程图中常用的尺寸注法如图 3.5-26 至图 3.5-33 所示。

1)角度标注:角度的尺寸线要画成圆弧,角度的尺寸数字一律水平书写,如图 3.5-26 所示。

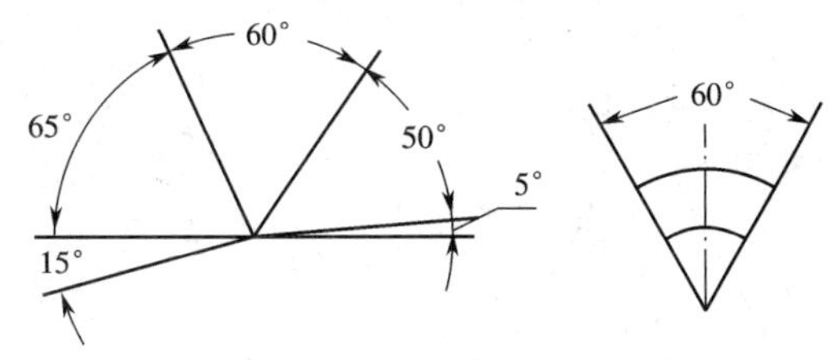

图 3.5-26　常用的角度标注方法

2）直径和半径标注：如图 3.5-27 所示，圆和大于半圆的圆弧标注直径，注符号“ϕ”；等于或小于半圆的圆弧标注半径，注符号“R”；对于球面，在“ϕ”或“R”前加注“S”。

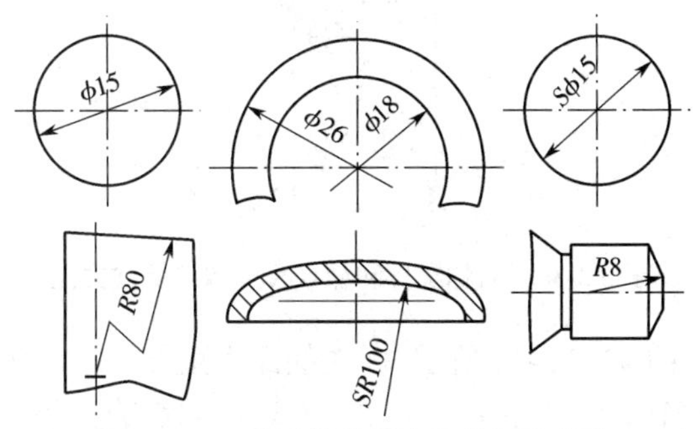

图 3.5-27　常用的直径和半径标注方法

3）小间隔、小圆和小圆弧标注：没有足够的位置画箭头或注写尺寸数字时，可按图 3.5-28 中的形式标注。

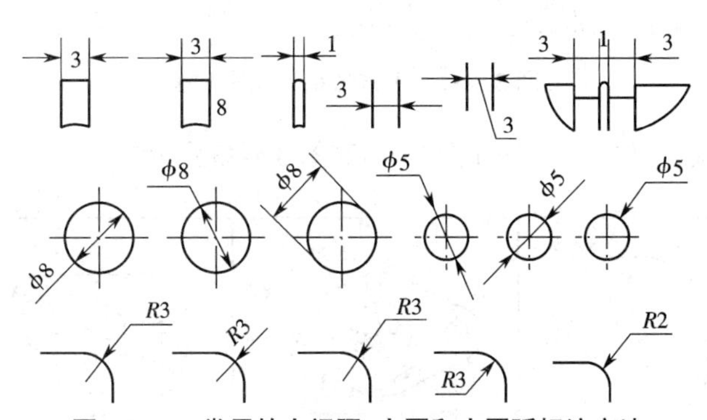

图 3.5-28　常用的小间隔、小圆和小圆弧标注方法

4）弦长和弧长标注：如图 3.5-29 所示，标注弦长时，尺寸界线应平行于该弦的垂直平分线；标注弧长时，尺寸线用圆弧，尺寸数字上方加注“⌒”，当弧度较大时，尺寸界线可沿径向引出。

5）对称零件和板状零件厚度标注：如图 3.5-30 所示，对称零件的图形只画出一半或略大于一半时，尺寸线应略超过对称中心线或断裂线，且只在有尺寸界线的一端画出箭头；板状零件的厚度可用引线注出，并在尺寸数字前加注符号“t”。

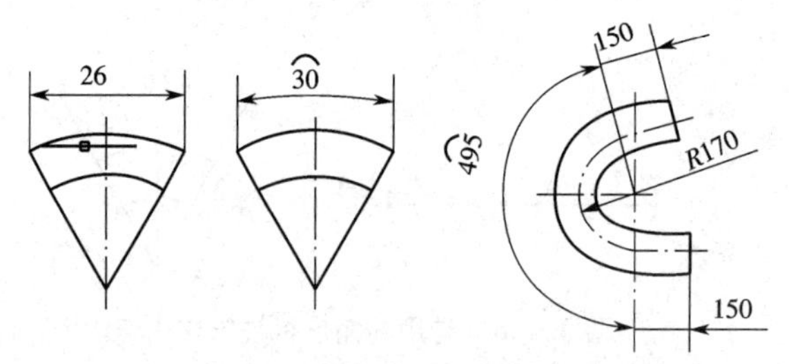

图 3.5-29　常用的弦长和弧长标注方法

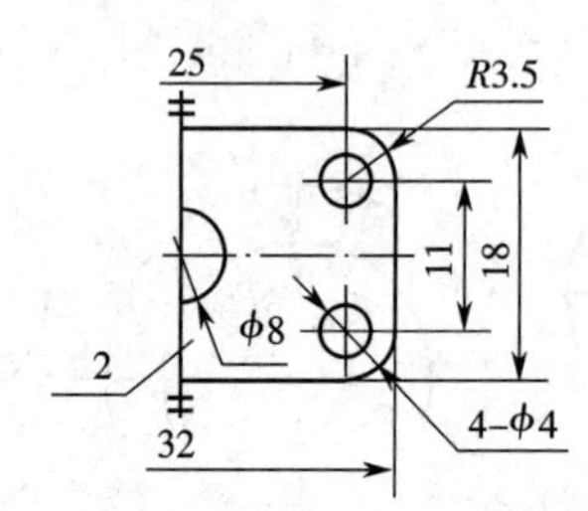

图 3.5-30　对称零件和板状零件厚度标注方法

6）正方形结构标注：如图 3.5-31 所示，标注剖面为正方形的结构的尺寸时，可在正方形边长的尺寸数字前加注符号“□”或注“$B \times B$”，B 为正方形边长。

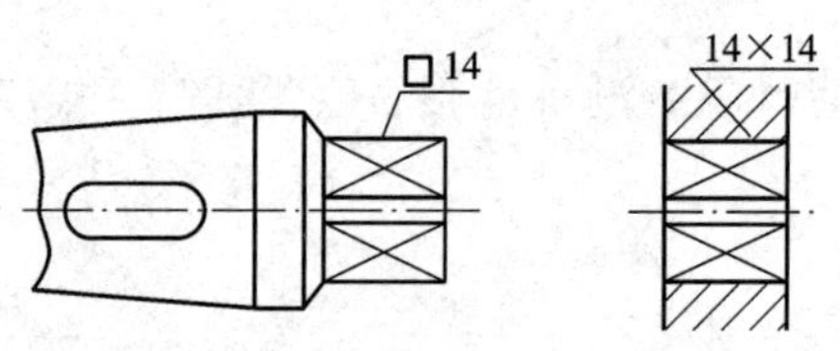

图 3.5-31　正方形结构标注方法

常见平面图形的尺寸标注方法如图 3.5-32、图 3.5-33 所示。

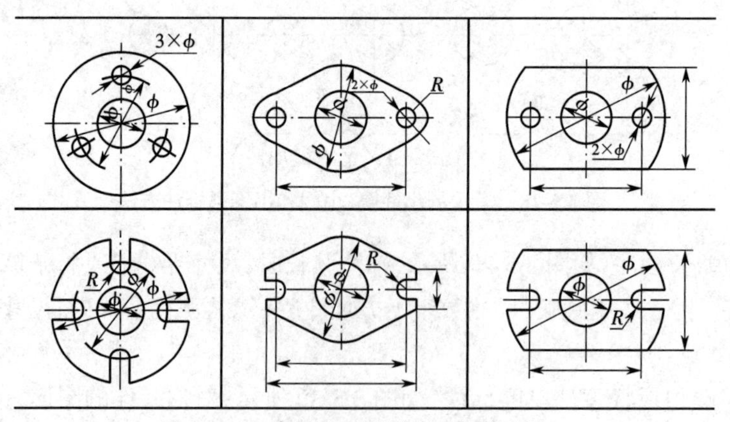

图 3.5-32　常见平面图形尺寸标注方法 1

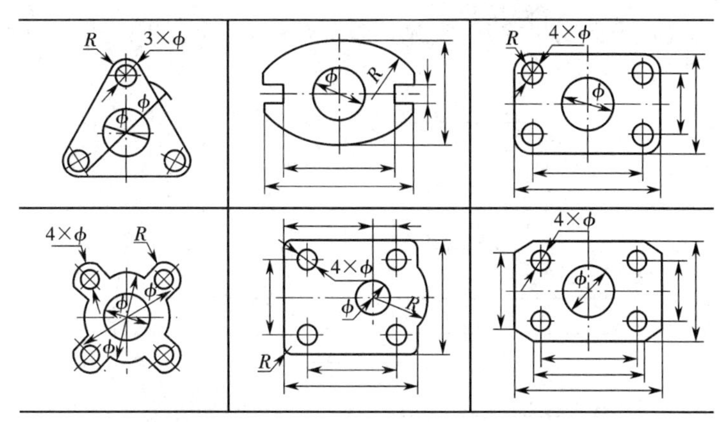

图 3.5-33　常见平面图形尺寸标注方法 2

6. 复杂立体尺寸标注

复杂立体都是由基本立体组合而成的。因此，在标注尺寸时应采用形体分析法标注出各基本立体的定形尺寸、定位尺寸和组合体的总体尺寸。

定形尺寸——确定组合体中的基本立体大小的尺寸。

定位尺寸——确定组合体中的基本立体位置的尺寸。

总体尺寸——确定组合体总长、总宽、总高的尺寸。

定位尺寸应有尺寸基准。一个组合体在长、宽、高三个方向上均应有一个主要基准，还可能有若干辅助基准。常用的尺寸基准是对称平面、主要轴线和平面。

下面以图 3.5-34 中的轴承座为例进行分析说明。

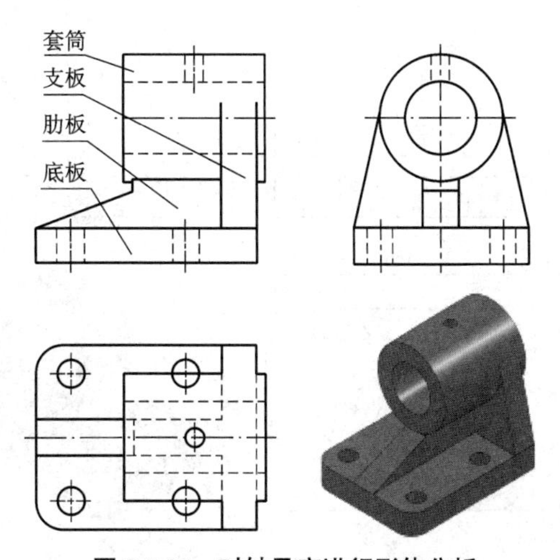

图 3.5-34　对轴承座进行形体分析

1）对轴承座进行形体分析，不难判断出，从上到下轴承座分为套筒、支板、肋板和底板四个部分。

2）选定长、宽、高三个方向上的尺寸基准。依据上述选择尺寸基准的基本原则，如图 3.5-35 所示，分别选择平面 *A* 作为轴承座高度方向的尺寸基准，选择平面 *B*（即轴承座前后的对称平面)作为宽度方向的尺寸基准,选择平面 C 作为长度方向的尺寸基准。

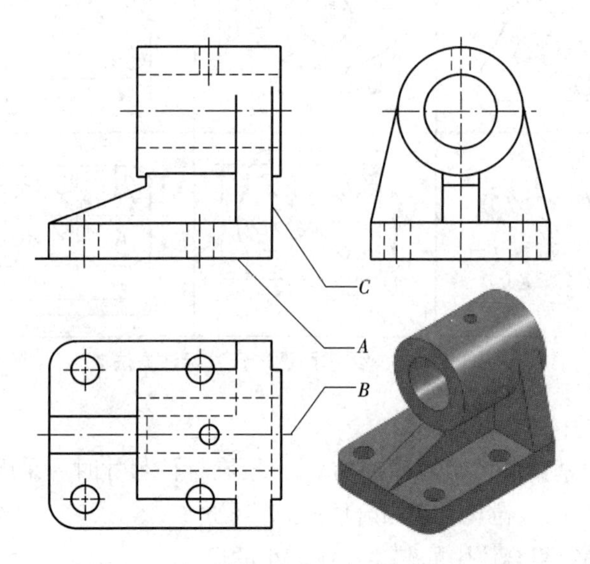

图 3.5-35 选定轴承座三个方向上的尺寸基准

3)标记出各基本立体的定型尺寸,结果如图 3.5-36 所示。

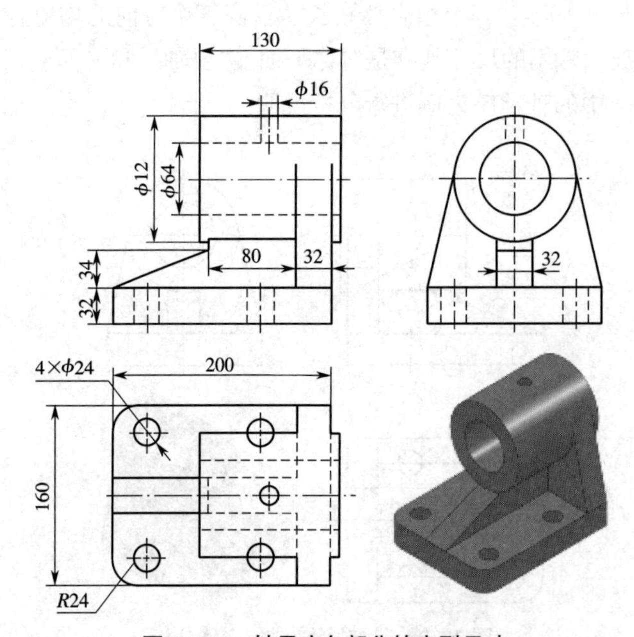

图 3.5-36 轴承座各部分的定型尺寸

4)标记出各基本立体的定位尺寸,结果如图 3.5-37 所示。

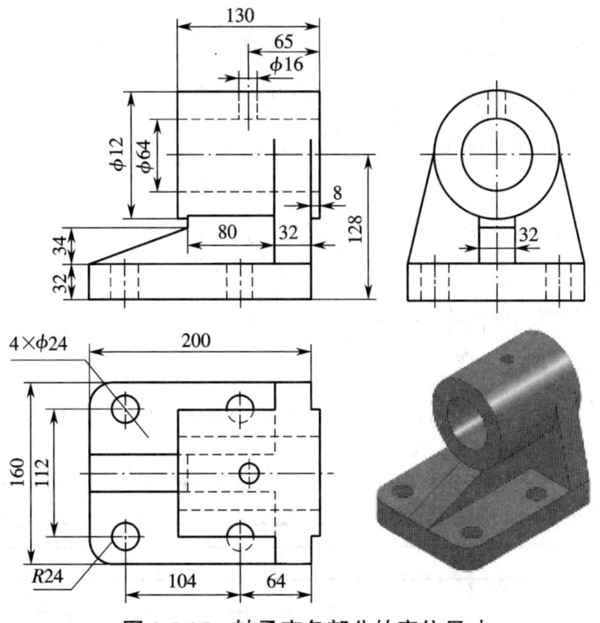

图 3.5-37　轴承座各部分的定位尺寸

5）标记出轴承座长、宽、高三个方向上的总体尺寸，结果如图 3.5-38 所示。注意：组合体一端的结构为回转面时，该方向的总体尺寸一般不直接注出。

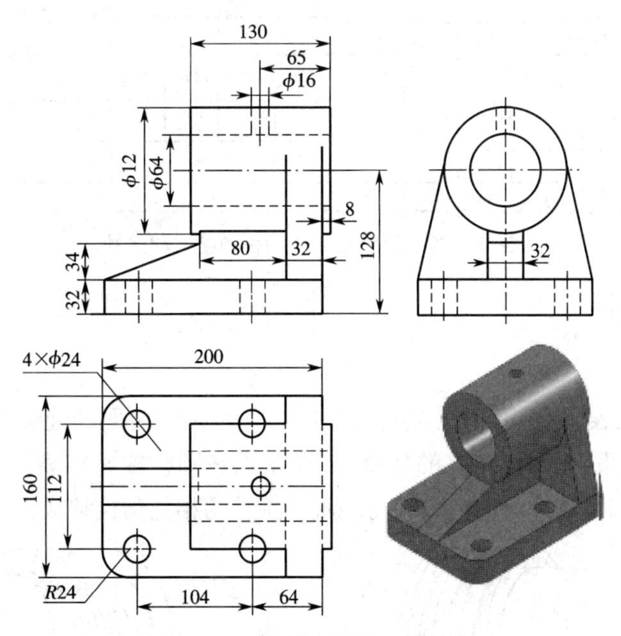

图 3.5-38　轴承座的整总体尺寸

6）检查整理，完成尺寸标记。

标注尺寸过程中其他的注意事项请参照相应的国家标准。

7. 工程图

工业生产用的工程图（零件图和装配图）主要包括以下内容。

一组视图：能够完整、清晰地表达产品的形状和结构。

全部尺寸：能准确、完整、清晰、合理地表达产品各部分的大小和各部分之间的相对位置关系。

技术要求：用以表示或说明产品在加工检验过程中的各项要求，如尺寸公差、表面粗糙度、材料、热处理、硬度等。

标题栏：一般填写零件的名称、材料、重量、比例、图样代号、单位名称，设计、审核、更改、批准等人员的签名和日期等内容。

国家标准中规定了标题栏的格式和尺寸，如图 3.5-39 所示（180 × 56 内的部分）。

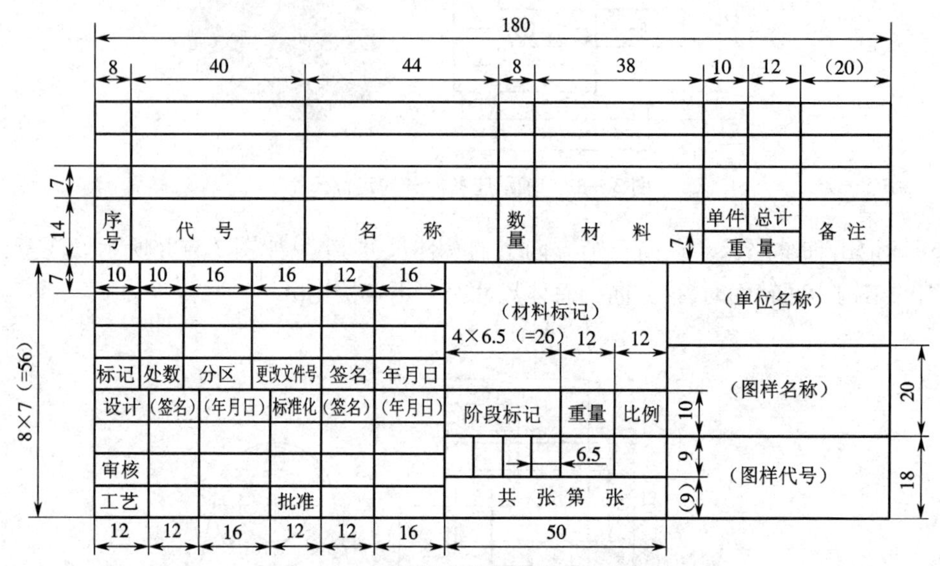

图 3.5-39　标题栏和明细栏的格式和尺寸

3.5.2　零部件连接

1. 螺纹连接

在圆柱或圆锥表面上，沿着螺旋线所形成的具有相同断面的连续凸起叫螺纹（图 3.5-40）。凸起指实体部分，也称螺纹的牙；螺旋线是点在圆柱或圆锥表面上运动所形成的轨迹，该点沿圆柱或圆锥轴线方向的位移与绕轴线旋转的相应角位移成正比。

(a)　(b)

图 3.5-40　圆柱螺纹

（a）外螺纹　（b）内螺纹

在圆柱或圆锥表面上形成的螺纹分别称为圆柱螺纹或圆锥螺纹。本节介绍圆柱螺纹。

根据圆柱表面的不同,圆柱螺纹分成两种:在圆柱外表面形成的螺纹称外螺纹[图 3.5-40(a)],在圆柱内表面形成的螺纹叫内螺纹[(图 3.5-40(b)]。内、外螺纹相互旋合形成的联结称为螺纹副。螺纹是零件的常用结构之一,也是将两个或两个以上零件连接起来的主要方式之一。

由于螺纹的应用极为广泛,因此螺纹的分类方法也有许多种,图 3.5-41 所示,为常见的螺纹连接分类,图 3.5-42 所示为几种常见的螺纹,图 3.5-43 所示为常见的螺纹紧固件连接形式。图 3.5-44 所示为紧定螺钉连接方式,其常用于固定两个零件的相对位置,并可传递不大的力矩或者扭矩。

按轴向剖面的形状(螺纹的牙型)分
- 三角形螺纹:常用于连接
- 梯形螺纹:常用于传动
- 锯齿形螺纹:常用于传动,单向受载

按螺旋线的数目分
- 单头螺纹:常用于连接
- 多头螺纹:常用于传动

按螺旋线的绕行方向分
- 左旋
- 右旋(常用)

图 3.5-41　常见的螺纹连接分类

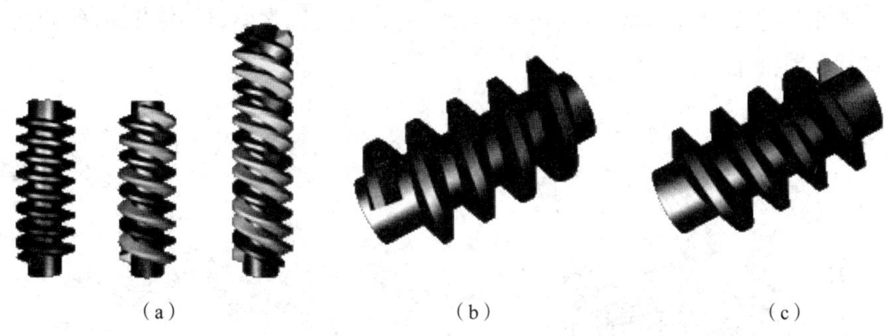

(a)　(b)　(c)

图 3.5-42　常见的螺纹

(a)单头螺纹与多头螺纹　(b)左旋螺纹　(c)右旋螺纹

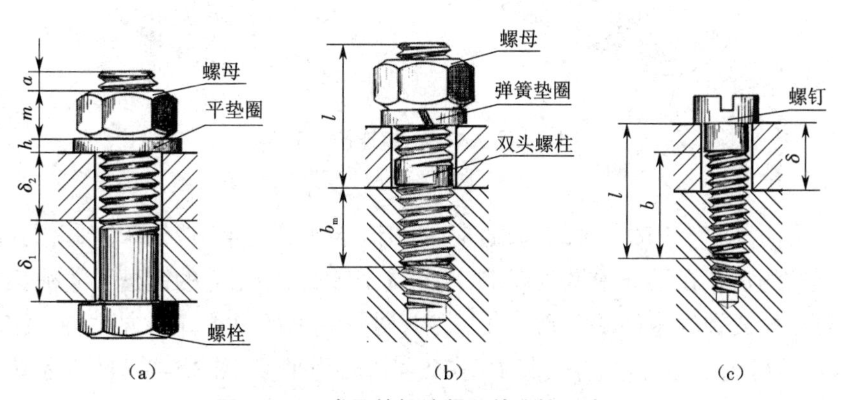

(a)　(b)　(c)

图 3.5-43　常见的螺纹紧固件连接形式[21]

(a)螺栓连接　(b)双头螺柱连接　(c)螺钉连接

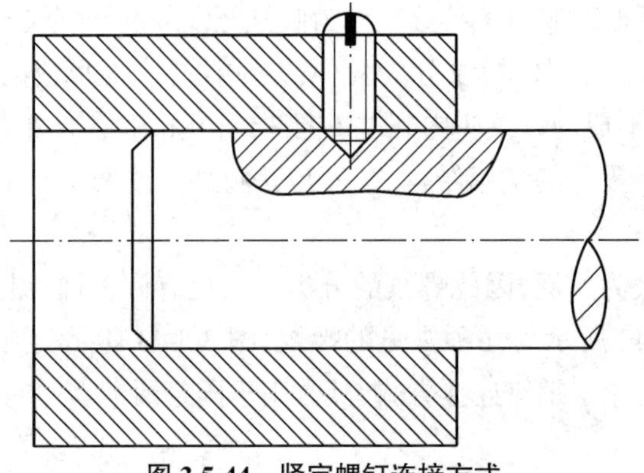

图 3.5-44　紧定螺钉连接方式

2. 轴毂连接

轴与轴毂连接主要是为了固定轴与轴毂之间的位置,传递一定的扭矩和动力。按照应用的场合,轴毂其连接分为键连接和无键连接。

(1)键连接

键是用来连接轴与装在轴上的齿轮、链轮或带轮的标准件,其主要作用是传递扭矩等。键有多种类型,其中平键和半圆键最常用。采用键连接需在轴与轮上分别加工出键槽。装配时,一般先将键嵌入轴上的键槽,然后把轴插入轮的轴孔,同时使键穿进轮上的键槽(图 3.5-45),这样轴与轮便可通过键连接一起运动。结构简单、紧凑,使用可靠,装拆方便,成本低廉是键连接的主要优点。

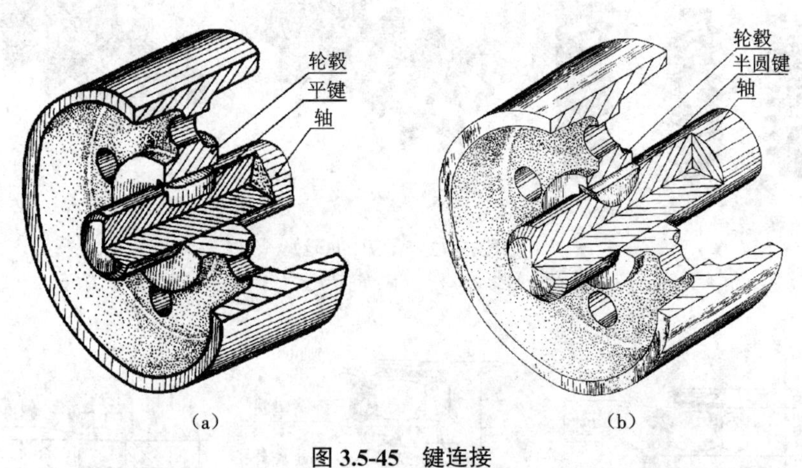

图 3.5-45　键连接

(a)采用平键　(b)采用半圆键

键槽是轮轴类零件上的一种结构,通常在插床(轮上的键槽)或铣床(轴上的键槽)上加工而成。键槽的尺寸在国标中做了规定,因此选定键之后,相应的键槽尺寸须从标准中查出。键槽要在轮或轴的零件图中画出并标注尺寸。键槽的尺寸标注方法与其加工方式有关,图 3.5-46 为键槽加工的示意图,其中图 3.5-46(a)为平键,图 3.5-46(b)表示用铣床加工轴上的键槽,图 3.5-46(c)表示用插床加工轮毂上的键槽。

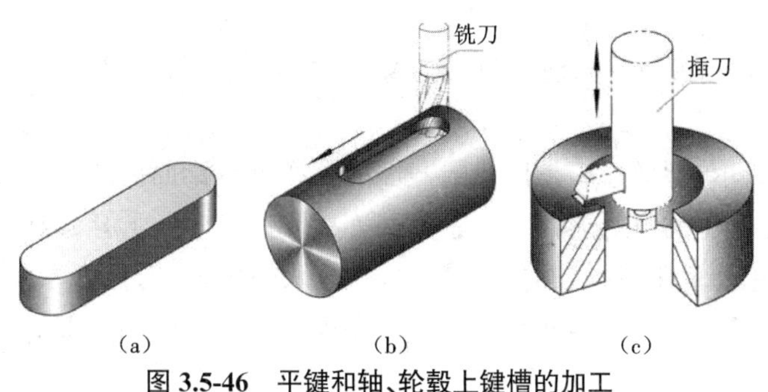

图 3.5-46　平键和轴、轮毂上键槽的加工

(a)平键　(b)轴上键槽的加工　(c)轮毂上键槽的加工

图 3.5-47 所示为半圆键和半圆键槽，其特点是键能在轴槽中绕槽底圆弧的曲率中心摆动，工艺性好，装配方便，但键槽较深，对轴的削弱较大。

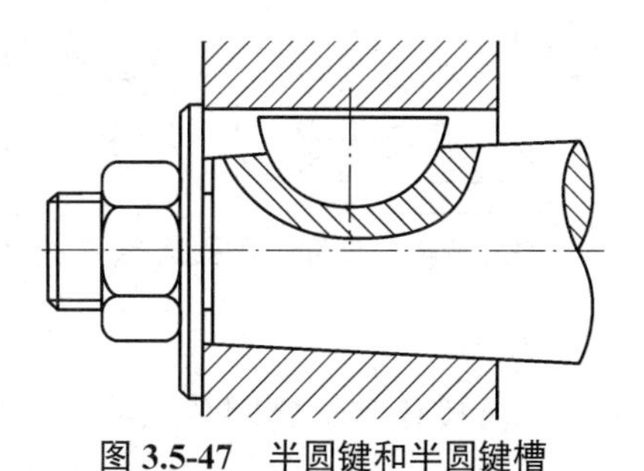

图 3.5-47　半圆键和半圆键槽

花键是将键直接做在圆柱表面上的一种结构。键齿(用于连接的凸起部分)在外圆柱(或外圆锥)表面上的是外花键，也称花键轴[图 3.5-48(a)]；键齿在内圆柱(或内圆锥)表面上的是内花键，也称花键孔[图 3.5-48(b)]。花键连接(把花键轴装入花键孔内)能传递较大的扭矩，定心性和导向性好，对轴的削弱小(齿浅，应力集中小)，因此使零部件连接更准确、可靠。花键的齿形有矩形和渐开线形等，其结构和尺寸已在国标中做了规定。花键连接一般用于定心精度要求高和载荷较大的地方。花键加工需用专门的设备和工具，成本较高。

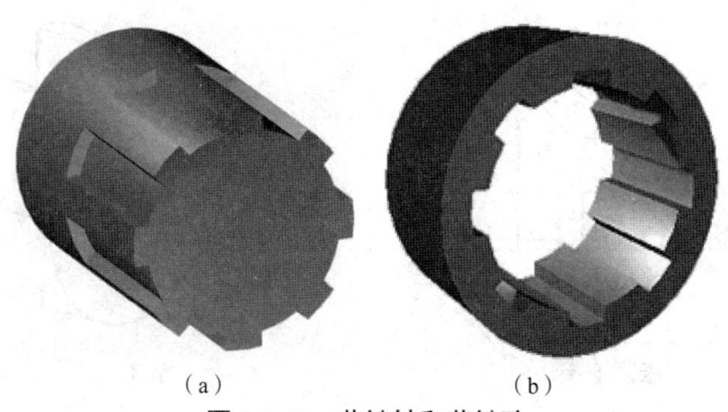

图 3.5-48　花键轴和花键孔

(a)花键轴　(b)花键孔

（2）无键连接

无键连接的形式有三种，分别为型面连接、胀紧连接和过盈连接。

①型面连接。

如图 3.5-49 所示，型面连接是用非圆截面的柱面体或锥面体的轴与相同轮廓的毂孔配合，以传递运动和转矩的可拆连接。由于型面连接要用到非圆形孔，以前加工困难，故限制了型面连接的应用。家用机械、办公机械等采用了大量的压铸、注塑零件，注塑出各种各样的非圆形孔是毫无困难的，故型面连接的应用获得了发展。应用较多的是带切口圆形和正六边形型面连接。

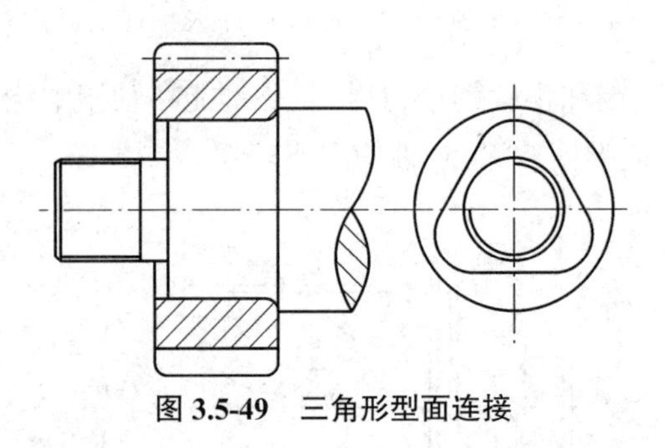

图 3.5-49 三角形型面连接

②胀紧连接。

如图 3.5-50 所示，胀紧连接是在毂孔与轴之间装入胀套，在轴向力的作用下同时胀紧轴与毂而构成的一种静连接。各型胀套已标准化，可根据轴、毂的尺寸和传递载荷的大小，从标准中选择合适的型号和尺寸。

③过盈连接。

如图 3.5-51 所示，过盈连接的轴和孔之间的尺寸配合关系为过盈配合，通过热胀冷缩，将轴、孔装配到一起，利用轴、孔的过盈配合来传递运动和动力。过盈连接的优点：结构简单，对中性好，承载能力强，不需要附加其他零件，可实现轴毂间的轴向和周向固定；缺点：装配麻烦，拆卸困难。

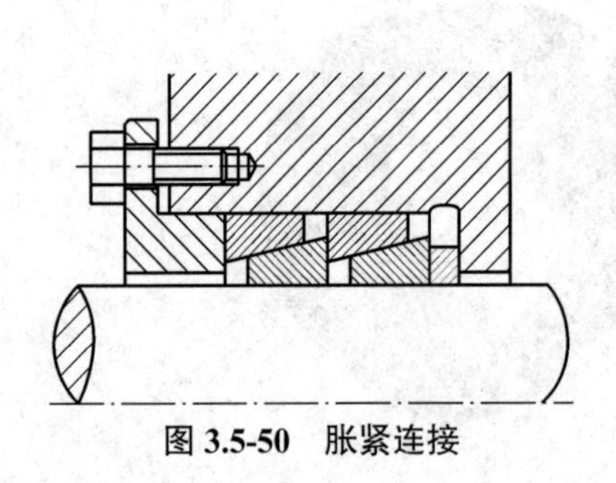

图 3.5-50 胀紧连接

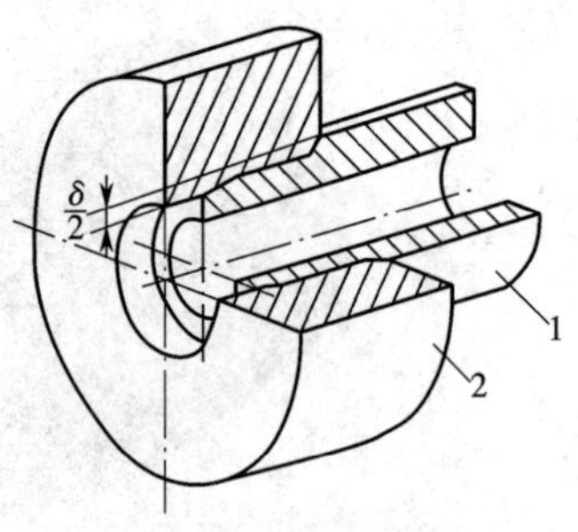

图 3.5-51 过盈连接

3.5.3 常见传动机构

机构是人为实物的组合体，有确定的机械运动，可以传递和转换运动。机器是由机构组成的，简单的机器可能只含有一个机构，但一般含有多个机构。机器中的单个机构不具有转换能量或做有用功的功能。常用机构有连杆机构、凸轮机构、齿轮机构、间歇运动机构等。

1. 连杆机构

连杆机构中的所有构件都只能平动或者转动。典型的连杆机构如图 3.5-52 所示，其中图 3.5-52（a）所示为内燃机活塞的工作原理，将活塞的往复移动转化为曲轴的转动；图 3.5-52（b）所示为牛头刨床的工作原理，将中间短杆的转动转化为水平杆、滑枕的往复移动。内燃机活塞和牛头刨床中的连杆机构的共同点：构件间都形成可相对转动或相对移动的活动连接，都能实现运动形式的变换。

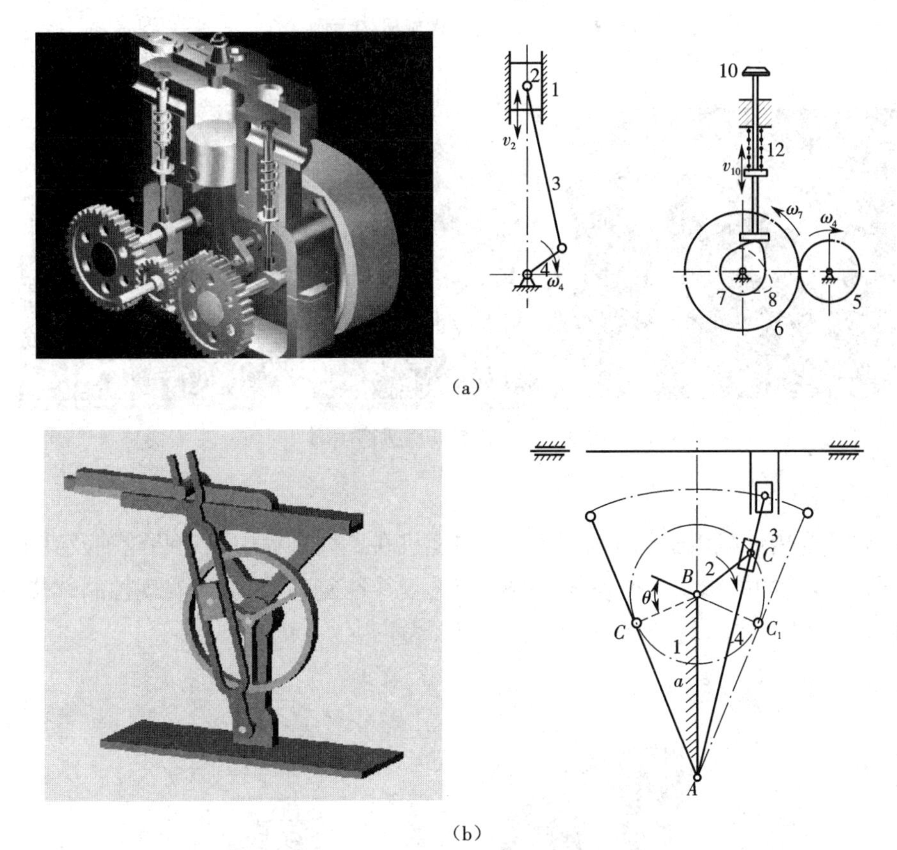

图 3.5-52　内燃机活塞和牛头刨床的工作原理

（a）内燃机活塞的工作原理　（b）牛头刨床的工作原理

2. 螺旋机构

螺旋机构可以分为传力螺旋机构和传导螺旋机构。传力螺旋机构以传递力为主，比如千斤顶、压力机，如图 3.5-53 所示。这种螺旋机构主要承受很大的轴向力，一般间歇工作，每次工作时间较短，工作速度不高，并具有自锁能力。传导螺旋机构则以传递运动为主，并要求有较高的传动精度，有时也承受较大的轴向力，比如金属切削机床的进给螺旋，如图 3.5-54 所示。传导螺旋机构常长时间连续工作，工作速度较高。

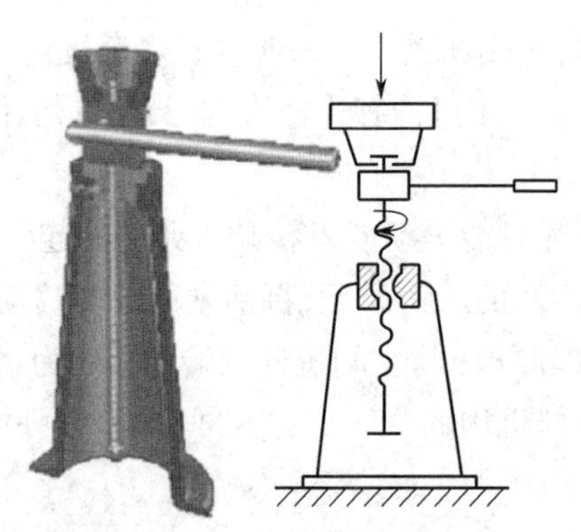

图 3.5-53 传力螺旋机构示例

图 3.5-54 传导螺旋机构示例

3. 凸轮机构

图 3.5-55 为内燃机汽缸的工作原理图,内燃机在燃烧过程中驱动凸轮轴及其上的凸轮转动,并通过凸轮的曲线轮廓推动气阀按特定的规律往复移动,从而实现控制燃烧室进、排气的功能。

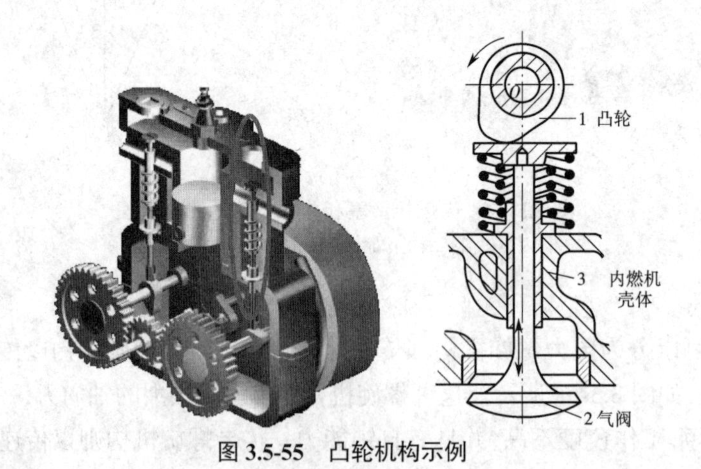

图 3.5-55 凸轮机构示例

凸轮机构是由凸轮、从动件、机架组成的高副机构,广泛应用于印刷、包装、仪器仪表等各种机械中。其中,凸轮是具有特定曲线轮廓或沟槽的构件,通常在机构运动中做主动件;从动件是与凸轮接触并被直接推动的构件;机架是支撑凸轮和从动件的构件。

凸轮机构主要有以下应用。

(1)实现预期的位置要求

如图 3.5-56 所示,这种凸轮机构能实现将毛坯输送到预期位置的功能,且对毛坯在移动过程中的运动没有特殊要求。

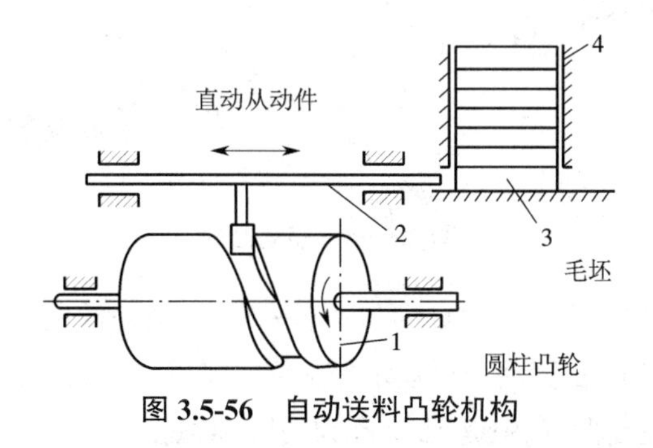

图 3.5-56　自动送料凸轮机构

(2)实现预期的运动规律要求

如图 3.5-57(a)所示,这种凸轮机构能通过凸轮推动摆动从动件实现均匀缠绕线绳的运动。如图 3.5-57(b)所示,这种凸轮机构能够实现推动刀架相对于被加工零件等速运动;在刀架等速进给状态下,机床承受的载荷波动最小,加工零件能获得较高的表面质量。

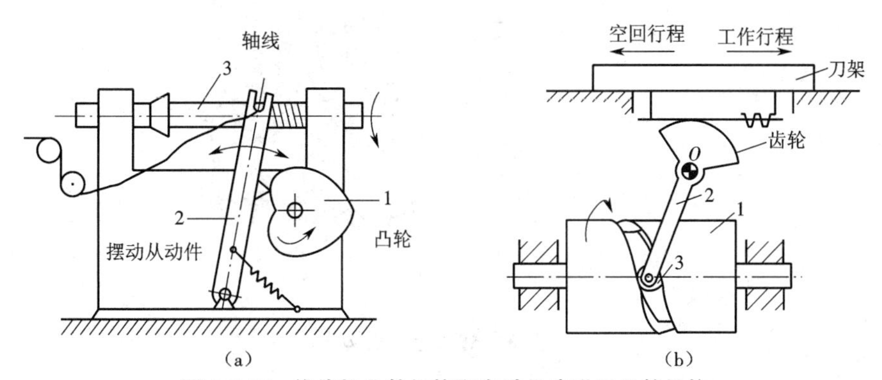

图 3.5-57　绕线机凸轮机构和自动机床进刀凸轮机构

(a)绕线机凸轮机构　(b)自动机床进刀凸轮机构

(3)实现运动学和动力学特性要求

如图 3.5-55 所示,这种凸轮机构能够满足气阀的运动学要求,且具有良好的动力学特性。按照凸轮的形状,凸轮机构可以分为盘形凸轮、移动凸轮和圆柱凸轮。图 3.5-55 所示的凸轮为典型的盘状凸轮,其特点是结构简单、易于加工,应用最广泛。图 3.5-58 所示的凸轮为典型的移动凸轮,移动凸轮可视为回转轴心处于无穷远处的盘形凸轮。图 3.5-58 所示的圆柱凸轮是一种典型的空间凸轮。

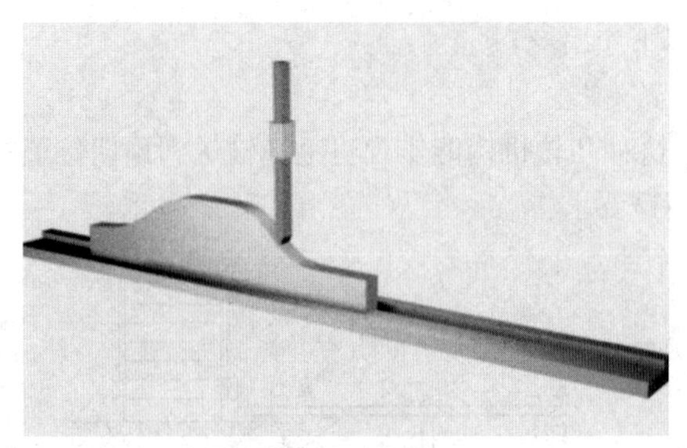

图 3.5-58 移动凸轮

按照运动形式,从动件可以分为直动从动件和摆动从动件两类。图 3.5-55 中的从动件即为直动从动件,从动件往复移动,其运动轨迹为一段直线;而图 3.5-57 中的两个从动件均为摆动从动件,从动件往复摆动,其运动轨迹为一段圆弧。

4. 齿轮机构

主动齿轮 1 的轮齿通过齿廓推动从动齿轮 2 的轮齿,从而实现运动和动力的传递,称为齿轮传动,这种机构即为齿轮机构,如图 3.5-59 所示。

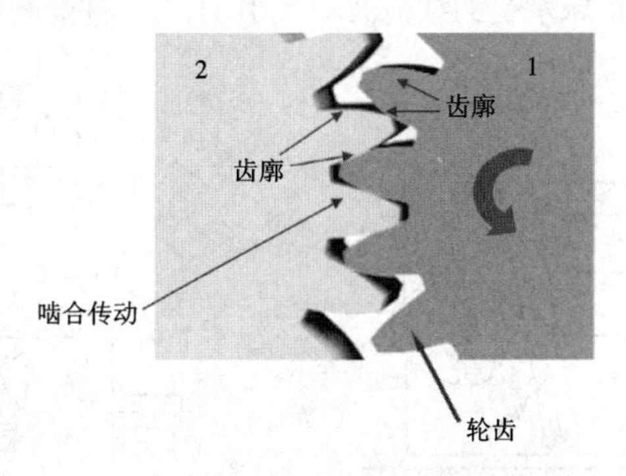

图 3.5-59 齿轮机构

齿轮机构是依靠轮齿直接接触构成高副来传递两轴之间的运动和动力的。齿轮机构的作用是传递空间的任意两轴(平行、相交、交错)的旋转运动或将转动转换为移动。齿轮机构的优点如下:①传动比稳定,传动平稳;②圆周速度大,高达 300 m/s;③传动功率范围大,从几瓦到 10 万千瓦;④效率高($\eta \rightarrow 0.99$),使用寿命长,工作安全可靠;⑤可实现平行轴、相交轴和交错轴之间的传动。齿轮机构的缺点也很明显,即要求较高的制造和安装精度,加工成本高,不适宜远距离传动。

图 3.5-60 所示是采用不同方法进行齿轮机构分类的结果,图 3.5-61 所示是几种常见的齿轮机构。

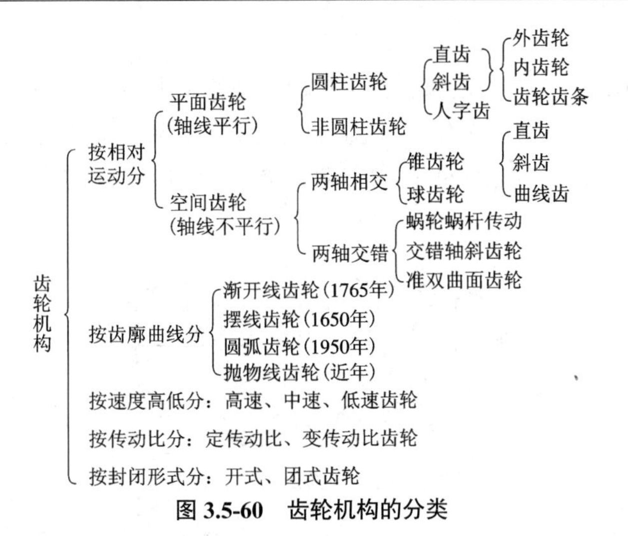

图 3.5-60　齿轮机构的分类

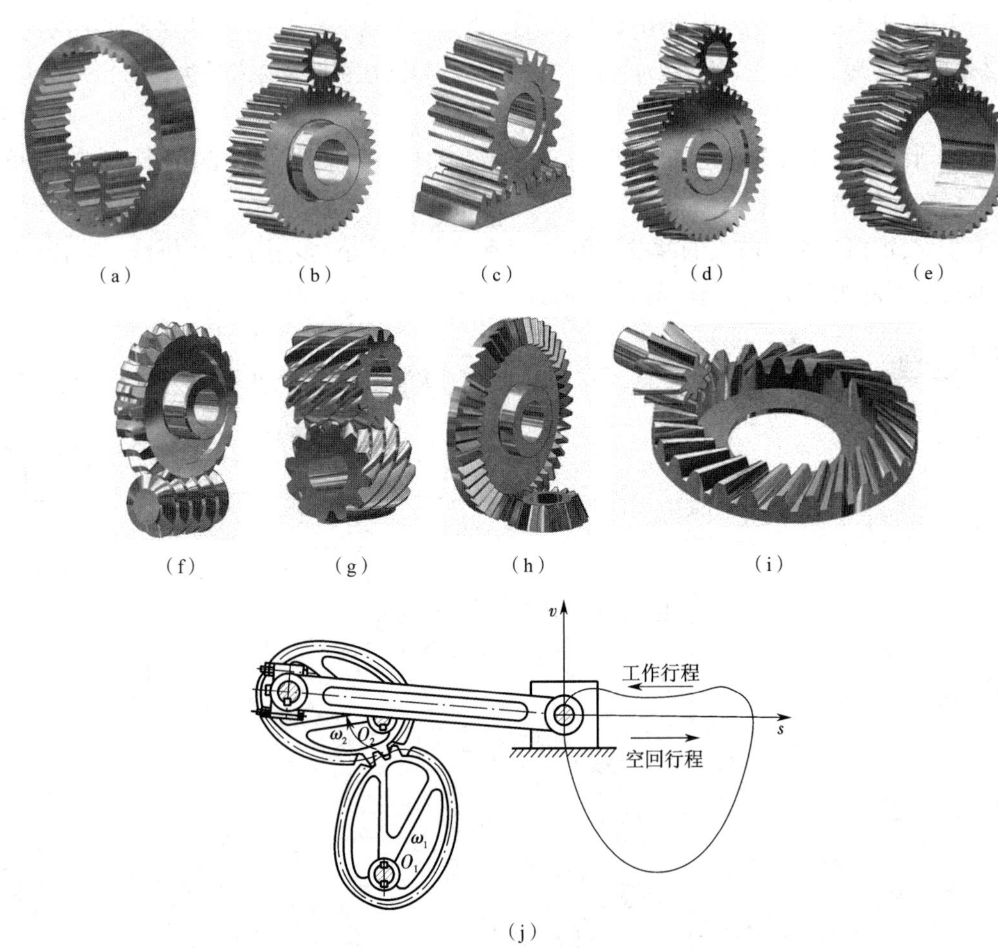

图 3.5-61　几种常见的齿轮机构

(a)内齿轮　(b)外齿轮　(c)齿轮齿条　(d)斜齿轮　(e)人字齿轮　(f)蜗杆机构
(g)交错轴斜齿轮　(h)直齿锥齿轮　(i)曲线齿锥齿轮　(j)非圆柱齿轮

5. 带传动机构

如图 3.5-62 所示，一个典型的带传动机构由主动轮 1、从动轮 2、环形带 3 组成。其工作原理为安装时环形带被张紧在带轮上，产生的初拉力使得带与带轮之间产生压力。主动轮转动时，依靠摩擦力拖动从动轮一起同向转动。摩擦力为带传动的驱动力。

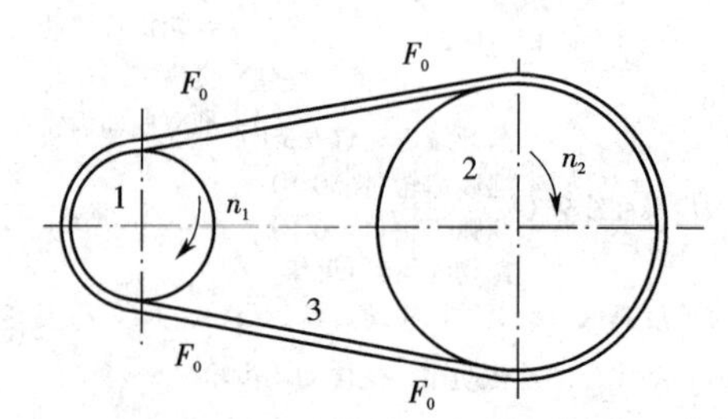

图 3.5-62 带传动的工作原理

带传动机构的优点是：①能缓冲吸振，噪声小；②具有过载保护；③可用于长距离传动；④结构简单，成本低，不需润滑，维护方便。带传动也存在以下缺点：①不能保证准确的传动比；②带的寿命短；③由于在安装时要施加预紧力，因此轴和轴承受力较大；④外廓尺寸比较大。

带传动按照传动的形式可以分为摩擦型带传动和啮合型带传动。其中摩擦型带传动的带按照横截面形状分为平带、多楔带、V 形带、圆带，如图 3.5-63 所示。多楔带和 V 形带因接触面积大，可以产生比较大的摩擦牵引力；圆带牵引力较小，多用于轻型机械。啮合型带传动的带主要是如图 3.5-64 所示的同步齿形带。

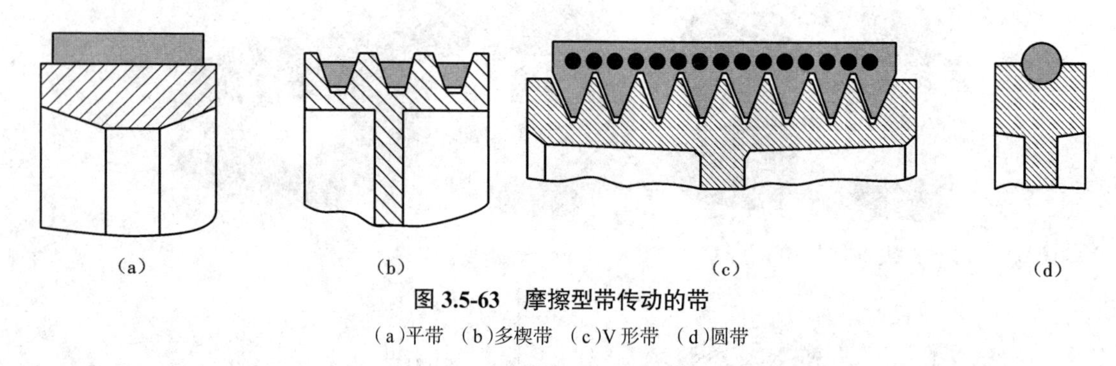

图 3.5-63 摩擦型带传动的带

(a)平带 (b)多楔带 (c)V 形带 (d)圆带

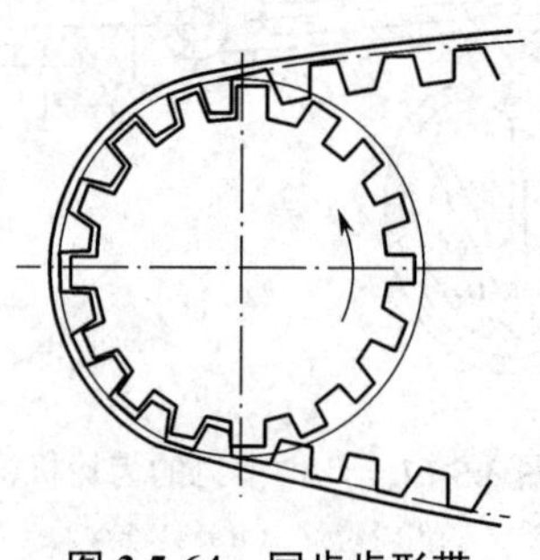

图 3.5-64 同步齿形带

6. 链传动机构

链传动机构是具有挠性件的啮合传动机构，如图 3.5-65 所示，由主动链轮 1、链和从动链轮 2 组成。图 3.5-66 所示为常见的滚子链的链条、链轮和自行车后轮上的多级链轮。

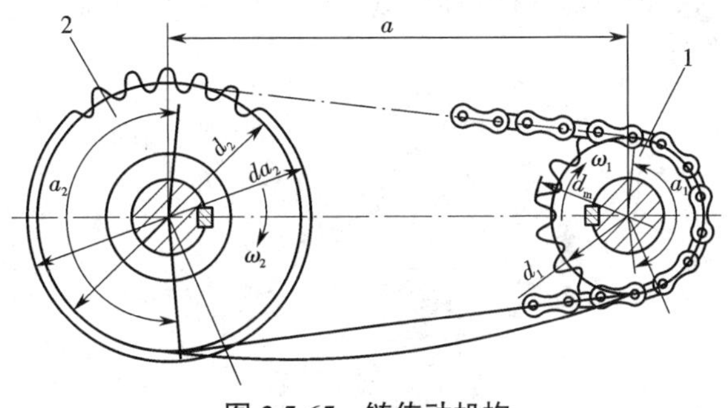

图 3.5-65　链传动机构

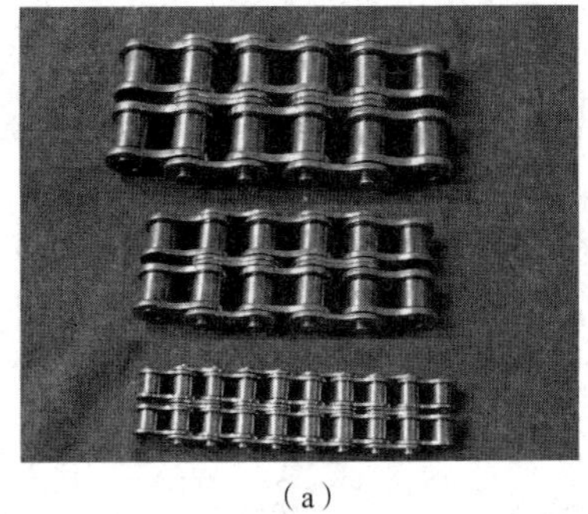

(a)

(b)

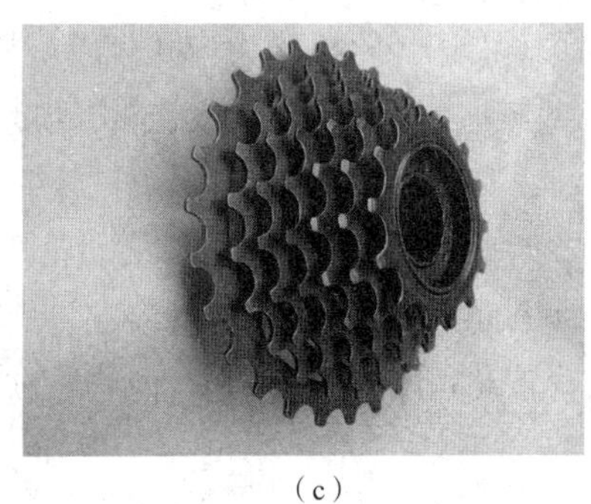

(c)

图 3.5-66　链条、链轮和多级链轮

(a)链条　(b)链轮　(c)多级链轮

7. 间歇运动机构

棘轮机构和槽轮机构是典型的间歇运动机构。

(1)棘轮机构

棘轮机构是一种应用历史很久的间歇运动机构。如图 3.5-67 所示的牛头刨床的进给系统就采用的棘轮机构。

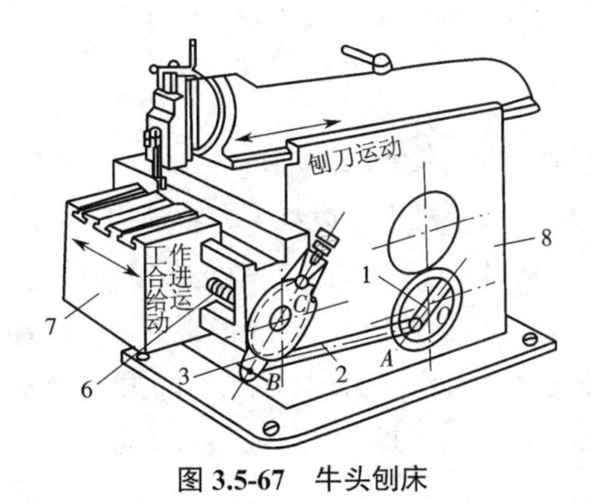

图 3.5-67　牛头刨床

棘轮机构的组成如图 3.5-68 所示,往复摆动的摇杆为主动构件。当摇杆沿逆时针方向摆动时,驱动棘爪插入棘轮的齿间,推动棘轮转过一定的角度。当摇杆沿顺时针方向摆回时,止动棘爪在弹簧的作用下阻止棘轮沿顺时针方向摆动回来,而棘爪从棘轮的齿背上滑过,故棘轮静止不动。这样当摇杆连续往复摆动时,棘轮就做单向的间歇运动。

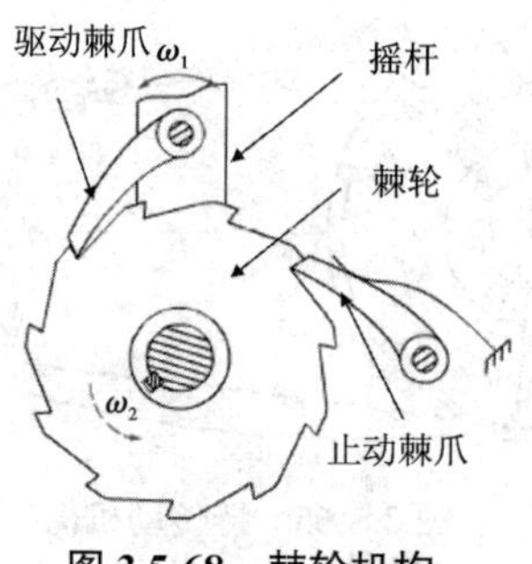

图 3.5-68 棘轮机构

上述棘轮机构为齿式棘轮机构,其优点主要是结构简单,制造容易,步进量易于调整,其缺点是冲击和噪声较大,定位精度低,只能用于速度不高、载荷不大、精度要求不高的场合。

除了齿式棘轮机构以外,还有摩擦式棘轮机构,如图 3.5-69 所示。主动构件 1 沿逆时针方向摆动时,将楔块 2 和从动轮 3 楔紧,通过摩擦力推动从动轮转动;当主动构件 1 沿顺时针方向摆动时,从动轮 3 停歇。其克服了齿式棘轮机构冲击和噪声大的缺点,而且可实现棘轮转动角度的无级调节,但其停歇定位精度不高。

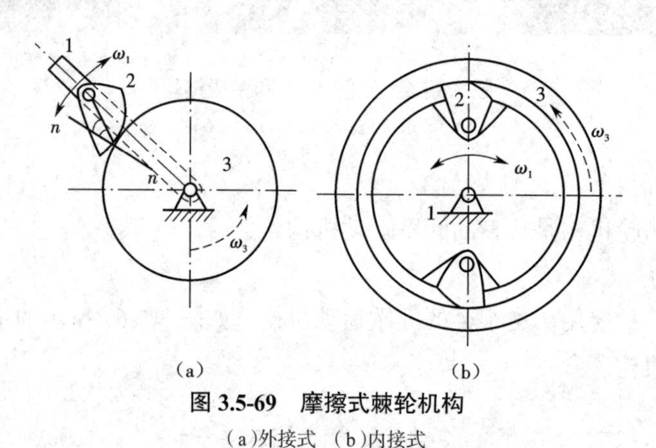

图 3.5-69 摩擦式棘轮机构

(a)外接式 (b)内接式

(2)槽轮机构

槽轮机构是一种应用很广泛的间歇运动机构。

图 3.5-70 所示为典型的外槽轮机构。拨盘 1 为主动构件,做连续的回转运动。在拨盘上的圆柱销 A 进入径向槽之前,槽轮 2 上的内凹锁止弧锁住槽轮静止不动。在圆柱销 A 刚好进入槽轮上的径向槽的瞬间,锁止弧松开,圆柱销驱动槽轮转动,槽轮在圆柱销的驱动下转过 90°。在圆柱销即将脱离径向槽的瞬间,槽轮上的另一个锁止弧锁住槽轮静止不动。拨盘连续转动,槽轮间歇运动,拨盘转过 4 周,槽轮转过 1 周。

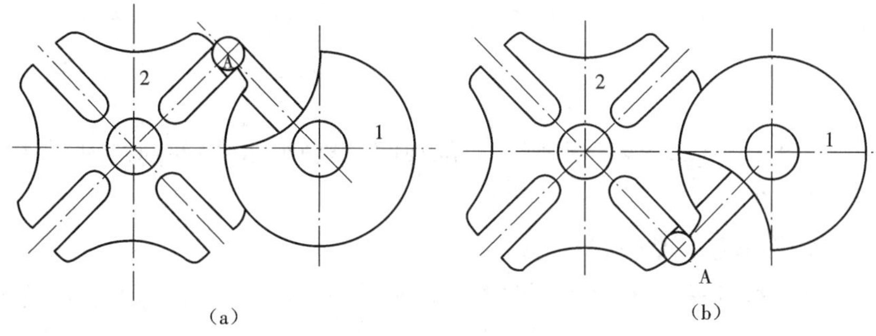

图 3.5-70　外槽轮机构

槽轮机构的优点在于:结构简单,易于制造,工作可靠,机械效率较高,同时具有分度和定位的功能。其缺点在于:设计自由度小,在分度数确定以后,运动系数也随之确定而不能改变。此外,槽轮机构不适用于高速传动,虽然振动和噪声比棘轮机构小,但槽轮在启动和停止的瞬间加速度大,有冲击。

8. 轴承

轴承是用来支承轴和轴上的零件的部件,如图 3.5-71 所示,主要用来减小转轴与支承件之间的摩擦和磨损,并保持轴的旋转精度。根据工作时的摩擦性质,轴承可分为滚动轴承和滑动轴承两大类。图 3.5-72 中的轴承是常见的滚动轴承。

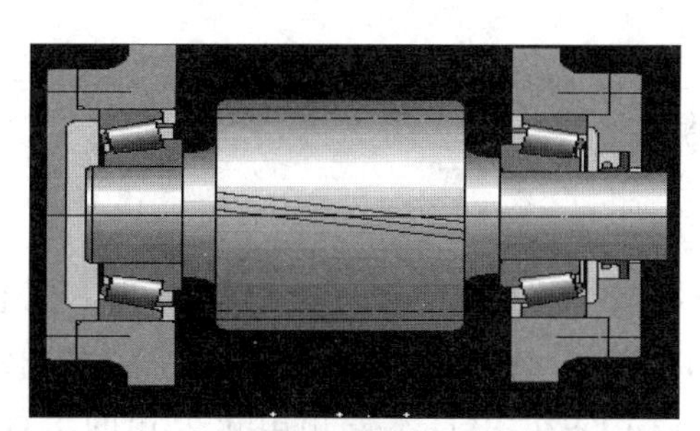

图 3.5-71　轴承的工作原理

图 3.5-72　常见的滚动轴承

小结

1)产品设计表达:基本视图,剖视图,全剖视图,半剖视图,局部剖视图,产品视图的选择,尺寸标注,工程图。

2)零部件连接:螺纹连接,轴毂连接。

3)常见传动机构:连杆机构,螺旋机构,凸轮机构,齿轮机构,带传动机构,链传动机构,间歇运动机构,轴承。

作业

1)针对产品设计任务查阅、搜集资料。

2)编写课程报告4,内容包括:项目产品整车结构设计,转向机构、投放机构设计;零件形状、尺寸、材料确定,零部件连接;3D模型建立和2D图绘制;会议记录。

3)编写课程报告4汇报PPT。

3.6 机电控制

3.6.1 机电控制的基本概念

1.机电系统

机电系统是一种包含机械和电器元件的一体化机器系统。机电一体化是机电系统最主要的特征。机电一体化的英文是mechatronics,由mechanical和electronics这两个单词组合而成。mechatronics一词是1969年由日本安川电机公司的工程师Tetsuro Mori首先提出的。

如图3.6-1所示,机电系统中的机械部分主要提供物理结构或者机构,可以看作系统的骨架;电气部分则提供驱动、感知、控制和通信功能,可以看作系统的大脑、皮肤和肌肉。

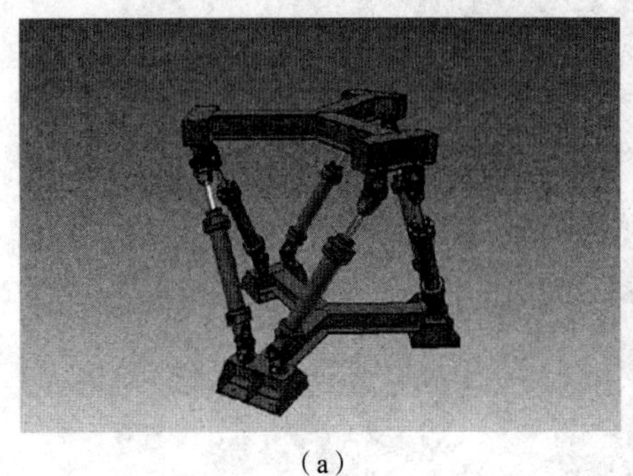

(a)

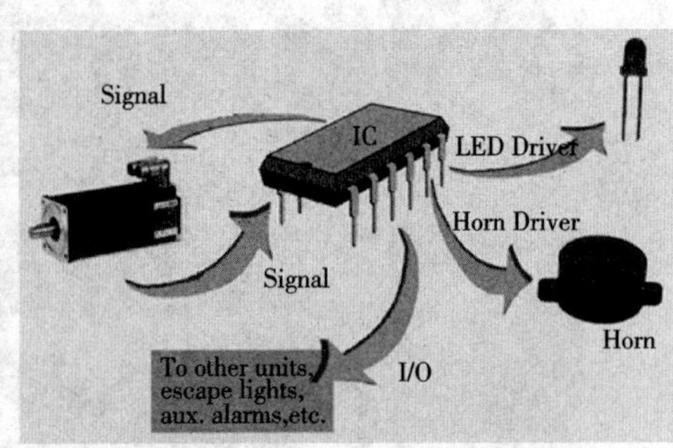

(b)

图3.6-1 机电系统的构成

(a)机械部分 (b)电气部分

人类对结构与机构的研究可以追溯到几千年前，而电气控制则是在 20 世纪五六十年代随着半导体技术的突飞猛进而逐渐发展起来的。可以通过一组对比看出古代和现代机器的巨大区别。

如图 3.6-2 所示，三国时期为了解决军粮运输问题，发明了木牛流马。据现代考证，这应该是一种人力推动装置。如今在电气控制技术的帮助下，发明了可自主循迹导航的物料运送车 AGV，并已经广泛应用于工业生产中。

Wooden ox and gliding horse(231~234)　　Automated guided vehicle(2010s)

图 3.6-2　交通运输领域的机电一体化发展

12 世纪的时候，人们通过木质风车将风能转换为机械能用于磨坊作业，如图 3.6-3 所示。今天，风力发电机组可以随时根据风向、风力调节转轴的指向和叶片的桨距角，达到最高效率。

Windmill(around 12th century)　　Wind turbine(around 20th century)

图 3.6-3　能源动力领域的机电一体化发展

如图 3.6-4 所示，过去的加工制造依赖人力；而现代加工中心可以在计算机、伺服控制电动机的帮助下实现多轴联动加工，精度和生产效率大大提高。

如图 3.6-5 所示，过去的飞机操作系统通过绳索、连杆、液压助力器等纯机械元件将飞行员的控制意图传递到舵面处；而现代飞机基本采用飞行电传技术，操作信号甚至功率都以电能的形式传递到舵面处，再通过机电系统转化为舵面偏转的机械能。

手工锻造　　　　现代加工中心

图 3.6-4　加工制造领域的机电一体化发展

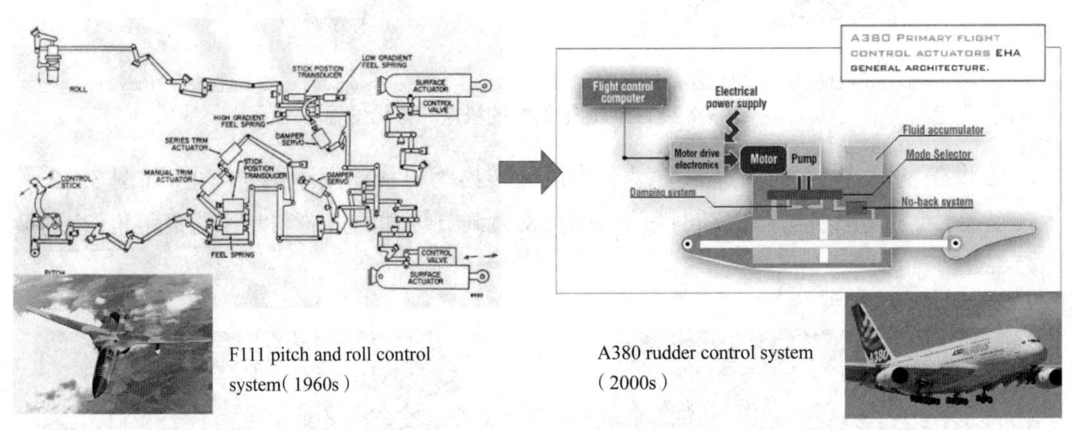

F111 pitch and roll control system(1960s)

A380 rudder control system (2000s)

图 3.6-5　飞行操纵领域的机电一体化发展

如图 3.6-6 所示，一些助老助残器械以往只能通过人力操作一些纯机械结构，功能的效果有限；而现在基于肌电、脑电技术的一体化义肢可以大大提高使用效能和使用者的舒适度。

上述领域的发展，都源于机电一体化技术的进步，得益于机电装备的完美融合。如图 3.6-7 所示，机电系统是一个典型的多学科融合体系，涉及机械、计算机、控制和电力电子等领域。比如机械与计算机融合，产生了 CAD、CAM 技术；计算机与控制理论融合，产生了数控技术；控制理论与电力电子融合，产生了电气自动化技术。这些理论技术的融合大大推动了汽车、航空航天、加工制造、医疗诊断等产业的发展。本课程项目智能循迹派送车虽然小，却也是一个典型的机电系统，需要大家充分掌握并熟练运用机械设计、计算机编程、电气控制等方面的知识。

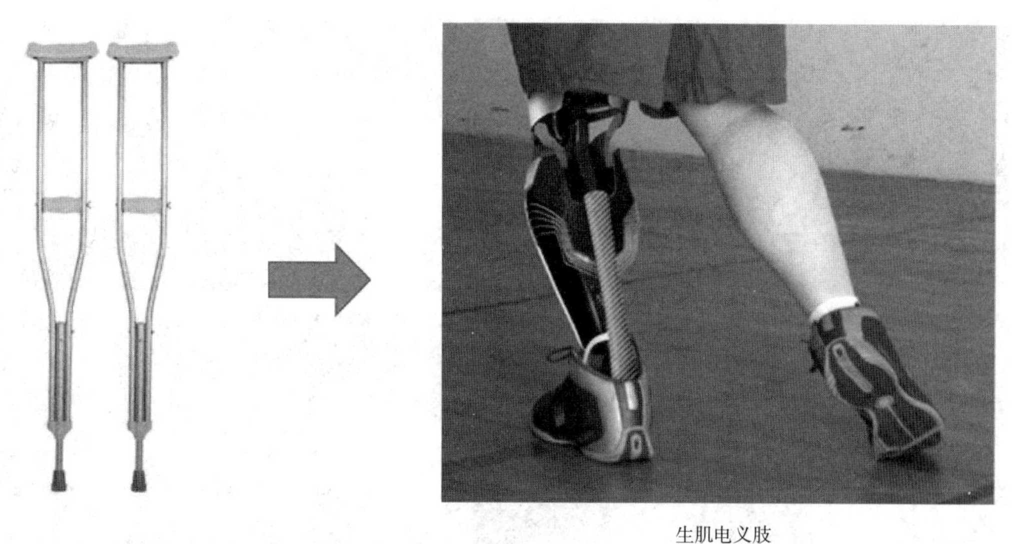

生肌电义肢

图 3.6-6　生活服务领域的机电一体化发展

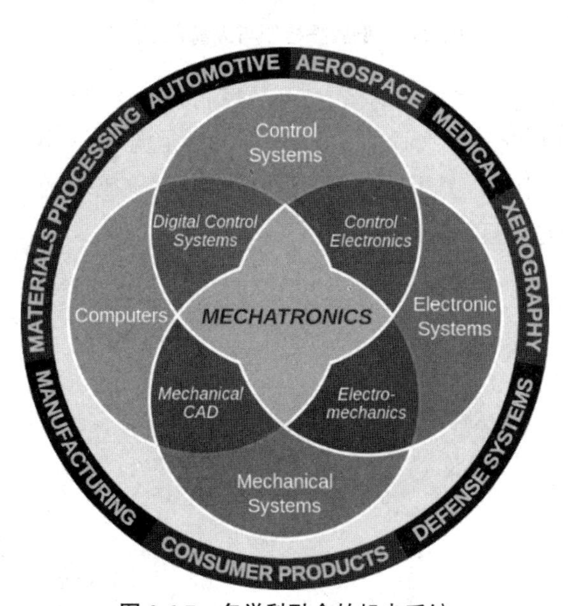

图 3.6-7　多学科融合的机电系统

2. 开环控制与闭环控制

机械设计方面的知识大家比较熟悉，这里主要解释一些控制理论的基本概念和原理。图 3.6-8 展示了几种倒立摆的运动。倒立摆是控制中非常经典的案例，通过且仅通过对底端水平方向的控制，可以使单级、二级甚至三级串联的倒立摆维持竖直状态而不倒，甚至能够抵御外界的强烈干扰。换句话说，一个天然不稳定的机械系统在控制的作用下实现了稳定。在实际工程中，火箭升空就是一个典型的倒立摆控制过程。在本课程的循迹派送车项目中，需要让派送车沿着给定的轨迹线行驶，并能识别其中的投放标记，也离不开控制。

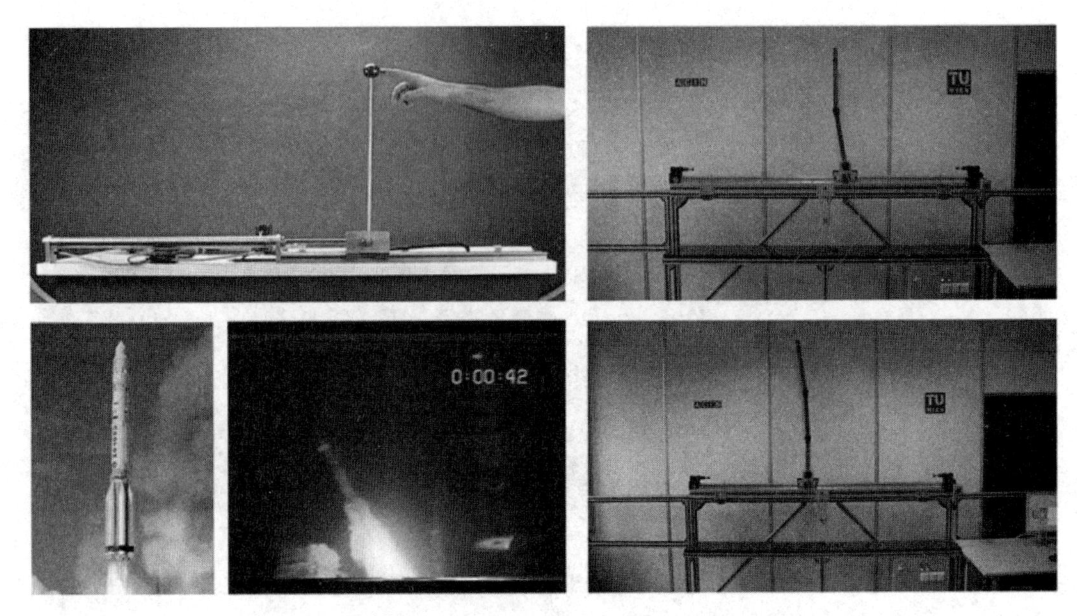

图 3.6-8　倒立摆控制与火箭升空控制

在控制理论中，有两个非常重要的概念：开环控制和闭环控制。如图 3.6-9 所示，倘若我要喝温水，可以拧开热水阀和冷水阀兑一下，这样大致是温水，但并不能保证每次温度都合适，这是开环控制；如果用另一只手感受一下实际温度，就构成了反馈，则可以进一步调节冷热水比例，使水温更合适，这就是闭环控制。

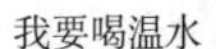

图 3.6-9　调节水温的开环与闭环控制

同理，如图 3.6-10 所示，想控制电动机旋转到给定的角度。如果知道电动机转速，当然可以用角度除以转速得到通电时间，用通电时间来控制电动机转角，这是开环控制。但开环控制很容易受到电压波动、摩擦、负载等外干扰的影响，控制精度降低。更可靠的办法是增加转角反馈，检测到实际转角达到期望的角度后停止供电，这就构成了闭环控制。

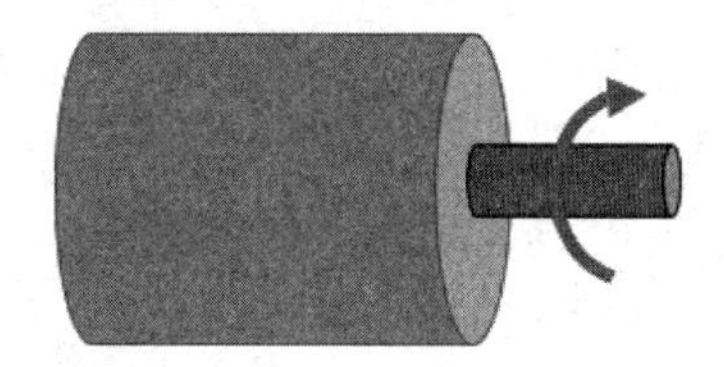

图 3.6-10　调节电动机转角的开环与闭环控制

如图 3.6-11 所示，开环控制器不测量系统的实际输出 y，仅根据参考输入 r 直接计算控制量 u，用于驱动被控对象；但是闭环控制器须测量系统的实际输出 y，根据参考输入 r 和系统的实际输出 y 计算控制量 u，用于驱动被控对象，闭环控制也叫反馈控制。

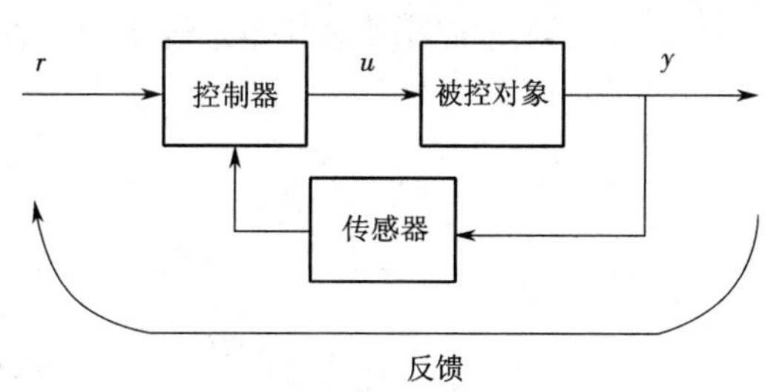

图 3.6-11　通过反馈构成的闭环控制

如图 3.6-12 所示，反馈有两种形式，机械反馈和电气反馈。控制水位的浮阀是一种机械反馈机构，在工业机电控制中更多的是通过光电编码器、光栅尺等传感器实现电气反馈。

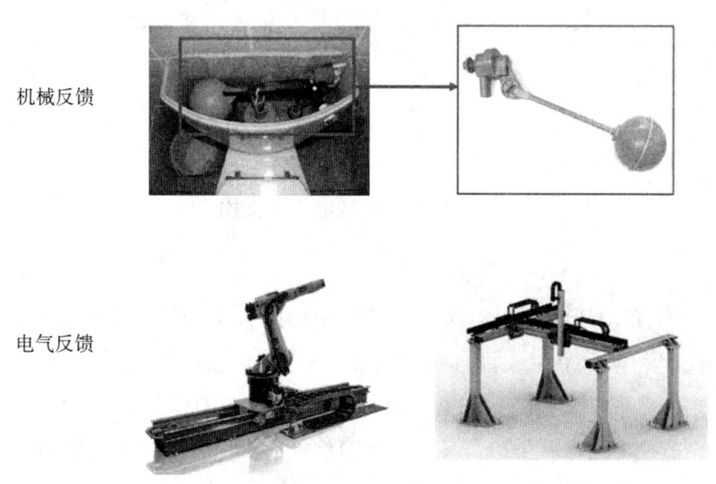

图 3.6-12　反馈的形式

3.6.2 控制系统组成原理

1. 系统架构

图 3.6-13 展示了机电控制系统的典型架构。控制器输出信号属于弱电信号,且通常为数字信号,如果电动机驱动器为模拟输入,则需要一个数模转换模块实现二者的连接。电动机驱动器也叫放大器,是一个三端口器件,它根据控制器传来的信号调节电源进入电动机的功率电流(或电压),实现信号电至功率电的放大。电动机驱动器输出的电能进入电动机,电动机再将电能转换为机械能(通常是旋转运动)。如果有必要,还需通过传动装置对电动机输出的旋转运动进行变换,包括运动形式(旋转变直线)的变换和扭矩、转速的变换,以满足负载的需求。负载的运动状态被传感器测量,并返给控制器。如果传感器输出信号是模拟信号,还需要一个模数转换模块将模拟信号变为数字信号再反馈回控制器。这样便构成了一个基本的闭环控制系统。如果该系统需要与其他系统协同工作,那么可能需要一个通信模块与其他系统相连。

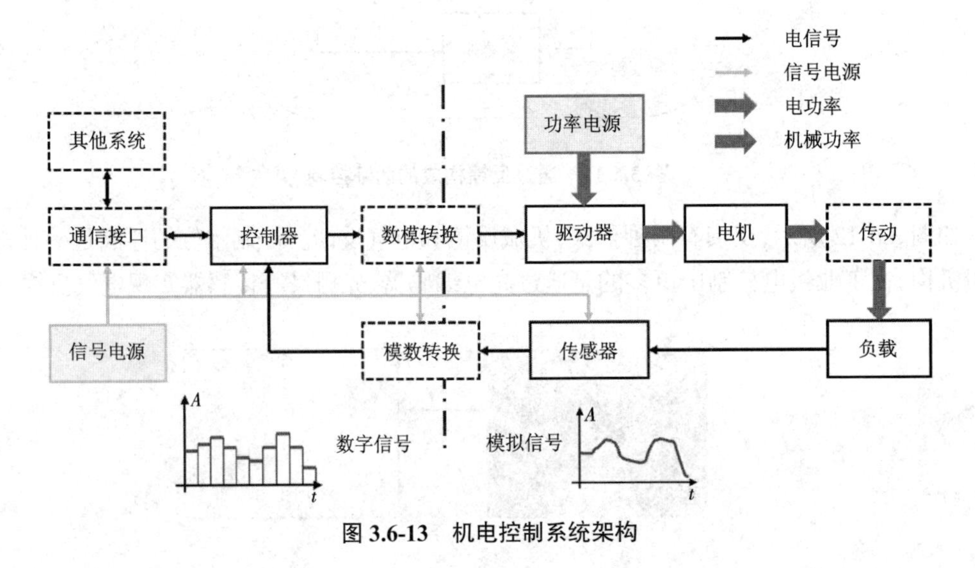

图 3.6-13 机电控制系统架构

2. 驱动与感知

机构是系统的骨架,要让骨架运动起来完成指定的任务,还需要驱动装置。驱动装置通常由驱动器(driver)和电动机(或液压缸)构成。这里需要辨别一个概念,当我们说"驱动器"的时候,究竟指整个驱动装置(actuator),还是特指其中起驱动放大作用的单元模块(driver)。它们的英文是不同的单词,但是中文都叫驱动器,很容易引起混淆,需根据上下文辨别。

如图 3.6-14(a)所示,电动机或液压缸前端起功率放大作用的 driver 本质上是一个三端口模块,其中两个端口分别连接电信号和能量源(电池、液压泵等),可视作输入端口,另一端口为输出端口。电信号控制着能量源端口至输出端口的实际能量流大小。输出端口如果与电动机相连,那么 driver 通常是一块基于三极管的电路。输出端口如果与液压缸相连,那么 driver 通常是一个电控阀。电动机或液压缸将得到的电能或液压能转换为机械能，实现机械运动。

上述整个装置称为 actuator，在机器人领域经常翻译为驱动器，在飞控、电液伺服等领域也翻译为作动器、促动器、致动器等。图 3.6-14（b）展示了一个由驱动电路及直流电动机构成的电动驱动器，以及一个由伺服阀驱动液压缸的液压驱动器。

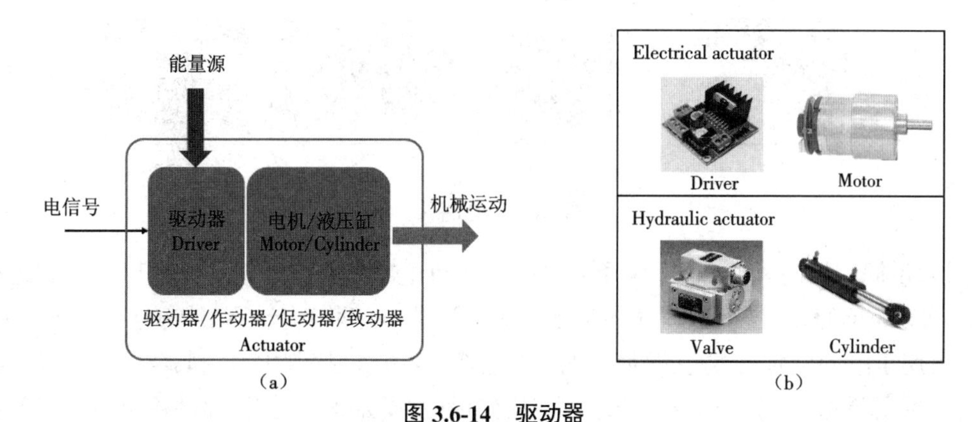

图 3.6-14　驱动器

（a）原理图　（b）电动驱动器和液压驱动器

机电系统要构成闭环控制，通常还需要感知装置，也称传感器。传感器的种类很多，根据输出信号的类型，可分为开关量（数字量）输出传感器和连续量（模拟量）输出传感器。光电编码器、微动开关等传感器通常输出开关量，可以直接被控制器读入。而电阻、电容式位移传感器，应力、应变传感器通常输出模拟电压，需经过模数转换才可以被控制器读入。

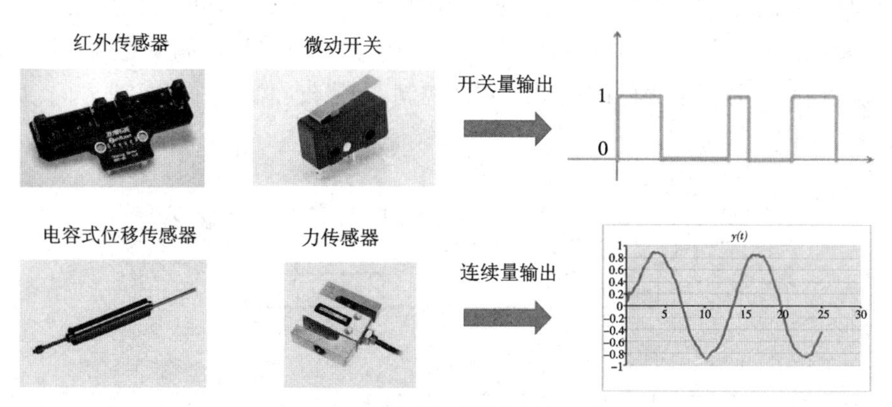

图 3.6-15　常见传感器及其输出信号

3. 控制器与控制算法

控制器是机电系统的核心，犹如人类的大脑。控制器也有很多类型，比如嵌入式控制板卡、工控计算机和可编程逻辑控制器（PLC）等。以嵌入式控制板卡为例，其核心处理器可以是单片机、ARM、DSP、FPGA 等。控制算法按照一定的编程语言规范编译完成后，下载至这些核心处理器运行。

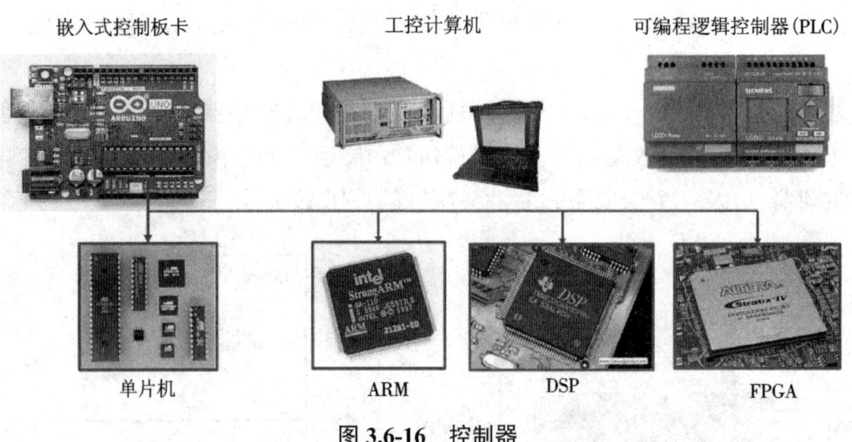

图 3.6-16 控制器

针对不同的控制对象,根据不同的控制需求,机电系统的控制算法千变万化。如图 3.6-17 所示,最简单的开关控制算法的返回值是 1 或 0,对应于物理控制元件的全开通或全关断状态,可用于电动机启动、停止等简单的控制任务。在比例控制中,控制算法的返回值与误差成比例,误差越大,算法的返回值越大。换句话说,误差越大,控制器的输出越大,产生的纠正误差的作用越强。比例控制也是一种连续控制,控制过程较开关控制更加平稳。进一步改进比例控制算法,对其增加积分项和微分项,即得到比例-积分-微分(PID)控制算法,这是工业上应用最广的一种控制算法。该控制算法通过比例、积分、微分项的匹配,综合考虑当前、过去和未来误差的影响,给出的控制量在大多数场合都能让误差快速、平滑地收敛至零,并且不需要了解对象的准确数学模型。所以, PID 控制算法非常稳定、可靠,且相对简单。在对控制性能要求更高的场合,比如加工制造、航空航天等,还可以采用状态反馈、最优控制、自适应控制等现代控制方法,在此不一一赘述。在本项目中,如果对电动机做转速或转角的伺服控制,则需要采用比例控制或 PID 控制;如果仅控制整车的前进方向,基于判断逻辑的开关控制也可以胜任。

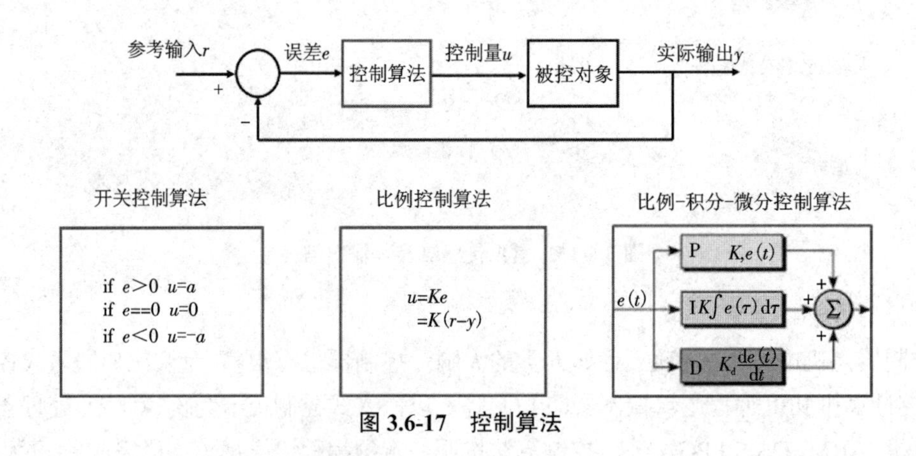

图 3.6-17 控制算法

3.6.3　电路设计与软件编程

在机电系统中,需要根据接口关系将驱动器、传感器、控制器等各种电子元器件通过电路合理地连接在一起,并赋予控制器合适的程序,这样才能使整个系统协调、有效地工作,完成控制任务。本节介绍电路设计与软件编程的相关知识。

1. 基本电子元器件和电路

控制电路中常用的电子元器件可以分为模拟和数字两大类。模拟元器件包括电阻、电容、电感、二极管、三极管和运算放大器。数字元器件包括组合逻辑元器件、时序逻辑元器件和前面介绍的单片机、DSP 等处理器。

组合逻辑与时序逻辑的主要区别在于当前输出是否由当前输入决定。如果当前输出完全由当前输入决定,这种逻辑关系称为组合逻辑。能实现组合逻辑的元器件有与门、或门、非门、与非门、或非门等。如果当前输出不仅与当前输入有关,还与过去时刻的输出有关,这种逻辑关系称为时序逻辑。时序逻辑元器件包括触发器、锁存器、计数器、寄存器等。

类似于机械设计的机构简图,电路设计也需要从原理图开始。现在有很多电路设计软件可以帮助绘制原理图。以 Protel 为例,在图纸上将各种元器件、芯片摆好,将相应的管脚连接即可。如果连线特别多,尤其是涉及地址总线、数据总线,可以不在原理图上实际连线,只需给需要相连的管脚定义相同的标签即可,软件会自动识别为连接关系。原理图设计完成后,并不能直接用于加工电路板,还需要将原理图转换为印刷电路板图(PCB 图)。PCB 图中元器件的大小、形状、位置、走线与真实电路板完全相同。简单的电路可以由软件根据原理图自动转换为 PCB 图,而稍微复杂的电路一般需要手工排版和布线。PCB 图类似于零件加工图,绘制完成后即可送至电路板加工厂进行生产。本课程项目因为电路比较简单,驱动器、传感器、单片机等元器件的模块化程度很高,可以不专门制作电路板,及杜邦导线直接连接即可。

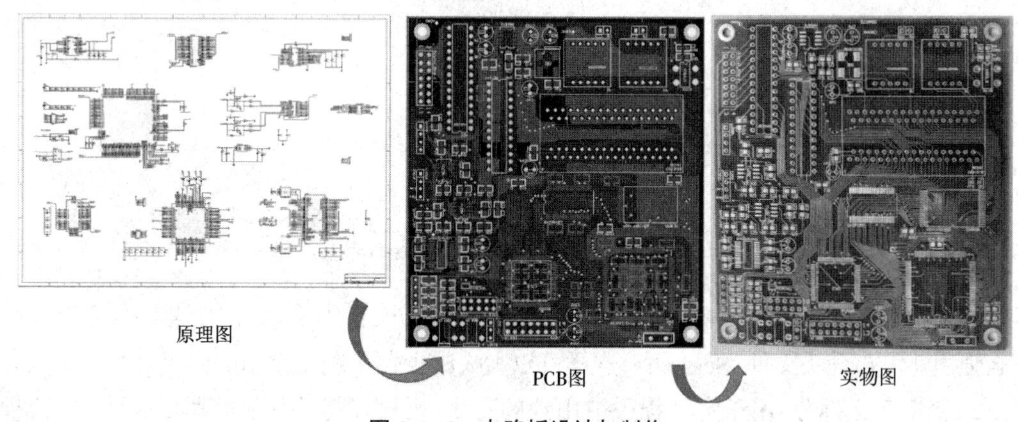

图 3.6-18　电路板设计与制作

2. Arduino 控制编程

Arduino 是目前最流行的单片机硬件控制平台,本课程使用 Arduino UNO 作为智能派送车的控制模块。如图 3.6-19 所示，Arduino UNO 上集成了一块 ATmega328P 单片机，其工作电压为 1.8~5.5 V，最高工作频率为 20 MHz，内存包括 2 KB 的 SRAM、1 KB 的 EEPROM 和 32 KB 的 Flash。该单片机有 14 个 IO 口（0~13），其中 6 个支持 PWM 波（3，5，6，9，10，11），6 个模拟端口（A0~A5）可用于 AD 采样输入。

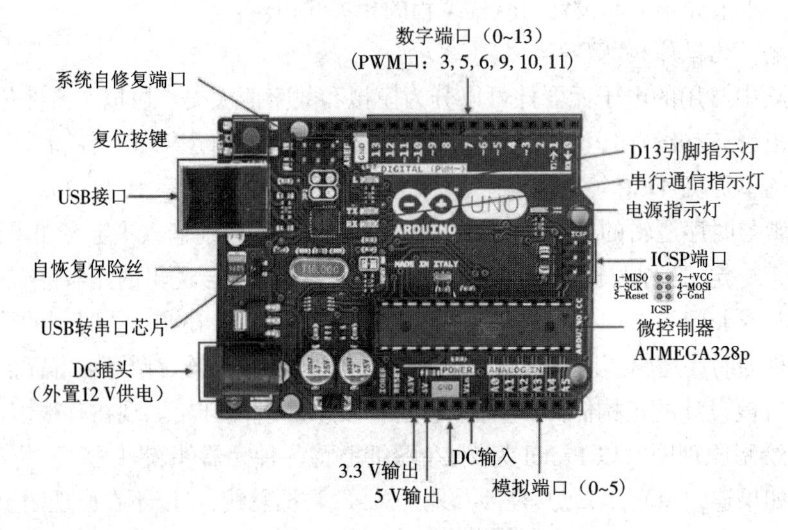

图 3.6-19　Arduino UNO

在电脑上安装编程环境（IDE）后，就可以进行单片机代码书写和编译了。编译通过的程序可由 USB 虚拟的串口下载至 Arduino。Arduino 的单片机程序包括如图 3.6-20 所示的若干部分。

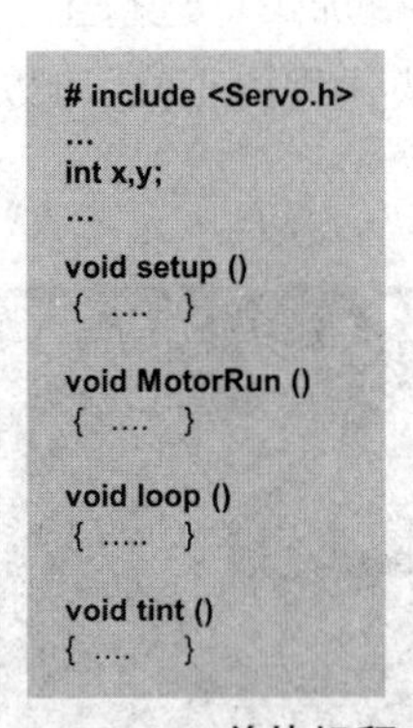

图 3.6-20　Arduino 单片机程序的架构

1）头文件部分，用于包含一些别人已开发的库函数。比如本项目，如果打算使用舵机，那么强烈建议包含头文件<Servo.h>，这样可以大大减少关于舵机控制的代码书写量。

2）变量定义部分，用于定义程序中用到的变量，也可以将单片机管脚定义为含义明显的变量名。比如 int led=13，int TrackSensorLeftPin1=A1，则将来读写 led 或 TrackSensorLeft-Pin1 即视为对管脚 13 或 A1 进行读写。

（3）初始化函数，用于设置管脚的输入、输出属性。设置管脚的初始值，只运行一次。

4）自定义函数，可以将一些常用的操作封装于此，以便于后续调用。

5）主循环函数，单片机启动后即循环执行，但不能保证每次循环所用的时间相同。

6）中断函数，当指定的事件发生时执行此函数。比如定时中断函数可被定时触发并执行。使用中断函数须在初始化函数中设置相关参数。

与经典的 C 语言类似，所有变量或函数在使用前都必须先定义或声明。上述六个部分不都是必需的，但是初始化函数和主循环函数必须存在。

接下来分别对电动机、舵机、光电传感器的接线与编程使用进行说明。Arduino 的电压是 5 V 左右，且其单片机输出功率不足，无法直接驱动直流电动机，因此需要使用 L298N 驱动板，如图 3.6-21 所示。L298N 是一种高电压、大电流电动机驱动芯片，最高工作电压可达 46 V，输出电流大，瞬间峰值可达 3 A，持续工作电流为 2 A，额定功率为 25 W，内含两个 H 桥高电压、大电流全桥驱动器，可用来驱动直流电动机和步进电动机等，有两个使能控制端，可同时驱动两个直流电动机。本项目中直流电动机的额定电压为 12 V，因此将 12 V 电源接入 L298N 的供电管脚即可。L298N 板两侧有两组输出，分别为输出 A（OUT1 和 OUT2）和输出 B（OUT3 和 OUT4），用于与直流电动机相连，接线不用分顺序。单片机的控制信号接入图 3.6-21 中标识"逻辑输入"的四个引脚（IN1、IN2、IN3、IN4）。其中 IN1 和 IN2 控制输出 A 上的直流电动机，IN3 和 IN4 控制输出 B 上的直流电动机。只需要给这四个口不同的高低电平信号，即可让输出 A 和输出 B 产生正转、反转和停止的效果，具体的信号输入与输出的关系如图 3.6-21 所示。因此，IN1~IN4 对应接 Arduino 的四个数字端口即可。如果有调速的需求，将高电平信号替换为占空比可调的 PWM 波信号即可。在使用过程中应注意：① L298N 板和 Arduino 须共地；② L298N 板的使能端 ENA、ENB 接跳线帽。

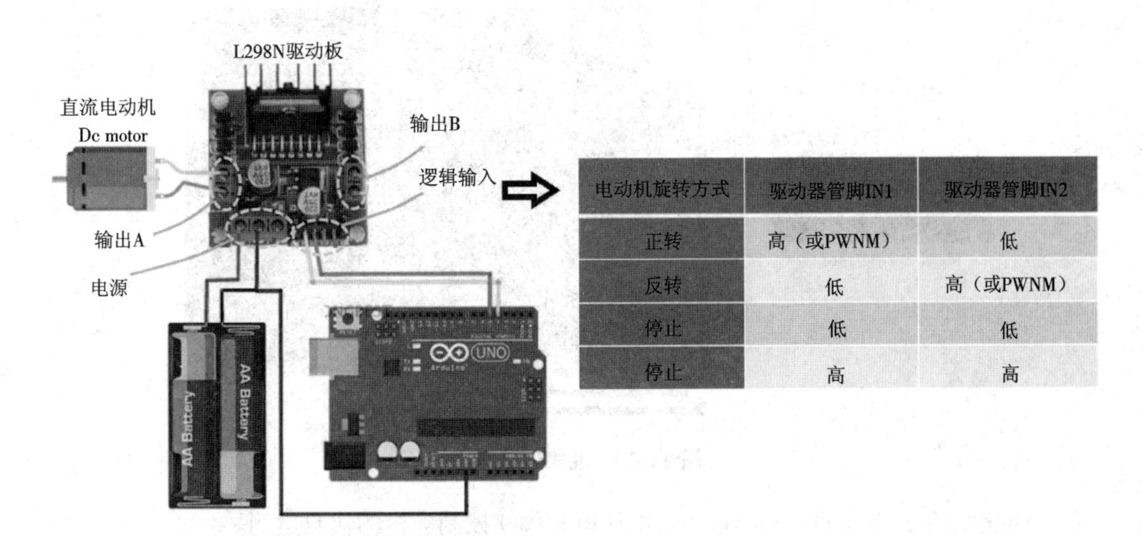

电动机旋转方式	驱动器管脚IN1	驱动器管脚IN2
正转	高（或PWNM）	低
反转	低	高（或PWNM）
停止	低	低
停止	高	高

图 3.6-21　直流电动机的驱动电路及其控制逻辑

下面给出采用单片机管脚 5、6 控制电动机的代码案例。

代码	注释
int Motorln1=5; int Motorln2=6;	//将单片机的 5、6 管脚定义为直流电动机控制脚
pinMode(Motorln1,OUTPUT); pinMode(Motorln2,OUTPUT);	//将单片机 5、6 管脚的属性定义为输出

Void MotorF wdRun(int Speed)
{
analogWrite (Motorln1,Speed);
digitalWrite (Motorln2,LOW);
}
	//digitalWrite 命令，支持 0~13 管脚，令指定管脚输出 HIGH 或 LOW 电平信号
	//analogWrite 命令，支持 3、5、6、9、10、11 管脚，令指定管脚输出 PWM 波，其占空比由参数 Speed 决定，取值范围为 0~255

Void MotorlnvRun(int Speed)
{
analogWrite (Motorln2,Speed);
digitialWrite (Motorln1,LOW);
}	

图 3.6-22　直流电动机控制代码

舵机是一种电动机伺服系统，包含电动机、反馈电路和控制器，可以直接设定旋转角度。舵机引出三根线，其中两根为电源，直接接 Arduino 的电源即可，另外一根为控制线，由 PWM 波控制，不同的占空比对应不同的旋转角度。因此，控制线应该接在有 PWM 波输出功能的单片机管脚上，即 3、5、6、9、10、11 管脚。建议在程序开始包含舵机控制的专用头文件< Servo.h >，这样可以在程序中定义一个舵机对象，用管脚 9 控制舵机角度。

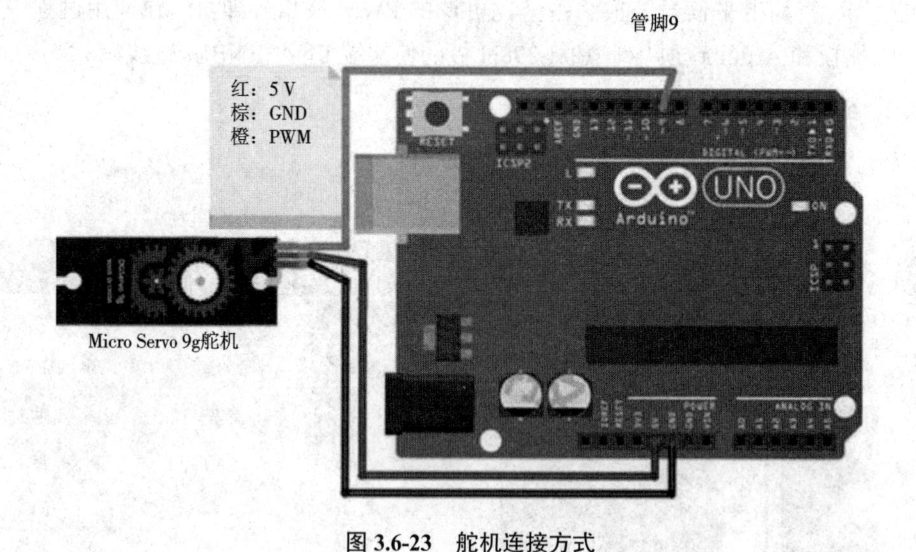

图 3.6-23　舵机连接方式

下面给出采用头文件< Servo.h >和单片机管脚 9 控制舵机的代码案例。

代码	注释
`#include <Servo. h>` `Servo myservo;`	//包含头文件后定义一个舵机对象
`myservo.attach(9);`	//该头文件必须用管脚 9 作为信号输出端
`myservo.write(90);` `delay(100);`	//信号范围为 0~180，代表 0~180°

图 3.6-24　舵机控制代码

本课程使用光电传感器模块探测地面轨迹线。一个光电传感器模块上有一字排布的四路光电探测器。遇到黑色轨迹线时，反光不足，指示灯亮，返回低电平；反之，指示灯灭，返回高电平。根据四路光电探测器的返回值，可以判断黑色轨迹线相对于光电传感器模块的位置。光电传感器模块有六根引出线，其中两根为电源，连接单片机的电源即可，另外四根为探测器的输出信号，接入单片机的 IO 口即可。本项目采用单片机管脚 A1~A4 作为光电传感器模块的输入端口。

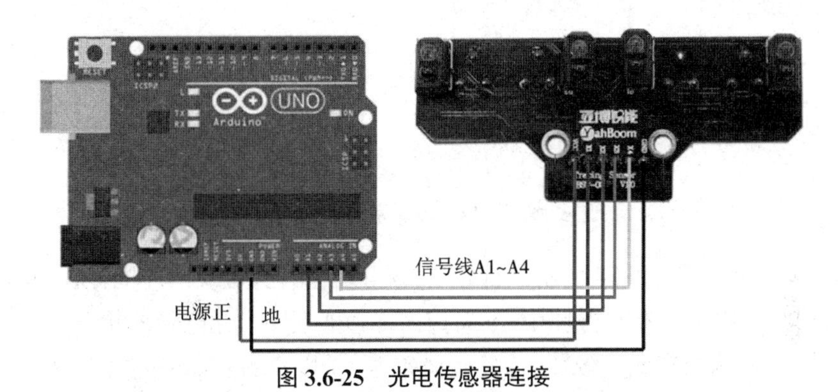

图 3.6-25　光电传感器连接

下面给出采用单片机管脚 A1~A4 采集传感器信息的代码案例。

代码	注释

`const int TrackSensorLeftPin1 =A1;`
`const int TrackSensorLeftPin2 =A2;`
`const int TrackSensorRightPin1 =A3;`
`const int TrackSensorRightPin1 =A3;`
	//将单片机的 A0~A4 管脚定义为传感器停车采集管脚

`pinMode(TrackSensorLeftPin1,INPUT);`
`pinMode(TrackSensorLeftPin2,INPUT);`
`pinMode(TrackSensorRightPin1,INPUT);`
`pinMode(TrackSensorRightPin2,INPUT);`
	//将 A0~A4 管脚的属性设定为输入

`int TrackSensorLeftValue1;`
`int TrackSensorLeftValue2;`
`int TrackSensorRightValue1;`
`int TrackSensorRightValue2;`
	//定义传感器信号存储变量

`TrackSensorLeftValue1=digitalRead(TrackSensorLeftPin1);`
`TrackSensorLeftValue2=digitalRead(TrackSensorLeftPin2);`
`TrackSensorRightValue1=digitalRead(TrackSensorRightPin1);`
`TrackSensorRightValue2=digitalRead(TrackSensorRightPin2);`
	//digitalRead 命令，读取指定管脚的电平值

图 3.6-26　传感器信息采集代码

控制系统的完整接线如图 3.6-27 所示（非唯一接法）。Arduino、驱动板、传感器共地。投放可用直流电动机或舵机驱动。如使用舵机，则通过单片机 9 号管脚控制。直流电动机由 12 V 电源供电，调试时 Arduino 和传感器由电脑通过 USB 供电，实际运行时单片机须另加 5 V 电源。

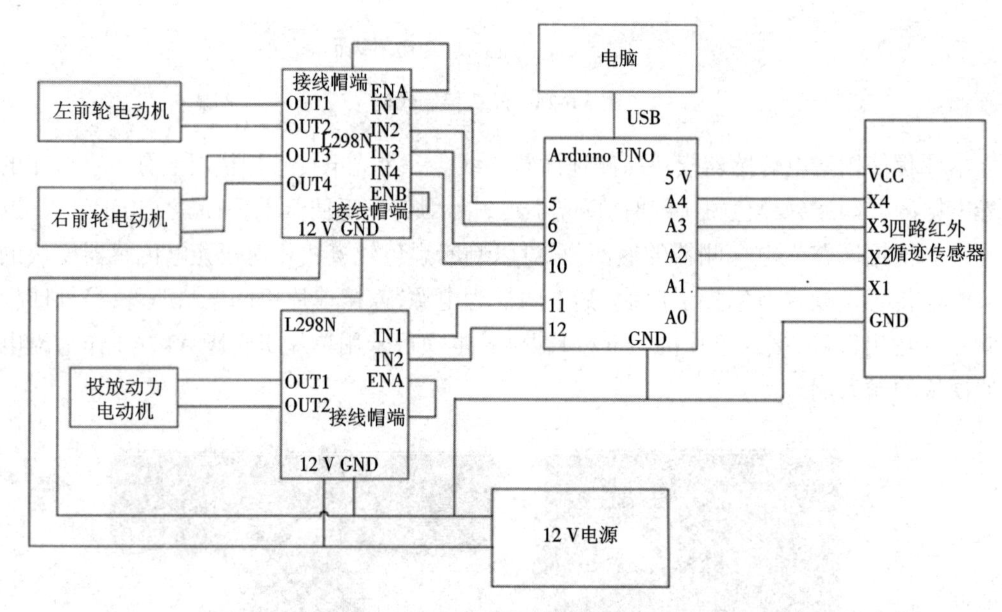

图 3.6-27　控制系统接线图

循迹控制逻辑如图 3.6-28 所示。首先进行程序初始化，定义单片机各管脚的输入、输出属性，然后进入主循环。在主循环中，不断扫描传感器上四个光电管的状态。如果发现车辆轻微左偏或右偏，则向右或左缓转（前轮轻微差速）予以克服。如果发现车辆严重左偏或右偏，则向右或左急转（前轮显著差速）予以克服。如果检测到四个光电管全部处于黑色轨迹线上，判断到达投放标记，触发投放机构并计数一次。计数至第四次，判断到达终点，停车。除上述情况外，车辆保持直行。

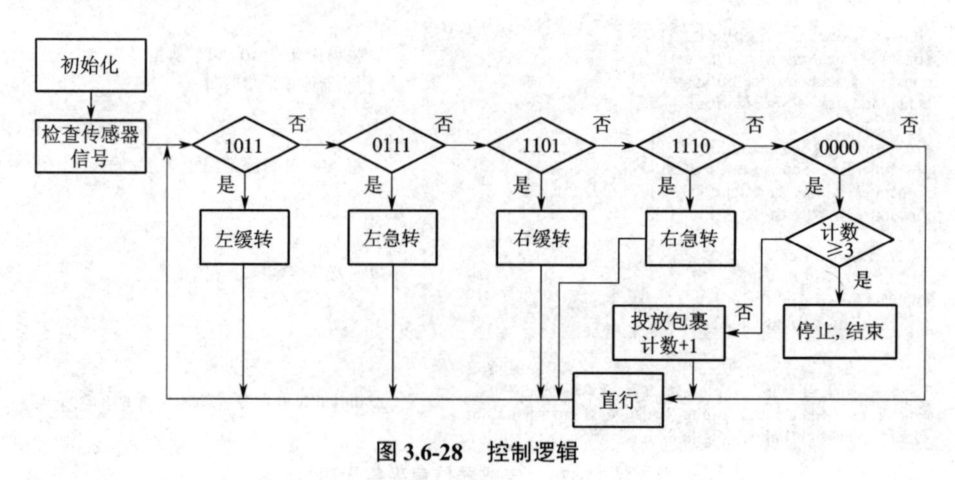

图 3.6-28　控制逻辑

小结

1)机电控制的基本概念:机电系统的组成,开环控制与闭环控制。

2)控制系统组成原理:系统架构,驱动与感知,控制器与控制算法。

3)电路设计与软件编程:基本电子元器件和电路, Arduino 控制编程,控制系统接线图,控制逻辑。

作业

1)派送车详细设计改进。

2)编写课程报告 5,内容包括:控制元器件选用,控制系统接线图;控制策略流程图,控制算法编程与实现;会议记录(项目组每周开会的会议记录)。

3)编写课程报告 5 汇报 PPT。

3.7　产品制作

产品制作时,要先选取制作零件的毛坯材料,零件材料选择不当不仅会引起零件失效,还会过度提高产品的制造成本。

3.7.1　工程材料

1. 工程材料的发展

材料是人类用于制造物品、器件、构件、机器或其他产品的物质。人类生活与生产都离不开材料,它的品种、数量和质量是衡量一个国家现代化程度的重要标志。历史学家把人类社会的发展按使用的材料类型划分为石器时代、青铜时代、铁器时代。早在 4 000 年前,我国就开始使用青铜,例如殷商祭器后母戊大方鼎,其体积庞大,重 875 kg,花纹精巧,造型精美。春秋时期,我国发明了冶铁技术,开始用铸铁做农具,比欧洲早 1 800 多年。明代科学家宋应星所著《天工开物》一书中有冶铁、炼钢、铸钟、锻铁、淬火等各种金属加工方法,它是世界上有关金属加工最早的科学著作之一,充分反映了我国劳动人民在材料和金属加工方面的卓越成就。

如今,材料、能源、信息已成为发展现代化社会生产的三大支柱,而材料又是能源与信息发展的物质基础。材料的发展离不开科学技术的进步,科学技术的继续发展又依赖于工程材料的发展。在人们日常生活用具和现代工程技术的各个领域中,工程材料的重要作用都是很明显的。例如,耐腐蚀、耐高压的材料在石油化工领域中应用;强度高、重量小的材料在交通运输领域中应用;某些高聚物和金属材料在外科移植领域中应用;高温合金和陶瓷在高温装置中应用;半导体材料在通信、计算机、航天和日用电子器件等领域中应用;强度高、重量小、耐高温、抗热振性好的材料在宇宙飞船、人造卫星等宇航领域中应用;在机械制造领域中，从简单的手工工具到复杂的智能机器人，都应用了现代工程材料。在工程技术发展史上，一项创造发明能否推广应用于生产，一个科学理论能否实现技术应用，其材料往往是解决问题的关键。

2. 工程材料的分类与应用

现代材料种类繁多，据粗略统计，目前世界上的材料总和已达 40 余万种，并且每年还以约 5%的速率增加。材料有许多不同的分类方法，机械工程中使用的材料常按化学组成分成金属材料、高分子材料、陶瓷材料、复合材料四大类，如图 3.7-1 所示。常用工程材料细分如图 3.7-2 所示[5]。

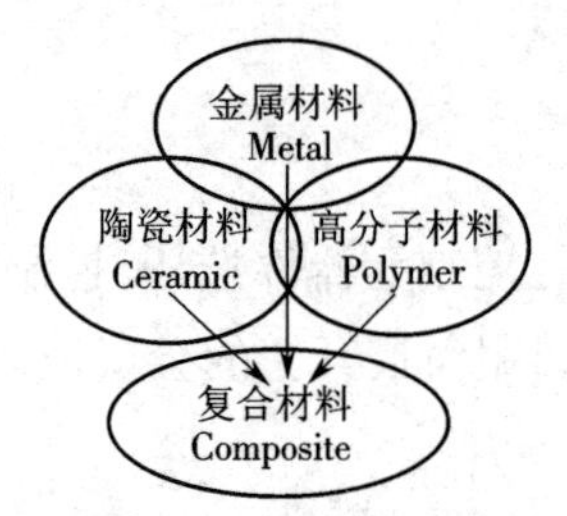

图 3.7-1 工程材料的分类

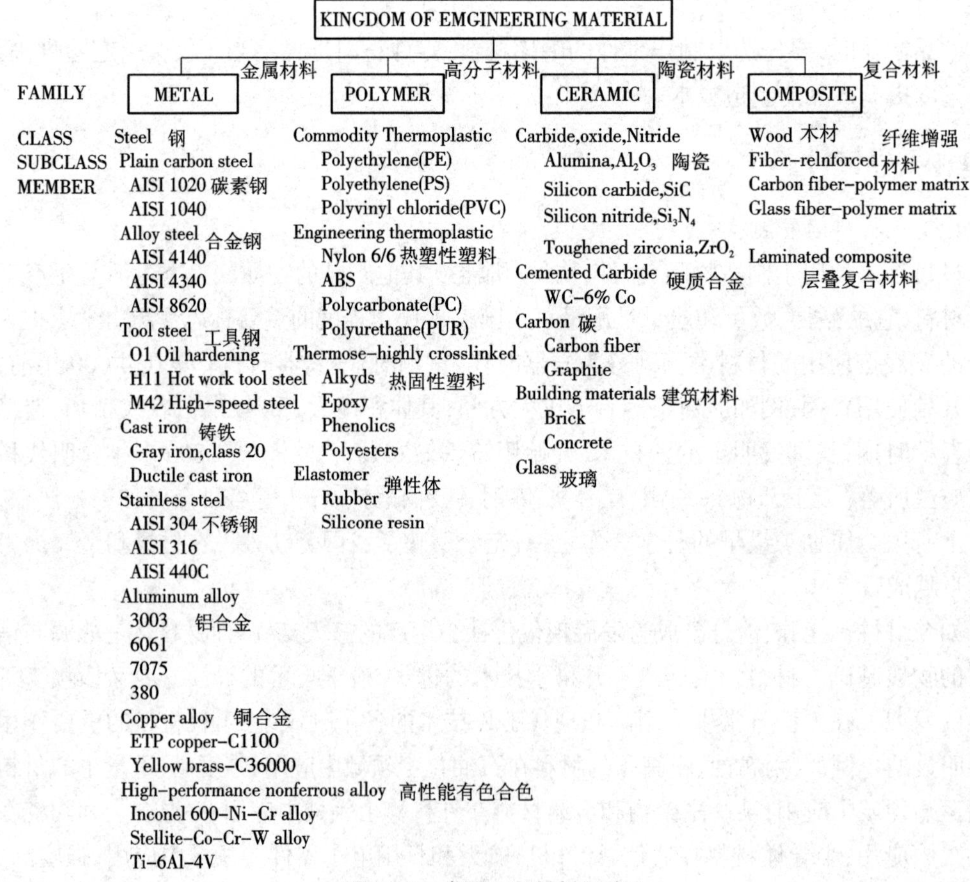

图 3.7-2 常用工程材料细分[5]

金属材料是以金属键结合为主的材料,具有良好的导电性、导热性、延展性和金属光泽,是目前用量最大、应用最广泛的工程材料。金属分为黑色金属和有色金属两类,铁及铁合金称为黑色金属(即钢铁),其在机械产品中的用量占整个用量的 60%以上。黑色金属之外的所有金属及其合金称为有色金属。有色金属的种类很多,根据特性的不同,可分为轻金属、重金属、贵金属、稀有金属等。目前,机械工业生产中广泛运用金属材料的原因是金属材料不仅来源丰富,而且具有优良的使用性能与工艺性能。使用性能包括力学性能和物理、化学性能。优良的使用性能可满足生产和生活上的各种需要。优良的工艺性能则可使金属材料易于采用各种加工方法,制成各种形状、尺寸的零件和工具。金属材料还可通过不同成分配制、不同加工和热处理来改变其组织和性能,从而进一步扩大其使用范围。

陶瓷材料是以共价键和离子键结合为主的材料,其性能特点是熔点高、硬度高、耐腐蚀、脆性大。陶瓷材料分为传统陶瓷、特种陶瓷和金属陶瓷三类。传统陶瓷又称普通陶瓷,是以天然材料(如黏土、石英、长石等)为原料的陶瓷,主要用作建筑材料。特种陶瓷又称精细陶瓷,是以人工合成材料为原料的陶瓷,常用作工程上的耐热、耐蚀、耐磨零件。金属陶瓷是金属与各种化合物粉末的烧结体,主要用作工具、模具。

高分子材料作为结构材料具有塑性、耐蚀性、电绝缘性、减振性好和密度小等特点。工程上使用的高分子材料主要包括塑料、橡胶、合成纤维等。高分子材料在机械、电气、纺织、化学、交通运输、航空航天等工业中被广泛应用。

复合材料是把两种或两种以上不同性质或不同结构的材料以微观或宏观的形式组合在一起而形成的材料,通过组合达到进一步提高材料的性能的目的。复合材料包括金属基复合材料、陶瓷基复合材料和高分子复合材料。如现代航空发动机燃烧室温度最高的材料就是通过粉末冶金法制备的氧化物粒子弥散强化的镍基合金复合材料。很多高级游艇、赛艇和体育器械都是由碳纤维复合材料制成的,它们具有重量小、弹性好、强度高等优点。

3. 金属材料

机械零件常用的金属材料有碳钢、合金钢、铸铁、铝合金。

(1)碳钢

碳钢是碳的质量分数小于 2.11%的铁碳合金。实际生产中使用的碳钢含有少量的锰、硅、硫、磷等元素,这些元素是通过矿石、燃料和冶炼等渠道进入钢中的。杂质会对钢的力学性能产生重要的影响。

碳素结构钢主要用于一般结构件和不重要的机器零件。Q235 表示钢材的屈服强度为 235 MPa。

优质碳素结构钢主要用来制造重要的机器零件,大多数要经过热处理。其牌号用两位数字表示钢材平均含碳量的万分之几,例如 20 表示 20 钢,平均含碳量为 0.20%。

碳素工具钢的牌号以“T”开头,后面的数字为含碳量的千分之几。如 T8A 表示平均含碳量为 0.8%的高级优质碳素工具钢。淬火后碳素工具钢的强度、硬度较高。T8 钢常用于制造韧性要求较高、硬度中等的零件,如冲头、錾子等;T9、T10、T11 钢用于制造韧性中等、硬度较高的零件,如钻头、丝锥等;T12、T13 钢用于制造硬度高、耐磨性好、韧性较差的零件,如量具、锉刀等。

(2)合金钢

合金结构钢包括普通低合金钢、渗碳钢、调质钢、弹簧钢等。合金结构钢的牌号以含碳量的万分数加上元素符号(或汉字)和数字(合金元素平均含量的百分数,当平均含量小于1.5%时不列出)表示。如09Mn2V表示平均含碳量为0.09%、平均含锰量为2%、平均含钒量小于1.5%的合金结构钢。普通低合金钢常用的钢号有16Mn、16MnCu、15MnTi、Q345C等。渗碳钢常用的钢号有20CrMnTi等。调质钢常用的钢号有40Cr、40CrMnSi、40MnVB等。弹簧钢常用的钢号有60Mn、60SiMn2等。

合金工具钢常用于制造刃具、量具和模具。其牌号的表达方式与合金结构钢相似,常用的钢号有制造刀具、刃具的9CrSi、CrWMn等,制造模具的Cr12、5CrNiMo、3Cr2W8等。

特殊性能钢具有耐蚀、耐热、耐磨、抗磁、导磁等特殊性能,其牌号的表达方式与合金工具钢相同。常用的钢号有不锈钢1Cr13、1Cr18Ni9,耐热钢15CrMo、4Cr9Si2,耐磨钢Mn13,导磁钢D3200等。

(3)铸铁

铸铁可分为一般工程应用铸铁和特殊性能铸铁。对一般工程应用铸铁,碳主要以石墨的形态存在。按照石墨的形貌,铸铁可分为灰铸铁(片状石墨)、可锻铸铁(团絮状石墨)、球墨铸铁(球状石墨)和蠕墨铸铁(蠕虫状石墨)四种。

(4)铝合金

防锈铝的抗拉强度比纯铝稍高,塑性和焊接性好,不能通过热处理强化,只能通过冷加工硬化强化,代号用“铝防”的汉语拼音字首“LF”表示,后面的数字只是一个顺序号,如LF5、LF11、LF21等。它主要用于制造耐蚀性要求高的容器、蒙皮和受力不大的结构件,如油箱、导管和生活器皿等。

硬铝主要是铝、铜、镁系合金,其代号用“LY”和顺序号表示,如LY11、LY1等。硬铝在仪器、仪表和飞机制造中广泛应用。

铸造铝合金的代号用“ZL”和三位数字表示,其中第一位数字表示合金类别(1为铝硅系、2为铝铜系、3为铝镁系、4为铝锌系),后两位数字为顺序号,顺序号不同,成分便不同,如ZL102表示2号铸造铝硅合金。铸造铝合金一般用于质轻、耐蚀、形状复杂、有一定力学性能要求的构件,如铝合金活塞、仪表外壳等。

4. 陶瓷材料

先进陶瓷按特性和用途可分为两大类:结构陶瓷和功能陶瓷。

结构陶瓷是能作为工程结构材料使用的陶瓷。它具有强度高、硬度高、弹性模量高、耐高温、耐磨损、耐腐蚀、抗氧化、抗热震等特性。结构陶瓷大致分为氧化物系、非氧化和结构用的陶瓷基复合材料。

功能陶瓷是具有电、磁、光、声、超导、化学、生物等特性,且具有相互转化功能的类陶瓷。功能陶瓷大致上可分为电子陶瓷(包括电绝缘、电介质、铁电、压电、热释电、敏感电、超导、磁性等陶瓷)、透明陶瓷、生物与抗菌陶瓷、发光与红外辐射陶瓷、多孔陶瓷。

5. 工程塑料

工程塑料属于高分子材料，一般指能在较高温度下和较长使用时间内保持优良的综合力学性能，并能承受机械力，可作为结构材料使用的一类塑料。其主要成分为树脂，还含有填料、增塑剂、固化剂、润滑剂、稳定剂、着色剂、阻燃剂等。

工程塑料常见的品种有聚甲醛、聚酰胺、聚碳酸酯、聚苯醚、ABS、聚砜、聚四氟乙烯、有机玻璃、环氧树脂等。和通用塑料相比，它们产量较小，价格较高，但具有优异的力学性能、电性能、化学性能、热性、耐磨性和尺寸稳定性等，故在汽车、机械、化工等领域用来制造机械零件和工程结构。

6. 复合材料

复合材料按照基体大致分为如下几类。金属基复合材料（metal matrix composite）：由各种纤维、颗粒作为增强材料，以金属为基体复合而成，重量小，强度高，导热、导电性好，高温性能好。陶瓷基复合材料（ceramic matrix composite）：由各种纤维、颗粒作为增强材料，以陶瓷为基体复合而成，硬度高，强度高，耐高温（2 000 ℃），耐腐蚀。树脂基复合材料（resin matrix composite）：由各种纤维、颗粒作为增强材料，以高分子树脂为基体复合而成，疲劳强度高，耐腐蚀性高，减震性好，但不耐高温。

复合材料按材料的用途可分为结构复合材料和功能复合材料两大类。结构复合材料是利用其力学性能（如强度、硬度、韧性等），用以制作各种结构和零件。功能复合材料是利用其物理性能（如光、电、声、热、磁等），如雷达用玻璃钢天线罩就是具有良好的透过电磁波性能的磁性复合材料。

7. 材料的选择

选择材料时一般要考虑：①满足零件的功能要求和性能要求；②满足制造加工要求；③满足控制成本要求；④满足环保要求。零件材料的选择如表 3.7-1 所示[23]。

表 3.7-1　零件材料的选择[23]

对材料的要求	对材料性能的要求
该材料在重量、熔点、导电性能等方面是否满足要求	对材料的物理性能（密度、熔点、导电性、导热性、热膨胀等）的要求
材料能否承受施加的各种力	对材料的机械性能（弹性模量、弹性变形、塑性变形、韧性、硬度、抗拉强度、屈服强度、延伸率等）的要求
材料在滑动面上是否耐磨	对材料的机械性能（耐磨性）的要求
采用哪些加工方法可以实现零件加工成本最优化	对材料的加工工艺性能（可加工性）的要求
材料是否会受到周边材料或高温的侵蚀	对材料的化学性能（抗腐蚀性、抗氧化性等）的要求

3.7.2　零件制造方法

制造技术是为使原材料成为人们所需的产品而使用的一系列技术和装备的总称，是涵盖整个生产制造过程的各种技术的集成。从广义上来讲，它包括设计技术、加工制造技术、管理技术等大类。其中，设计技术指开发、设计产品的方法。加工制造技术指将原材料加工成所设计的产品而采用的生产设备和方法。管理技术指将产品生产制造所需的物料、设备、人力资金、能源信息等资源有效地组织起来，达到生产目的的方法。从社会发展的角度来看，人类社会已经经历了农业经济时代和工业经济时代，正在进入信息经济时代（也称后工业经济时代或工业信息化时代）。在农业经济时代，产品的制造主要采用家庭作坊式的手工技艺，是依靠人类本身的器官和力气来完成的。蒸汽机的出现和应用使人类社会进入了工业经济时代，机器开始代替人做各种工作，把人类从繁重的重复性劳动中解放出来，而且机械化和自动化技术使社会生产力得到了迅速发展，现代化大工业也迅速成长起来，实现了产品的专业化和大批量生产。随着人类社会进入信息经济时代，信息日益成为最重要的战略资源和决定生产力、竞争力、经济增长的关键因素，产品的价值主要来源于产品中科学技术知识的信息含量，以计算机和信息技术为基础的现代先进制造技术逐步发展起来。

1. 先进制造技术

先进制造技术是集机械工程技术、电子技术、自动化技术、信息技术等多种技术于一体的用于制造产品的技术、设备和系统的总称。从广义上来说，先进制造技术包括以下几点：

1）计算机辅助产品开发与设计，如计算机辅助设计（CAD）、计算机辅助工程（CAE）、计算机辅助工艺设计（CAPP）、并行工程（CE）等。

2）计算机辅助制造与各种计算机集成制造系统，如计算机辅助制造（CAM）、计算机辅助检测（CAI）、计算机集成制造系统（CIMS）、数控技术（NC/CNC）、直接数控技术（DNC）、柔性制造系统（FMS）、成组技术（GT）、准时化生产（JIT）、精益生产（LP）、敏捷制造（AM）、虚拟制造（VM）、绿色制造（GM）等。

3）利用计算机进行生产任务和各种制造资源的合理组织与调配的各种管理技术，如管理信息系统（MIS）、物料需求计划（MRP）、制造资源计划（MRPII）、企业资源计划（ERP）、办公自动化（OA）、条形码技术（BCT）、产品数据管理（PDM）、产品全生命周期管理（PLM）、全面质量管理（TQM）、电子商务（EC）、客户关系管理（CRM）、供应链管理（SCM）等。如果说机械化和自动化技术代替了人的四肢和体力的话，那么以计算机辅助制造技术和信息技术为中心的先进技术则在某种程度上和某些部分代替了人的大脑而进行有效的思维与判断，它对传统制造业引起的是一场新的技术变革。先进制造技术所包含的各种技术在我国机械制造业中已经或正在实施应用，预计在不久的将来，我国将广泛采用先进制造技术来改造和提升传统的机械制造业。

杨叔子院士用五个字概括了先进制造技术的未来：微、众、网、智、绿。其解释如下。

微：涉及精密加工、芯片制造、纳米科技、微电动机系统等；

众：涉及机电信息一体化技术、自动化技术、特种加工技术，体现学科交叉；

网：全球一体化，资源优化，网络制造；

智：智能化；

绿：绿色环保制造，与自然和谐，产品具有文化内涵。

2. 产品制造过程

产品制造过程包括：

1)进行市场调研，根据市场需求研究、规划产品类型，形成产品概念。

2)进行产品概念设计、功能设计、零部件设计和其他必要的设计，形成完整的设计文件(图纸、计算书、说明书等)。

3)制定产品制造的工艺文件，按照设计图纸和工艺文件进行产品生产。

4)将产品推向市场，开展产品营销活动。

5)售后服务。

3. 零件和毛坯

机械制造离不开零件和毛坯，其中零件是机器、仪表和各种设备的基本组成单元，不同类型的零件具有不同的形状和功能。

(1)零件

根据零件的结构，通常将形形色色的机械零件分为箱体类、送轮类、轴类、盘套类、支架类和其他类。不同类型的零件都是由各种表面组成的，有外圆柱面、内圆柱面、锥面、螺纹面、成型面、沟槽，还有平面、斜面等。在生产中常常采用铸造、锻造、切削等加工方法来获得这些表面。

(2)毛坯

毛坯是将工业产品或其零件、部件所要求的工艺尺寸、形状等略为放大制成的坯型。常用的毛坯包括以下几种。

1)型材类。型材类是矿石经熔化、冶炼和浇注而制成铸锭或扁坯。铸锭和扁坯(统称原材料)通常不能直接用来加工零件，冶金厂用热轧制方法制成钢铸锭，用来加工零件的型材(即毛坯)。型材分为带材、板材、棒材、线材、管材等，可按规格型号和材料种类直接购买。

2)铸件类。铸件类是把冶炼好的液态金属用浇注方法注入铸型中，冷却成型。它分为铸铁件、有色金属铸件和铸钢件，其中铸铁件应用最广泛。

3)锻件类。锻件类是金属在固态下受力而塑性成型的毛坯。用于制造锻件的材料必须具有良好的塑性。中低碳钢和部分铝合金、铜合金具有较好的塑性，均可用于制作锻件；铸铁因塑性极差而不能锻造。

4)焊件类。焊件类是借助于高温下金属原子间的扩散和结合作用将两个构件连接成一个整体。焊件一般采用低碳钢和低合金钢材料，采用焊接方法将锻件、铸件、型材或机械加工的半成品组合成毛坯组合件。这类组合件适用于制作大型零件的毛坯，如大型柴油机的缸体、重型机床的床身等。

4. 零件制造方法

零件制造方法主要有以下三种[1]。

材料成型法(等材制造)：进入工艺过程的物料的初始重量近似等于加工后的最终重量。如铸造、压力加工、粉末冶金、注塑成型等，这些方法多用于毛坯制造，也可直接成型零件。

材料去除法(减材制造)：零件的最终几何形状局限在毛坯的初始几何形状的范围内，

零件形状的改变通过去除一部分材料,减小一部分重量来实现。如切削与磨削、电火花加工、电解加工等特种加工。

材料累加法(增材制造):传统的材料累加方法有焊接、粘接、铆接等;通过不可拆卸连接使物料结合成一个整体,形成零件,如增材制造技术,是材料累加法的新发展。

制造方法分类如表 3.7-2,图 3.7-3 所示。

表 3.7-2 制造方法分类

制造工艺	分类	制造方法举例
加工工艺	零件成型(材料成型)	铸造、锻压、滚压、挤压、拉拔、钣金加工、粉末冶金
	切削加工(材料去除)	车削、铣削、镗削、钻削、刨削、拉削、磨削、超声加工、化学加工、电化学加工、电加工、电解加工、高能束加工
	增材制造(材料累加)	3D 打印、电镀、涂装
	材料改性	热处理
装配工艺	固定连接	焊接、粘接
	机械连接	螺纹连接、铆接

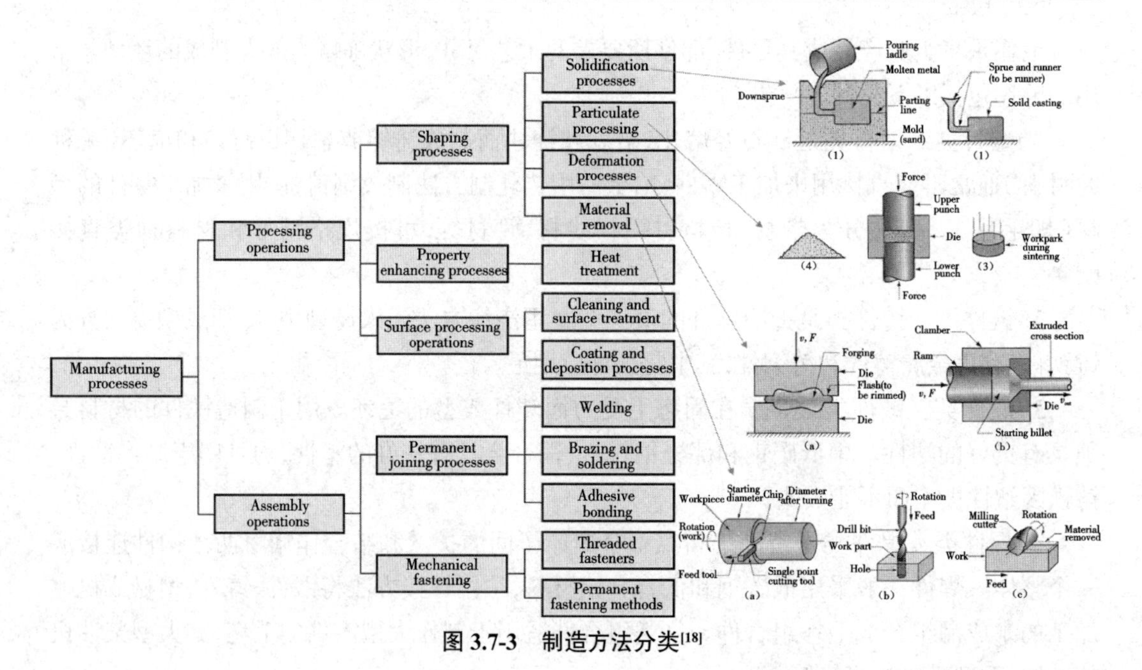

图 3.7-3 制造方法分类[18]

3.7.3 3D 打印

1. 3D 打印技术简介

3D 打印技术起源于 19 世纪末的美国, 20 世纪 80 年代主要在模具加工行业得以发展和推广,在我国叫作快速成型(rapid proto-typing, RP)技术。随着信息和材料技术的进步,快速成型设备已能做到小型化,供大家放在办公桌面上使用。其操作并不比传统的纸张激光打印机复杂,所以为了向普通民众推广此产品,小型化的快速成型设备被称为 3D 打印机。虽然 3D 打印机目前很时髦,但此项技术实际上是“19 世纪的思想, 20 世纪的技术, 21 世纪的市场”。欧美国家正在重整制造业,这个时候老的传统制造方式已没有优势可言,正好 3D 打印技术相较于传统制造技术具有革命性变化,因此 3D 打印技术成为欧美国家振兴制造业的新手段。

企业和研究机构普遍喜欢用 additive manufacture(AM)来表示 3D 打印技术,即增材制造。2009 年美国材料实验协会(American Society of Testing Material, ASTM)将 AM 定义为“process of joining materials to make objects from 3D model data, usually layer upon layer, as opposed to subtractive manufacturing methodologies”,即与传统的去除材料加工方法完全相反,通过三维模型数据实现增材成型,通常用逐层添加材料的方式直接制造产品。

3D 打印技术是增材制造技术的主要实现形式。增材制造的理念区别于传统的减材制造。传统机械制造是在原材料的基础上,借助工装模具用切削、磨削、腐蚀、熔融等方法去除多余的部分得到最终零件,然后用装配、拼装、焊接等方法组成最终产品。而增材制造与之不同,不需要毛坯和工装模具,就能直接根据计算机建模数据对材料进行层层叠加生成任何形状的物体。

2. 3D 打印技术原理

3D 打印技术是采用软件离散、材料堆积的原理来实现零件成型的。3D 打印技术的具体工艺过程是:首先对零件的 CAD 数据进行分层处理, 得到零件的二维截面数据, 然后根据每一层的截面数据, 以特定的成型工艺(挤压堆积成型材料、固化光敏树脂或烧结粉末等)制作出与该层截面形状一致的薄片,这样不断重复操作,逐层累加,直至“生长”出整个实体模型。

由 CAD 造型系统输出的 STL 模型或 CAD 模型, 经数据准备处理生成用于成型的加工文件,再由 3D 成型设备将模型转化为物理实体。在数据准备处理过程中,通过对模型文件进行制作定向、分层处理、加支撑和输出加工文件等操作,可以将一个复杂的三维实体转化为一组叠加的二维层片。成型制作与零件的复杂程度无关,使得整个生产过程数字化,零件所见即所得,模型文件可随时修改、随时制造,是真正意义上的自由制造。

3. 常用 3D 打印技术

下面介绍光固化成型、薄材叠层制作、选择性激光烧结、熔融沉积成型这四种常用的 3D 打印技术。

(1)光固化成型(SLA)

光固化成型(stereo lithography appearance, SLA)是利用紫外光或激光照射液态光敏树脂发生聚合反应来逐层固化并生成三维实体的成型方式。SLA 制造的工件精度高,表面粗糙度高,也是商业化最早的 3D 打印技术。其工艺原理如图 3.7-4 所示。

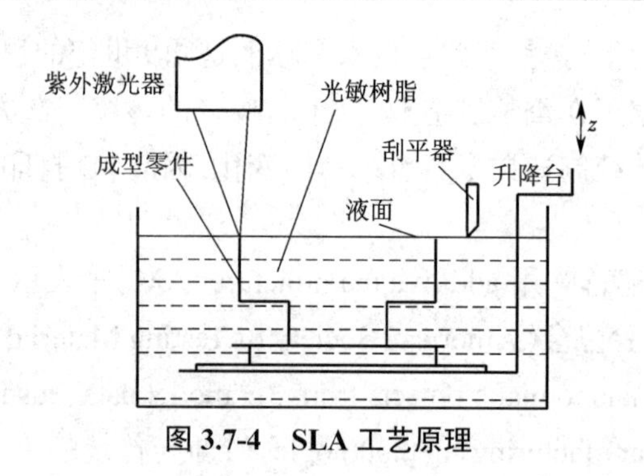

图 3.7-4　SLA 工艺原理

（2）薄材叠层制作（LOM）

薄材叠层制作（laminated object manufacturing，LOM）是一种薄片材料叠加工艺。薄材叠层制作根据三维模型每个截面的轮廓线，由计算机发出控制激光切割系统的指令，使切割头沿 X 和 Y 方向移动。供料机构将地面涂有热溶胶的箔材（如涂覆纸、涂覆陶瓷箔、金属箔、塑料箔材）一段段地送至工作区，激光切割系统按照计算机提取的横截面轮廓，用 CO_2 激光束对箔材选择性地沿轮廓线切片，并将纸的无轮廓区切割成小碎片；然后由热压机构将一层层纸压紧黏合在一起，可升降工作台支撑正在成型的工件，并在每层成型之后下降，以便于送进、黏合和切割新纸；最后形成由许多小废料块包围的三维原型零件，将多余的小废料块剔除，即获得三维产品。其工艺原理如图 3.7-5 所示。

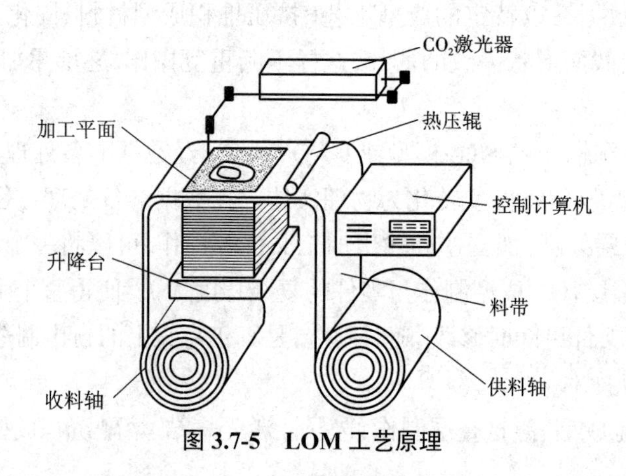

图 3.7-5　LOM 工艺原理

（3）选择性激光烧结（SLS）

选择性激光烧结（selective laser sintering，SLS）主要利用粉末材料在激光照射下高温烧结的基本原理，通过计算机控制光源定位装置实现精确定位，依据分层的截面信息对粉末进行扫描，使制作截面实心部分的粉末烧结在一起，然后逐层烧结堆积成型。其工艺原理如图 3.7-6 所示。

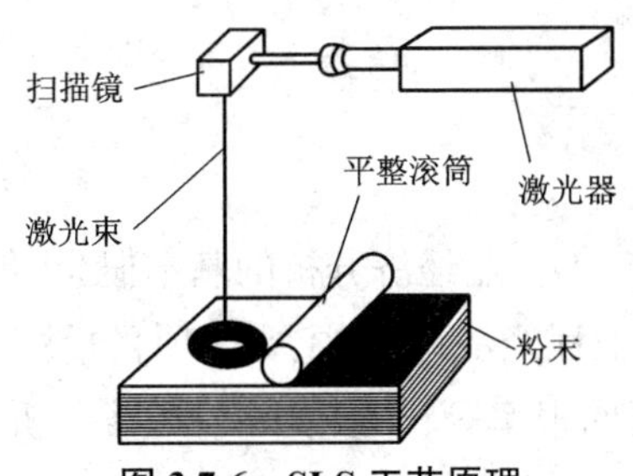

图 3.7-6　SLS 工艺原理

(4)熔融沉积成型(FDM)

熔融沉积成型(Fused Deposition Modeling, FDM)是利用加热头将热熔性材料(ABS 树脂、尼龙、蜡等)加热到临界状态呈现半流体性质,在计算机控制下,沿 CAD 确定的二维几何信息运动轨迹,喷头将处于半流动状态的材料挤压出来,凝固形成轮廓形状的薄层。当一层完毕后,通过垂直升降系统降下新形成层,进行固化。这样层层堆积黏结,自下而上形成一个零件的三维实体。其工艺原理如图 3.7-7 所示。

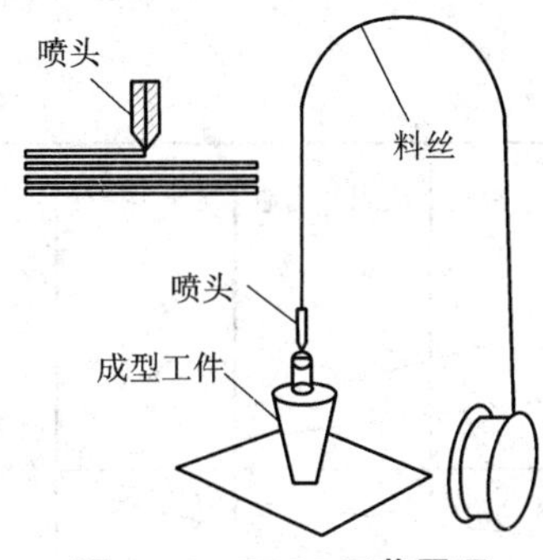

图 3.7-7　FDM 工艺原理

小结

1)工程材料:工程材料的分类(金属材料、陶瓷材料、高分子材料、复合材料)。

2)零件制造方法:零件成型机理(材料成型法、材料去除法、材料累加法)。

3)3D 打印:3D 打印技术原理,常用 3D 打印技术。

作业

1)派送车零件制作。

2)编写课程报告 6,内容包括:零件毛坯材料和规格,列出表单;关键零件制作过程;项目产品装配;每位成员任务完成情况小结(个人贡献);会议记录。

3)编写课程报告 6 汇报 PPT。

3.8 经济分析

本节主要介绍三部分内容:①企业经济分析的基本概念,包括企业、财务、报表、成本、工程经济等;②资金时间价值与工程经济评价,主要是项目投资决策的一些概念和计算,如本金、利息、现金流、折现率、投资回报率等;③研发项目经济分析,包括研发项目管理的基本知识、项目经济分析模型和敏感度分析。

3.8.1 企业经济分析的基本概念

1. 企业财务的基本概念

(1)企业的基本概念

在经济学上企业是基本经济单位,体现资源输入、产品和服务输出,可当作黑箱处理,重点研究产出的方向性和效率(投入产出比)。将企业黑箱打开,研究产品实现过程(产供销)和资源配置方法的就是管理学,管理职能就是对资源进行计划、组织、领导、控制、配置。企业的基本概念如图 3.8-1 所示。

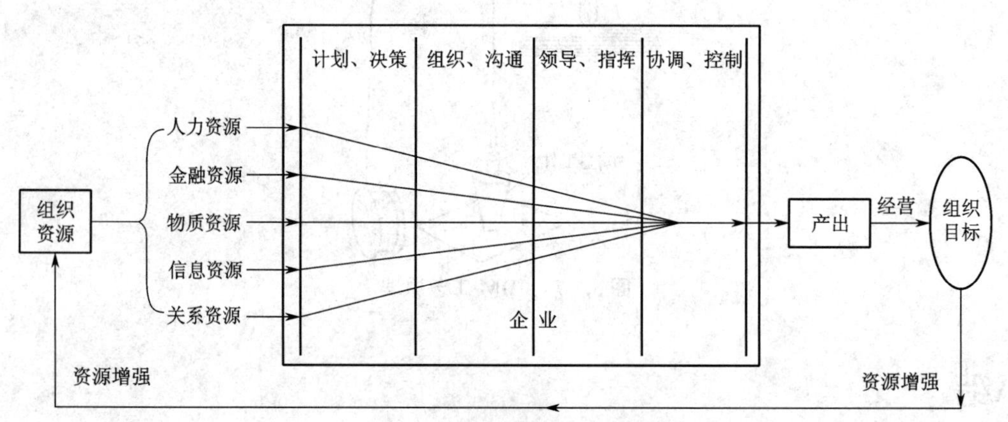

图 3.8-1 企业的基本概念示意

在宏观经济学上一般把企业看成一个黑箱,也就是不管企业内部是怎么管理和运作的,单纯地把企业看成一个资源的投入和产出系统。投入资源这一部分,传统企业主要是人力资源、金融资源和物质资源这三块,现代经济学和管理学扩展了信息资源、关系资源等其他资源。产出部分主要就是有形产品加无形服务。在经济学上对企业黑箱主要讨论两个大问题:一是考虑产出的好和坏;二是考察企业的产出效率,用产出除以投入,称为生产率。

管理学就是把企业黑箱打开,看里边是怎么实现资源的各种配置,然后高效产出的。制造业特别是机电企业,其产出主要是产品,它的基本活动就是围绕产品的三大块:供应或者采购、生产、销售。把原材料买进来,然后进行加工和组装,形成产成品,通过销售渠道卖给客户并提供服务。管理学一般通过四大职能,也就是计划、组织、领导、控制来进行资源的有效配置,使它高效地形成产出,这是企业管理的基本原理。

(2)企业财务活动

企业财务活动包括筹资活动、投资活动、经营活动、利润分配。企业建立资金来自股东投资,用于经营活动,包括产供销和其他支持活动;当经营活动资金不足时,需要进行筹资,包括银行借款、贷款,发行股票、债券等;当经营活动资金过剩时,可进行投资活动,包括放贷、风投、购买股票等;年终企业核算,收入减去成本费用,得到的利润需要进行分配,如滚动再生产、股东分红、投入研发等。

(3)企业的财务报表

企业的财务报表最主要的有三张,分别为资产负债表、利润表和现金流量表。资产负债表表示的是某一时刻企业有多少东西属于股东,其中企业拥有所有权的是资产,企业在使用,但是所有权不是企业的是负债。利润表也叫损益表,主要反映一段时间内企业的动态收入支出变化,总收入减去总成本费用和税得到的是利润。现金流量表主要反映企业的支付能力,依据现金流入减去现金流出等于现金持有量的原则编制。现金流量表是企业财务决策的重要依据,很多企业破产都是因为扩张时资金链断裂,无法及时支付债务。

(4)成本

成本指用货币表示的、为实现某一既定目标必须付出或已经付出的代价。固定成本指在一定生产规模限度内不随产品产量增减而变化的费用,如固定资产折旧、修理费、管理人员工资和福利费、办公费、差旅费等。变动成本指随产品产量增减而变化的费用,如直接材料费、动力费等。沉没成本指在制定决策前已发生的费用或成本,这些费用或成本与决策方案无关,如旧设备的购置费用。

(5)成本的分类

生产成本主要跟采购和生产两大环节有关系,发生在采购部和生产部。销售部门主要承担的是销售费用。采购、生产、销售是企业创造价值的最主要的三大环节,是企业价值链的主要组成部分。还有一些支撑价值链活动的部,比如人力资源部、财务部、质量部等,它们产生的费用大部分可以归结到管理费用里,如人力资源部工资、研发费用、技改费用等。跟资金、金融有关系的费用归入财务费用。

(6)利润

利润是一定时期内全部生产经营活动的净成果,分为税前利润和税后利润。税前利润是销售收入和成本费用相抵后的余额。税后利润(净利润)为税前利润减去企业所得税。

税后利润=销售收入-成本费用-销售税金及附加-企业所得税

毛利润一般等于销售收入减去生产成本和增值税,税前利润等于利润总额减去利息费用。

(7)税金

税金是国家依据法律对有纳税义务的单位和个人征收的财政资金,常见的有以下几种。

增值税:增值额 × 增值税率,增值额=销项税额-进项税额,税率为13%、9%、6%、0%。

消费税:在增值税的基础上,为调节产品结构,引导消费方向,选择少数消费品征收的流转税。

城市维护建设税（城建税）：用于城市公用事业和公共设施的维护建设。

城市维护建设税=（纳税人缴纳的增值税、消费税）× 适用税率（7%、5%、1%）

教育费附加：（纳税人缴纳的增值税、消费税）× 附加率（3%）

所得税：分为企业所得税和个人所得税，企业所得税率一般为 25%。

2016 年我国全面实施“营改增”，将大部分营业税改为增值税，仅不动产、无形资产、劳务交易使用营业税，其他商品、生活服务、高技术服务、交通、金融等均使用增值税。2018 年增值税率降低 1%。2019 年，全部行业实施增值税，并降低税率。目前增值税率分为 0%（出口、跨境服务）、6%（主要是金融、生活、现代服务业、无形资产）、10%（后降为 10%、9%，主要是农产品、图书、电子出版物、能源、交通、建筑、电信、邮政、销售或租赁不动产）、13%（销售、租赁货物）、17%（后降为 16%、13%，制造业）几档。

2. 成本的构成

（1）生产成本的构成

直接材料费是用于加工和装配的原料输入，其中原材料是用来加工零件的，辅料也是工艺必需的，但用量少、价值低或不易计量，比如染料或油漆、胶、焊丝等。外购件是相对于自制零件而言的。外协件就是外部协作件，比如汽车大概有 2 万多个零部件，其中 90%以上都是采购的，汽车厂外包给供应商制造，即外购件。如果零部件由汽车厂出图纸和原材料，供应商加工完再卖给汽车厂，就是外部协作件，这家供应商就是外协厂，也叫 OEM 厂。

直接人工费，直接人工指的是生产一线的个人，一般采用计件工资、薪时工资等方式，在生产中经常核算工时，就是为了合理支配工人的工资。工资一般与岗位有关，津贴是对岗位额外付出的一种补偿，比如职务津贴、高温津贴、夜班津贴等，工资和津贴一般都是相对稳定的，补贴和福利费则因企业、年度不同有较大的差异。比如某员工最近出差较多，可能给予出差补助或交通补贴，过一段时间可能就取消了。

燃料动力费与上述两类费用构成物质、人力、能源的三种输入。现在也有一种生产成本分类将燃料动力费归入直接材料费，即将能源视为物质的一种。

制造费用属于间接费用，与产品产量没有直接关系，又属于生产环节，需要折算进生产成本。比如车间主任的工资，不管产品产量是多少，企业都要给他开那么多钱；此外，如车间的厂房折旧、设备折旧都属于制造费用。间接材料费用是在企业生产过程中耗用的，但又不能直接归入某一特定产品的材料的费用，如机器的润滑油、修理备件等。间接人工指在企业生产中不直接参与产品生产的那些人工成本，如修理工人工资、管理人员工资等。折旧费指固定资产在使用中由于损耗而转移到成本费用中的那部分价值。低值易耗品指不作为固定资产核算的各种劳动消耗品，如改锥等一般工具、看板等管理用具、劳动保护用品等。此外还有设备用水电费与生产相关的差旅费、运输费、办公费、设计制图费等。

（2）期间费用的构成

管理费用主要有四块：①管理人员工资、福利、补贴和相关办公费、差旅费；②研发费用、技术改造费用、技术转让费，这一块随着我国对创新的要求越来越高而逐渐增加；③厂区内除生产、销售之外的固定资产的折旧费和摊销费用，摊销费用主要包括专利权、商标权、著作权等无形资产和开办费等需逐年摊销的各项费用;④土地税、车船使用税、印花税、房产税。

财务费用主要也有四块:①财务人员工资、福利、补贴和相关办公费、差旅费;②贷款等的利息支出;③与对外交易有关的汇兑损益;④各种金融手续费、筹资费用。

销售费用有五大块:①销售人员工资、福利、补贴和相关办公费、差旅费;②运输费;③广告费;④售后维修费用;⑤渠道机构开支。以 2019 年海尔智家为例,销售费用为 333.68 亿元,营收为 2 007.6 亿元,占比为 16.6%。

(3)成本核算方法

品种法,适合大批大量、单步骤生产的企业,如发电、采掘等企业。

分批法,适合单件、小批生产的企业和按照客户订单组织生产的企业,也称订单法。

分步法,适合大批大量、多步骤、多阶段生产的企业,在管理上要求按照生产阶段、步骤、车间计算成本,如冶金、纺织、造纸企业和其他一些大批大量流水生产的企业。

分类法,适合产品品种、规格繁多,可以按照一定的标准进行分类的企业,如服装厂、电子厂。

3. 工程经济

工程经济是综合运用工程学和经济学的相关理论知识,对各类工程项目进行财务数据提炼、方案设计并进行科学评价、决策的一门应用性学科。

工程项目经济分析按项目过程基本包括在立项时要进行投资分析和评价,在项目计划阶段要做概算和预算,通常概算在初期做,粗略一些,一般留 30%~40%的修改余地,预算是在对项目进度、内容把握比较好以后做的,调整余地较小。在项目执行阶段,主要进行成本控制,项目管理有一个质量-工期-资源的三角形,比如缩短工期可以通过增加人、工具等资源投入来实现,但成本会上升。在项目收尾阶段,就是成本核算了。

在成本曲线(图 3.8-2)中,越靠前决定性越大,费用越少,越靠后,要去改的话,成本就会很高,有研究讲一个阶段是十倍递增的。

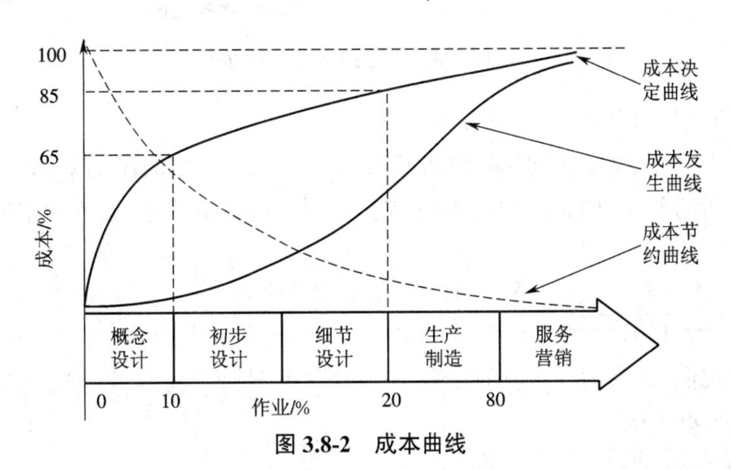

图 3.8-2　成本曲线

3.8.2 资金的时间价值与工程经济评价指标

1. 资金的时间价值

货币增值有两类基本方法:存款-利息、投资-利润。货币贬值主要与经济通胀有关。

利息是占用资金所付出的代价或放弃使用资金所得到的补偿。

利息=目前应付(应收)总金额-原来借(贷)款金额

利率是一个计息期中单位资金所产生的利息。

利率-单位时间内的利息/本金

计算利息的方法有单利计息法和复利计息法。

2. 工程经济评价指标

工程经济评价指标有时间性指标、价值性指标、效率性指标,如图 3.8-3 所示。其中比较常用的有净现值、投资回收期、内部收益率。

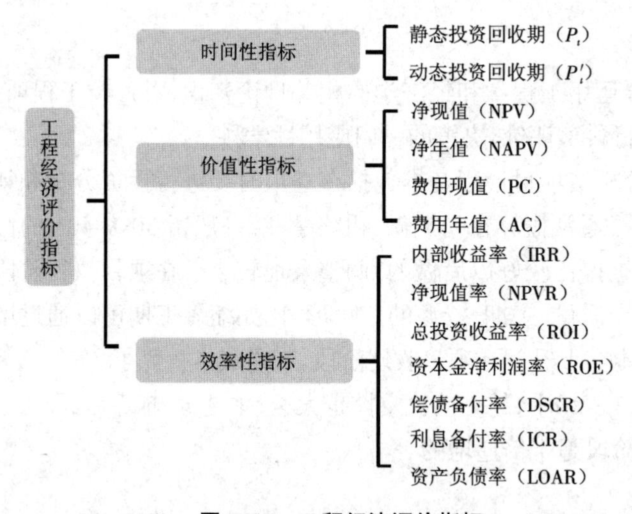

图 3.8-3 工程经济评价指标

(1)净现值评估项目

净现值评估项目是给定折现率,预估或画出项目的现金流量图,计算未来现金流入与现金流出现值之间的差额,如果净现值为正,表明投资项目的报酬率大于预定的折现率,符合立项要求。

$$V_{\text{net}}=\sum_{k=0}^{n}\frac{I_k}{(1+i)^k}-\sum_{k=0}^{n}\frac{O_k}{(1+i)^k} \tag{3.8-1}$$

式中:V_{net} 为净现值;n 为投资涉及的年限;I_k 为第 k 年的现金流入量;O_k 为第 k 年的现金流出量;i 为预定的折现率。

(2)回收期评估项目

回收期分为静态回收期和动态回收期。静态回收期的计算方法是用一次性投资额度除以每年现金净流入量,与预定的回收期进行比较,如果较小则符合立项要求。动态回收期要对将每年现金流入量进行现值折算。

(3)内部收益率评估项目

内部收益率是使净现值函数等于 0 的利率，它的计算比较复杂。

3.8.3　研发项目经济分析

1. 研发项目概述

研发就是研究与发展(R&D)，其分为四个层次：①基础研究，为获得新知识而进行的独创性研究，目的是揭示观察到的现象和事实的基本原理和规律，而不以任何特定的实际应用为目的；②应用研究，针对特定的应用目的，为获得新的科学技术知识而进行的独创性研究，通常是为了确定基础研究成果或知识的可能用途，或者为达到某一具体的、预定的实际目的确定新的方法(原理性)或途径；③实验发展，利用从研究或实际经验中获得的知识，为生产新的材料、产品和装置，建立新的工艺和系统，对已生产或建立的上述各项进行实质性的改进而进行的系统性工作；④成果应用，包括为达到生产目的而进行的定型设计和试制，为扩大新产品的生产规模和新方法、新技术、新工艺等的应用领域而进行的适应性试验。

上述四个层次从科学到技术再到工程和应用，创新度逐步降低，但对具体产品和工艺的支撑逐渐加强。

研发项目管控一般采用门径系统(Stage-Gate System，SGS)和 PACE(产品和周期优化)法，大多数具备立项、计划、开发、测试与校验、上市评估五个阶段，就是利用里程碑把一个项目分解成几个关键的节点进行管控，如图 3.8-4 所示。

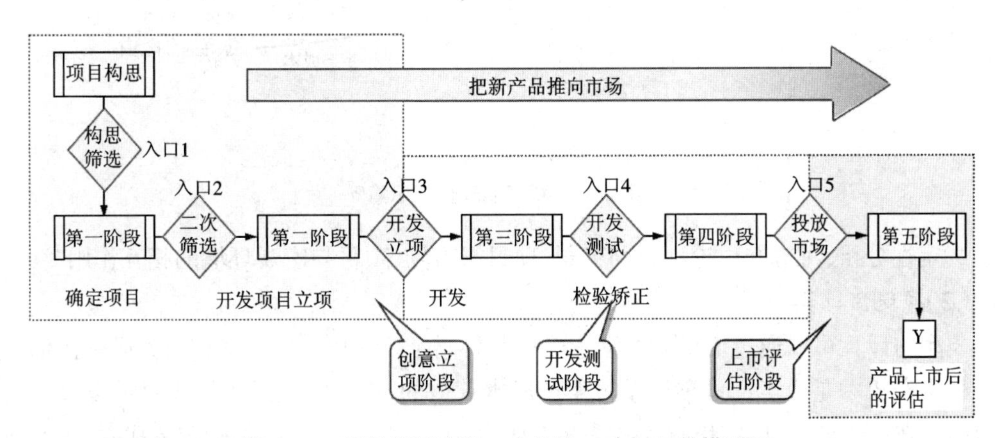

图 3.8-4　门径管理流程：5 个阶段、5 个入口的模型[24]

2. 项目经济分析模型

(1)经济分析要素

模型一共考虑五个要素，销售收入由价格乘以销量得到。开发成本是研发产品的费用，在研发项目初期进行估算，包括研发人员费用、实验费用、试制费用等。生产启动成本是建厂房、购买设备等工程投资建设初期的费用和工艺装备费用等。生产成本由直接材料、直接人工、燃料动力、制造费用构成，这里简化成单位生产成本乘以产量。市场营销和辅助成本包括广告、渠道、物流、维修等费用。

1)定量分析。在成功的新产品的生命周期中,存在几种基本的现金流入(收入)和现金流出(成本)。现金流入来自产品和相关商品服务的销售。现金流出包括产品和工艺开发方面的支出;增加生产的成本,例如购买设备和工装;营销和支持产品的成本;持续的生产成本,例如原材料、零件和人工。图 3.8-5 显示了典型的成功的产品生命周期内的累计现金流入和流出。这个图是按现金流量图画的,可以看到开发成本是要先投入的,然后是生产启动成本、营销和服务成本,销售收入和生产成本在产品形成后才能核算,在时间轴上位于最右边。衡量现金流入超过现金流出程度的指标是项目的净现值(net present value,NPV)。

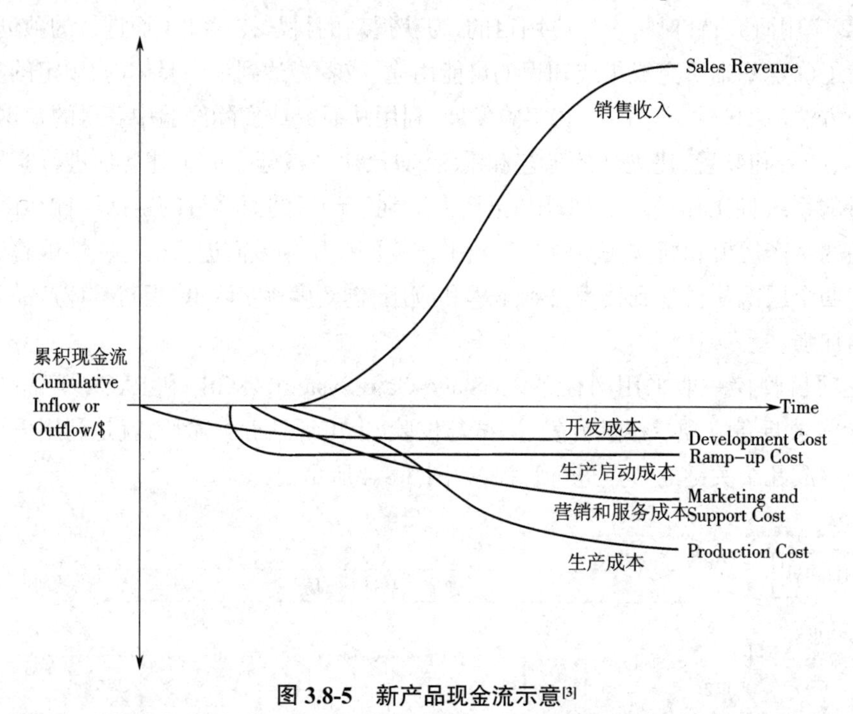

图 3.8-5 新产品现金流示意[3]

2)定性分析,考虑并讨论项目与公司、项目与市场、项目与宏观环境的相互作用。

(2)净现值计算

模型的计算可以通过 Excel 实现。开发成本、生产启动成本、营销和服务成本按估算值录入。生产成本是由生产量乘以单位生产成本获得的,销售收入是由销售量乘以单位价格获得的。在每一期间,用销售收入减去开发成本、生产启动成本、营销和服务成本、生产成本得到当期现金流。图 3.8-6 以家用咖啡机(包括咖啡胶囊)AB-100 为例,得到项目四年的总净现值为 1.255×10^8 美元。

3. 敏感性分析

敏感性分析是从多个不确定性因素中找出对项目经济效益指标有重要影响的敏感性因素,并分析、测算敏感性因素对项目经济效益指标的影响程度和敏感程度,从而判断项目承受风险的能力。图 3.8-7 列出了内部因素和外部因素,内部因素和外部因素都会影响项目的净现值。

Values in $M *(except where noted)*	Year 1				Year 2				Year 3				Year 4			
	Q1	Q2	Q3	Q4	Q1	Q2	Q3	Q4	Q1	Q2	Q3	Q4	Q1	Q2	Q3	Q4
Sales, machines					6.24	7.80	7.80	9.36	6.46	8.07	8.07	9.69	6.68	8.36	8.36	10.03
Sales Volume, machines (units/qtr)					40,000	50,000	50,000	60,000	46,000	57,500	57,500	69,000	52,900	66,125	66,125	79,350
Unit Wholesale Revenue, machines ($/unit)					156	156	156	156	140	140	140	140	126	126	126	126
Sales, capsules					1.44	3.24	5.04	7.20	9.30	11.47	13.65	16.25	19.17	21.79	24.42	27.56
Sales Volume, capsules (units/qtr)					4,000,000	9,000,000	14,000,000	20,000,000	24,600,000	30,350,000	36,100,000	43,000,000	48,290,000	54,902,500	61,515,000	69,450,000
Unit Wholesale Revenue, capsules ($/unit)					0.36	0.36	0.36	0.36	0.38	0.38	0.38	0.38	0.40	0.40	0.40	0.40
Total Revenue					**7.68**	**11.04**	**12.84**	**16.56**	**15.76**	**19.55**	**21.72**	**25.94**	**25.85**	**30.15**	**32.77**	**37.59**
Product Development	1.25	1.25	1.25	1.25												
Equipment and Tooling			2.00	2.00												
Production Ramp-up				1.00	1.00											
Marketing and Support				6.25	6.25	1.25	1.25	1.25	1.25	1.25	1.25	1.25	1.25	1.25	1.25	1.25
Production, machines					2.45	3.00	3.00	3.55	2.78	3.41	3.41	4.05	3.16	3.89	3.89	4.61
Production, capsules					0.20	0.45	0.70	1.00	1.23	1.52	1.81	2.15	2.41	2.75	3.08	3.47
Total Cost	**1.25**	**1.25**	**3.25**	**10.50**	**9.90**	**4.70**	**4.95**	**5.80**	**5.26**	**6.18**	**6.47**	**7.45**	**6.82**	**7.88**	**8.21**	**9.34**
Period Cash Flow	**−1.25**	**−1.25**	**−3.25**	**−10.50**	**−2.22**	**6.34**	**7.89**	**10.76**	**10.50**	**13.37**	**15.25**	**18.50**	**19.03**	**22.26**	**24.56**	**28.25**
Period Present Value	−1.23	−1.21	−3.09	−9.80	−2.04	5.71	6.99	9.37	8.98	11.24	12.60	15.02	15.19	17.46	18.93	21.41
Net Present Value	**$125.5 million**															

图 3.8-6　现金流和净现值示例[3]

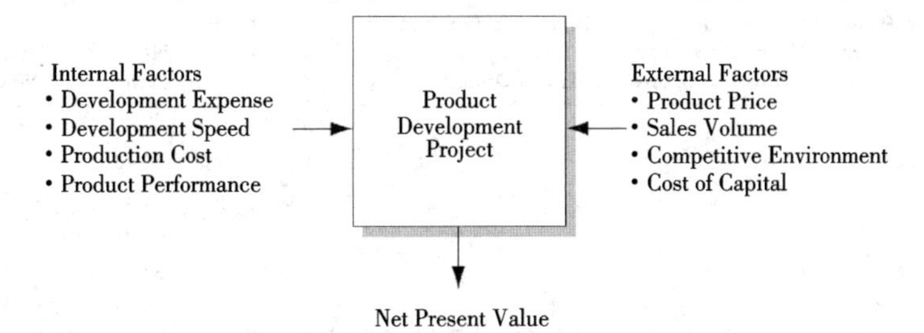

图 3.8-7　影响产品开发盈利的关键因素[3]

(1)开发成本示例

对图 3.8-6 所示的例子,开发成本降低 20%，NPV 提高 0.76%,如图 3.8-8、图 3.8-9 所示。

Values in $M *(except where noted)*	Year 1				Year 2				Year 3				Year 4			
	Q1	Q2	Q3	Q4	Q1	Q2	Q3	Q4	Q1	Q2	Q3	Q4	Q1	Q2	Q3	Q4
Sales, machines					6.24	7.80	7.80	9.36	6.46	8.07	8.07	9.69	6.68	8.36	8.36	10.03
Sales Volume, machines (units/qtr)					40,000	50,000	50,000	60,000	46,000	57,500	57,500	69,000	52,900	66,125	66,125	79,350
Unit Wholesale Revenue, machines ($/unit)					156	156	156	156	140	140	140	140	126	126	126	126
Sales, capsules					1.44	3.24	5.04	7.20	9.30	11.47	13.65	16.25	19.17	21.79	24.42	27.56
Sales Volume, capsules (units/qtr)					4,000,000	9,000,000	14,000,000	20,000,000	24,600,000	30,350,000	36,100,000	43,000,000	48,290,000	54,902,500	61,515,000	69,450,000
Unit Wholesale Revenue, capsules ($/unit)					0.36	0.36	0.36	0.36	0.38	0.38	0.38	0.38	0.40	0.40	0.40	0.40
Total Revenue					**7.68**	**11.04**	**12.84**	**16.56**	**15.76**	**19.55**	**21.72**	**25.94**	**25.85**	**30.15**	**32.77**	**37.59**
Product Development	1.00	1.00	1.00	1.00												
Equipment and Tooling			2.00	2.00												
Production Ramp-up				1.00	1.00											
Marketing and Support				6.25	6.25	1.25	1.25	1.25	1.25	1.25	1.25	1.25	1.25	1.25	1.25	1.25
Production, machines					2.45	3.00	3.00	3.55	2.78	3.41	3.41	4.05	3.16	3.89	3.89	4.61
Production, capsules					0.20	0.45	0.70	1.00	1.23	1.52	1.81	2.15	2.41	2.75	3.08	3.47
Total Cost	**1.00**	**1.00**	**3.00**	**10.25**	**9.90**	**4.70**	**4.95**	**5.80**	**5.26**	**6.18**	**6.47**	**7.45**	**6.82**	**7.88**	**8.21**	**9.34**
Period Cash Flow	**−1.00**	**−1.00**	**−3.00**	**−10.25**	**−2.22**	**6.34**	**7.89**	**10.76**	**10.50**	**13.37**	**15.25**	**18.50**	**19.03**	**22.26**	**24.56**	**28.25**
Period Present Value	−0.98	−0.97	−2.85	−9.56	−2.04	5.71	6.99	9.37	8.98	11.24	12.60	15.02	15.19	17.46	18.93	21.41
Net Present Value	**$126.5 million**															

图 3.8-8　开发成本降低 20%的示例产品的财务模型[3]

Change in Product Development Cost/%	Product Development Cost/$M	Change in Product Development Cost/$M	Change in NPV/%	NPV /$M	Change in NPV/$M
50	7.5	2.5	−1.91	123.14	−2.39
20	6.0	1.0	−0.76	124.58	−0.96
10	5.5	0.5	−0.38	125.06	−0.48
base	5.0	base	0	125.54	0
−10	4.5	−0.5	0.38	126.02	0.48
−20	4.0	−1.0	0.76	126.50	0.96
−50	2.5	−2.5	1.91	127.93	2.39

图 3.8-9 示例产品的开发成本敏感性分析[3]

(2)开发时间示例

开发时间增加 25%,NPV 减少 12.06%,如图 3.8-10 所示。

Change in Product Development Time/%	Product Development Time/Quarters	Change in Product Development Time/Quarters	Change in NPV/%	NPV /$M	Change in NPV/$M
50	6	2	−30.31	87.49	−38.05
25	5	1	−12.06	110.40	−15.14
base	4	base	0	125.54	0
−25	3	−1	13.01	141.87	16.33
−50	2	−2	25.84	157.98	32.44

图 3.8-10 示例产品的开发时间敏感性分析[3]

(3)销售量示例

销售量增加 10%,NPV 增加 12.9%,如图 3.8-11 所示。

Change in Initial Sales Volume/%	Initial Sales Volume /(thousands/year)	Change in Initial Sales Volume /(thousands/year)	Change in NPV/%	NPV/$M	Change in NPV/$M
30	260	60	38.6	174.0	48.4
20	240	40	25.7	157.8	32.3
10	220	20	12.9	141.7	16.1
base	200	base	0	125.5	0
−10	180	−20	−12.9	109.4	−16.1
−20	160	−40	−25.7	93.3	−32.3
−30	140	−60	−38.6	77.1	−48.4

图 3.8-11 示例产品的销售量敏感性分析[3]

(4)权衡法则

由许多近似呈线性的敏感性分析可以得出一些权衡法则(Trade-Off Rule),帮助进行日常决策。示例产品项目的权衡法则如图 3.8-12 所示。

Factor	Trade-Off Rule	Comments
Product development cost	$480,000 per 10% change	Additional funds spent or saved on development is worth the present value of those funds.
Product development time	$16.3M for 1 quarter less −$15.1M for 1 quarter more	This nonlinear trade-off makes specific assumptions about timing of sales and pricing.
Equipment and tooling cost	$376,000 per 10% change	Incremental capital expenditures such as tooling are worth the present value of those expenses.
Production cost, machines	$575,000 per $1 change	A $1 decrease in unit cost raises unit profit margin by the same amount.
Retail price, machines	$310,000 per $1 change	A $1 increase in retail price raises profits by the manufacturer's share, which is 60% of retail.
Sales volume, machines	$1.6M per 1% change	Increasing sales is a powerful way to increase profits. Coffee maker sales also drives sales of coffee capsules.
Capsule consumption per machine	$1.1M per 1% change	Capsule sales makes up the largest portion of revenues.

图 3.8-12　示例产品项目的权衡法则[3]

4. 产品开发项目经济分析的步骤

1)步骤 1:建立财务模型;

2)步骤 2:敏感性分析;

3)步骤 3:进行权衡取舍;

4)步骤 4:进行定性分析。

小结

1)企业经济分析的基本概念:成本,利润,税金。

2)资金的时间价值与工程经济评价指标:工程经济评价指标,净现值。

3)研发项目经济分析:四个步骤,定量分析、定性分析,敏感性分析。

作业

1)派送车制作与装配。

2)编写课程报告 7,内容包括:项目产品开发经济分析;项目产品开发对社会的影响;每位成员任务完成情况小结(个人贡献);会议记录。

3)编写课程报告 7 汇报 PPT。

第 4 章　设计与建造研讨课

研讨课的主要任务是使用课上所学的知识点，与项目产品开发不同阶段的任务相结合，用产品设计开发中的结构化方法去研讨项目作品的制作。

4.1　工程设计概论研讨课

汇报要点：

1）查阅资料，综述；

2）工作分解，组内分工；

3）团队日历，项目进度安排，甘特图；

4）工程师的职责；

5）会议记录（项目组每周开会的会议记录）。

任务 1：查阅资料，综述

针对项目任务书，查阅派送车的相关资料，并对资料进行汇总和综述。

任务 2：工作分工

根据工作任务，画出工作分解结构图，进行组内成员的任务分工。可以使用 MS Project 软件绘制甘特图，如图 4.1-1 所示。

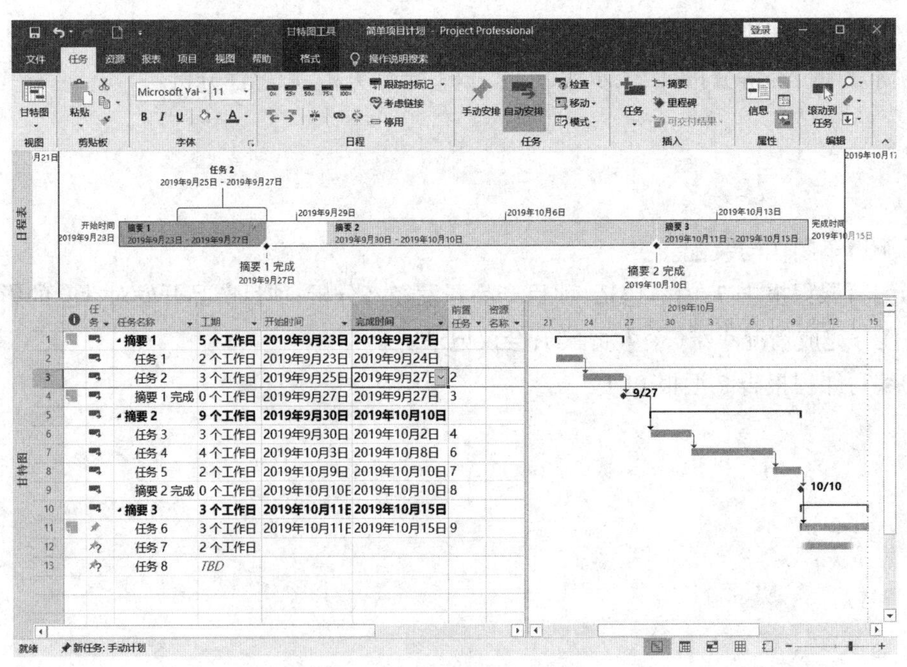

图 4.1-1　MS Projec 示例

任务 3:进度安排

按照课程进度要求,做出团队日历和项目进度安排(甘特图),做好项目工作计划。

任务 4:工程师的职责

讨论对工程师的职责的认识。

4.2　产品规划研讨课

汇报要点:

1)派送车产品示意图,聚类分为组件;

2)派送车产品任务书;

3)派送车产品客户需求调查表,客户需求目标分级分析,产品目标树;

4)派送车产品指标和单位列表,需求-指标矩阵,产品规格参数列表;

5)项目组内讨论开会情况。

任务 1:建立产品架构

分为三步:①创建产品示意图,按照力或能量流、物料流、信号或数据流绘制产品功能单元示意图;②对示意图中的单元进行聚类分组,归并为组件;③设计简略的几何结构,即产品的立体布局构想。

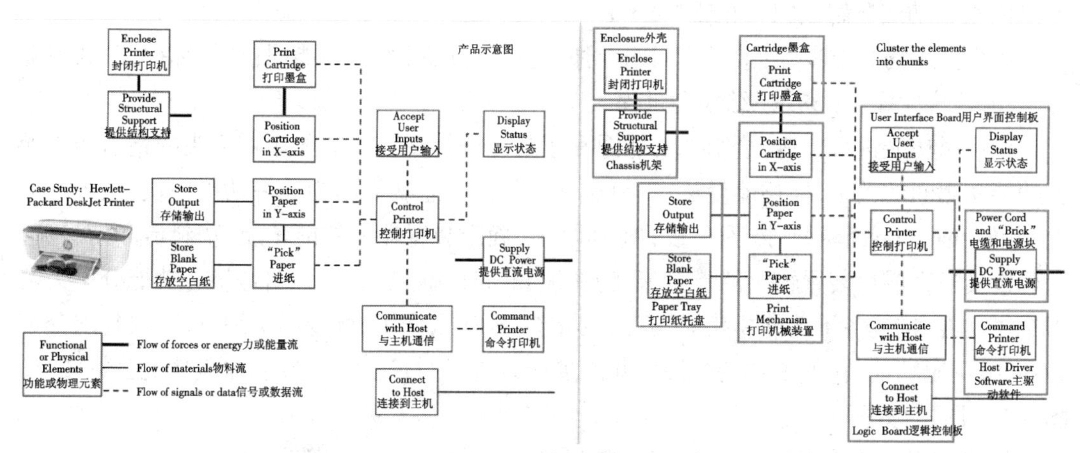

图 4.2-1　产品示意图示例[3]

任务 2:产品规划,产品任务书

产品规划分为五步:①识别机会;②评估并确定项目的优先级;③分配资源和计划时间;④完成项目前期规划;⑤反思结果和过程。

产品任务书包括:①产品描述(产品的基本功能、前景);②获益提议(客户购买产品的几个关键原因);③关键商业目标(支持企业战略目标,产品推出时间,财务绩效,市场份额目标);④主要市场;⑤二级市场;⑥假设与约束;⑦利益相关者。

任务 3:客户需求分析,产品目标树

客户需求分析的五个步骤:①收集来自客户的原始数据;②根据客户需求解释原始数

据；③组织客户需求的层次结构，将客户需求分为一级、二级和（如有必要）三级；④确定客户需求的相对重要性；⑤反思结果和过程。

开展多种方式的客户需求调查，客户需求表达正确（做到什么而不是怎么做），根据客户需求的层次结构画出产品目标树。

任务 4：产品规格

建立目标规格的四个步骤：①准备指标列表、产品规格参数表、需求-指标矩阵；②收集竞争产品的指标基准信息；③为每个指标设置理想值和临界可接受值；④反思结果和过程。

确定最终规格的五个步骤：①开发产品的技术模型；②开发产品的成本模型；③修正规格，必要时进行权衡分析；④分配合理的规格参数；⑤反思结果和过程。

4.3 概念设计研讨课

汇报要点：

1）派送车总功能图，功能分解图（能量流、物料流、信号流）；

2）产品概念生成，形态矩阵表，手绘概念草图；

3）概念选择，概念评分矩阵表；

4）项目组内讨论开会情况。

任务 1：功能分解，绘制功能图

概念生成的五个步骤：①澄清问题，对问题进行分解，绘制功能图；②外部搜索；③内部搜索；④系统性探索；⑤反思结果和过程。

对产品功能进行分解，绘制总功能图和子功能分解图。功能图用带箭头的指引线表明各功能块之间的关系，描述能量流、物料流和信号流。总功能图为单一功能模块，也被称为“黑箱”（black box）模型，描述产品的整体功能，确定装置输入的能量流、物料流和信号流，并确定转换完成后装置输出的能量流、物料流和信号流。功能分解图是将总功能分解为若干个子功能，描述各子功能模块对实现总功能起到什么作用，可以逐层细分，一般每层分解为 3~10 个子功能，在各子功能模块之间添加能量流、物料流和信号流，构成功能分解图，如图 3.4-5、图 3.4-6 所示。

任务 2：形态矩阵表，组合生成多个概念方案，手绘产品概念草图

形态学分析是一种能够再现和探索多维问题的所有联系的方法。形态学设计方法主要包括三个步骤：①将设计问题分解为子问题；②提出每个子问题可能的设计方案；③将子问题的设计方案组合为不同的总体方案进行评估。图 4.3-1 为蔬菜收割机形态矩阵表[7]，其中行为通过功能分解得到的子功能，列为实现子功能的不同技术方案或手段，也称为形态。每个子功能及其实现形态占一行。

实现子功能的概念草图选项

通过功能分解得到的子功能

	Option 1	Option 2	Option 3	Option 4
Vegetable Picking Device		Triangular Plow	Tubular Grabber	Mectrical Poder
Vegetable Placing Device	Conveyor Belt	Rake	Rotating Mover	Force from Vegetable Accumulation
Dirt Sifting Device	Square Mesh	Water from Well	Slits in Plow or Carrier	
Packaging Device				
Method of Transportation		Track System	Sled	
Power Source	Hand Pushed	Horse Drawn	Wind Blown	Pedal Driven

图 4.3-1 蔬菜收割机形态矩阵表[7]

从每一行中选取一种形态进行组合得到的就是一个产品概念，如图 4.3-2 所示，生成蔬菜收割机的四种产品概念。然后手绘产品概念草图。

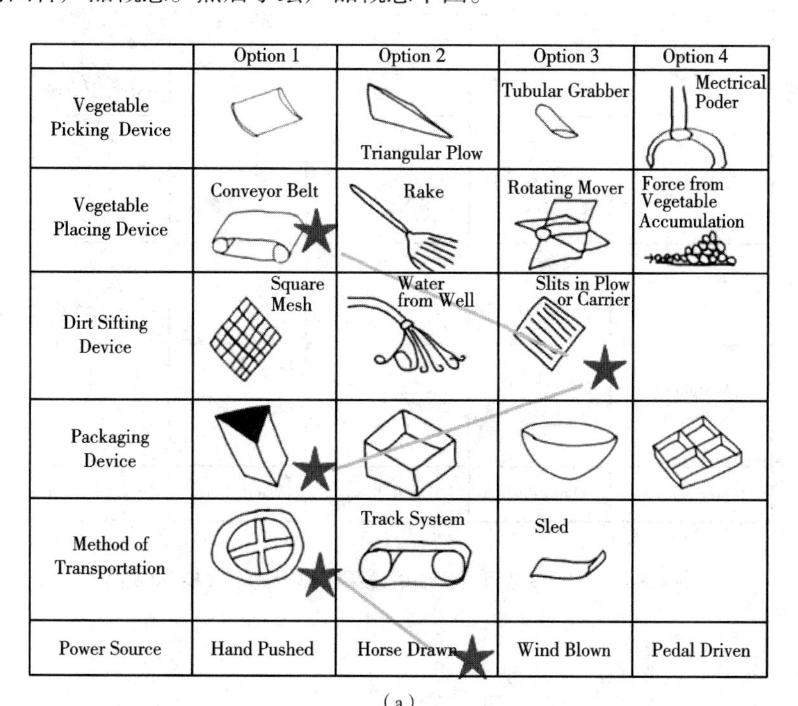

(a)

图 4.3-2 不同形态组合生成的蔬菜收割机的产品概念

(a)概念 1 (b)概念 2 (c)概念 3 (d)概念 4

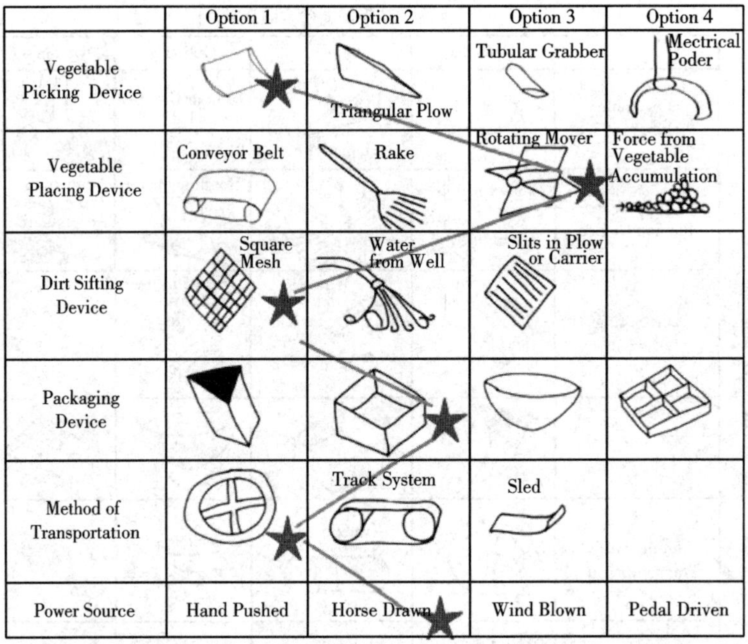

	Option 1	Option 2	Option 3	Option 4
Vegetable Picking Device		Triangular Plow	Tubular Grabber	Mectrical Poder
Vegetable Placing Device	Conveyor Belt	Rake	Rotating Mover	Force from Vegetable Accumulation
Dirt Sifting Device	Square Mesh	Water from Well	Slits in Plow or Carrier	
Packaging Device				
Method of Transportation		Track System	Sled	
Power Source	Hand Pushed	Horse Drawn	Wind Blown	Pedal Driven

（b）

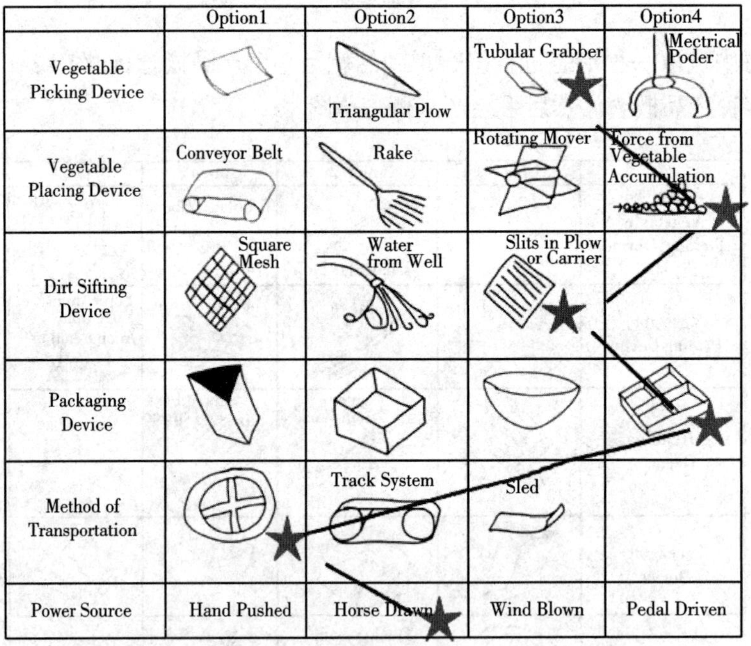

	Option1	Option2	Option3	Option4
Vegetable Picking Device		Triangular Plow	Tubular Grabber	Mectrical Poder
Vegetable Placing Device	Conveyor Belt	Rake	Rotating Mover	Force from Vegetable Accumulation
Dirt Sifting Device	Square Mesh	Water from Well	Slits in Plow or Carrier	
Packaging Device				
Method of Transportation		Track System	Sled	
Power Source	Hand Pushed	Horse Drawn	Wind Blown	Pedal Driven

（c）

图 4.3-2　不同形态组合生成的蔬菜收割机的产品概念（续）

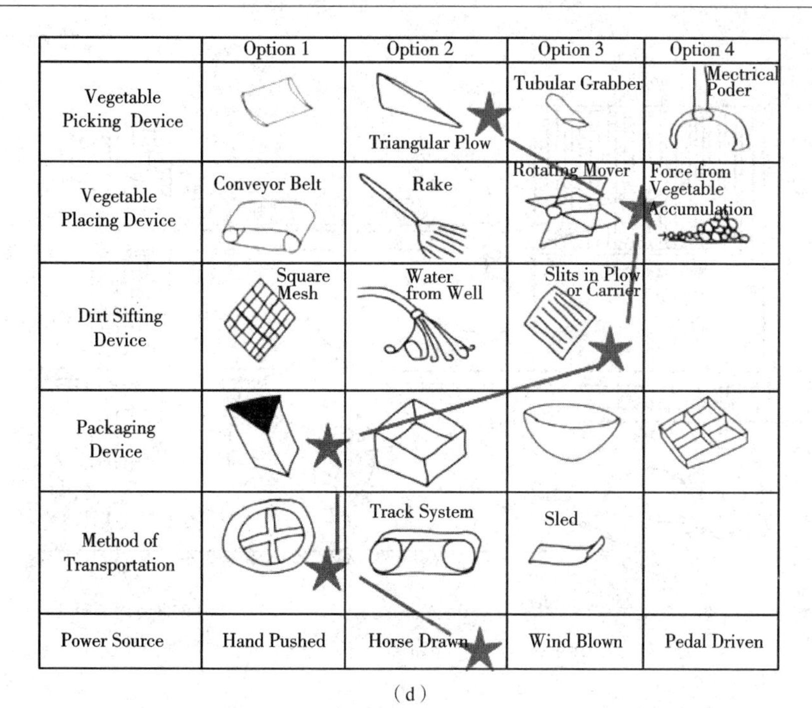

(d)

图 4.3-2　不同形态组合生成的蔬菜收割机的产品概念(续)

案例:土豆收割机

土豆收割机的形态矩阵表如图 4.3-3 所示,图中深颜色的形态组合生成的土豆收割机的产品概念设计方案如图 4.3-4 所示。

Subfunctions		Solutions				
		1	2	3	4	…
1	Lift	and pressure roller	and pressure roller	and pressure roller	and pressure roller	…
2	Sift	Sifting belt	Sifting grid	Sifting drum	Sifting wheel	…
3	Separate leaves			Plucker	…	…
4	Separate stones					…
5	Sort potatoes	by hand	by friction (inlined plane)	check size (hold gauge)	check mass (weighing)	…
6	Collect	Tipping hopper	Conveyor	Sack-filling device	…	…

Combination of principles

图 4.3-3　土豆收割机的形态矩阵表[9]

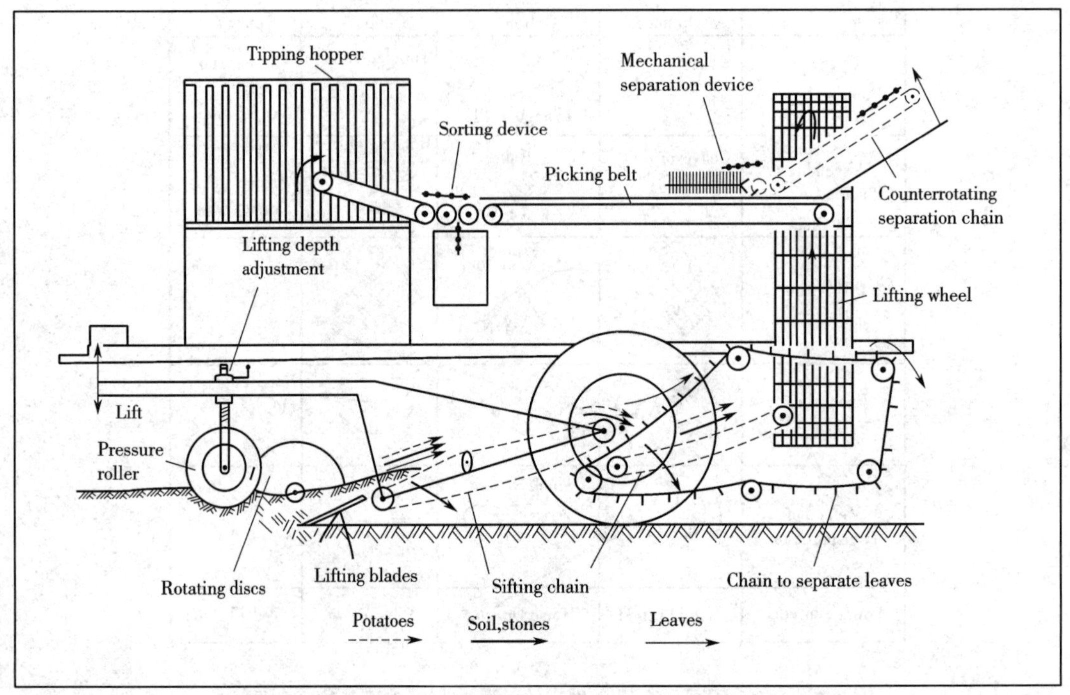

图 4.3-4 形态组合生成的土豆收割机的产品概念设计方案[9]

任务 3:概念选择与评分

生成不同的概念后,对概念进行评估,利用概念筛选矩阵或概念评分矩阵表对组合与改进后的概念进行评分、排序、选择。

概念筛选的六个步骤:①准备选择矩阵;②产品概念评估;③产品概念排序;④产品概念组合与改进;⑤选择一个或数个产品概念;⑥反思结果和过程。

概念评分的六个步骤:①准备选择矩阵;②产品概念评估;③产品概念排序,使用概念评分矩阵表,用各等级的加权和来排序;④产品概念组合与改进;⑤选择一个或数个产品概念;⑥反思结果和过程。

概念筛选和概念评分步骤完全一样,目的是选出综合指标比较好的概念。好的产品概念是经过多次的反复迭代修改、评估完成的,概念选择可以应用于整个产品研发过程。

概念测试基于直接从潜在客户那里收集的数据,针对所选的产品概念或原型进行反馈。

概念测试的七个步骤:①确定概念测试的目的;②选择客户调查的人群;③选择调查方式;④传播产品概念;⑤测度客户反响;⑥解析调查结果;⑦反思结果和过程。

4.4 详细设计研讨课

汇报要点:

1)产品整车结构设计,转向机构、投放机构设计;

2)零件形状、尺寸、材料确定,零部件连接;

3)3D 模型建立和 2D 图绘制;

4)项目组内讨论开会情况。

任务 1:结构设计

产品整车结构设计,单层底板或双层底板。转向机构设计,单轮转向或双轮转向。投放机构设计,结合课上所学的典型的传动机构设计投放机构。

任务 2:配置设计与参数设计

配置设计包含以下工作内容。

(1)概念设计的细化

在配置设计中需要确定组件的形状和总体尺寸。组件指标准件、专用件和标准部件。零件可以用其孔、槽、凸起、倒角等几何特征和几何特征的位置来描述。标准件是具有通用功能的零件,按照指定的规范(即指定的国家标准或者国际标准)制造,而不考虑特定用途,比如螺钉、螺栓、螺母等。专用件是在特定生产线上为特定的需求而设计加工的零件,比如某品牌某型号汽车的后桥齿轮。

开始配置设计最好的方法是绘制零件的可选配置结构。如图 4.4-1 所示,首先,通过手绘草图表达零件结构的初始细化设计方案,草图对构思、将无关的想法拼接到设计概念中起着非常重要的辅助作用。其次,依据草图绘制一定比例的工程图,逐步增加细节,在工程图中补齐欠缺的尺寸和公差数据,同时为产品三维实体模型仿真提供了载体。

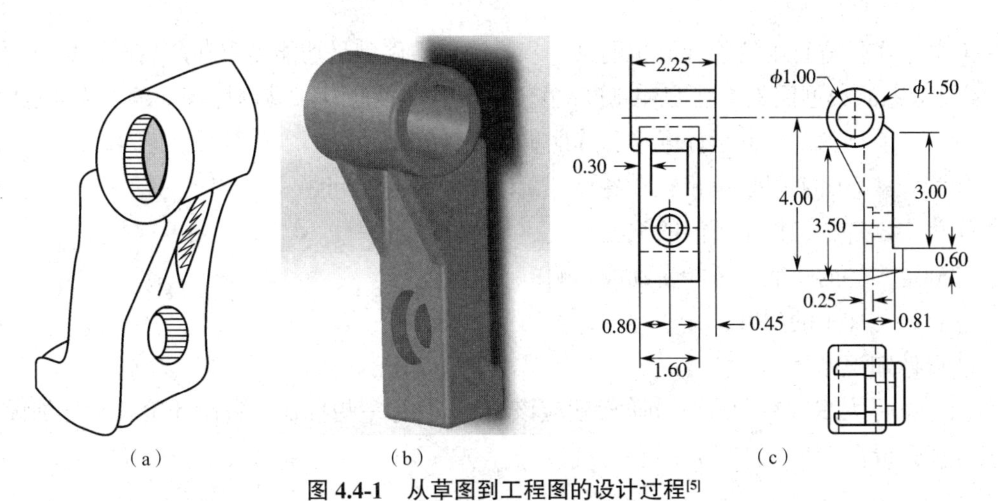

图 4.4-1　从草图到工程图的设计过程[5]

(a)草图　(b)三维计算机模型　(c)详细工程图的三视图

(2)配置方案的生成

与概念设计一样,首次尝试的配置设计通常也无法获得最优设计方案,因此为每一个零部件提供多个备选方案是重要的。配置设计不断为设计对象添加特性,将一个抽象的描述变为一个高度详细的设计,同时配置设计是一项不改变设计的抽象概念而对设计进行改变的活动。通过不断修正和完善上一步设计的缺点和不足,最终完成配置方案。如图 4.4-2 所示,两个零件的连接方式有很多种,需要根据不同的设计思路进行选择,确定最适合本产品设计的配置方案。

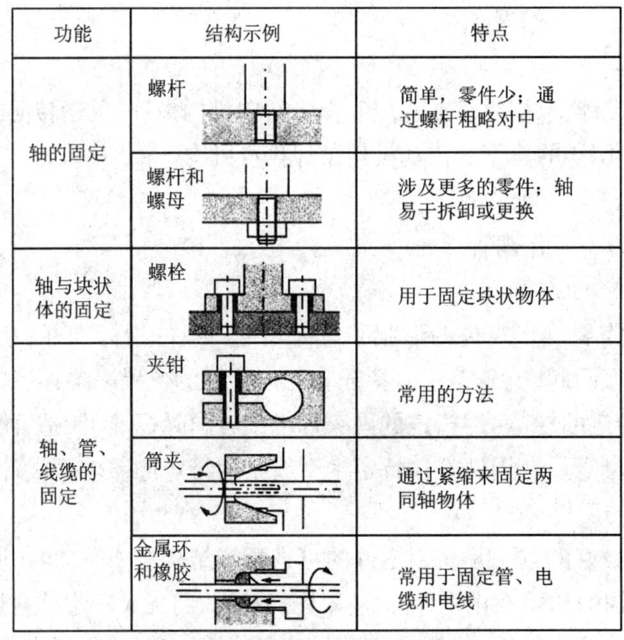

功能	结构示例	特点
轴的固定	螺杆	简单，零件少；通过螺杆粗略对中
	螺杆和螺母	涉及更多的零件；轴易于拆卸或更换
轴与块状体的固定	螺栓	用于固定块状物体
轴、管、线缆的固定	夹钳	常用的方法
	筒夹	通过紧缩来固定两同轴物体
	金属环和橡胶	常用于固定管、电缆和电线

图 4.4-2 两个零件的连接方式[6]

(3)分析与校核

对某个零件进行配置设计分析的第一步是确定零件满足功能需求和产品设计规范的程度，需要考虑的典型因素有强度和刚度，也包括可靠性、操作性、易用性等问题。表 4.4-1 完整地列出了典型的功能性设计因素和其他重要设计问题。

作为表 4.4-1 的扩展，列出在配置设计阶段需要考虑的问题：

①确定零件在工作中可能的失效方式；

②确定零件的功能性可能受到的影响；

③材料与加工的问题；

④设计知识库。

以上条目大多数在配置设计阶段就应该满足，而有一些直到参数设计阶段和详细设计阶段才能完成。

表 4.4-1 典型的功能性设计因素和其他重要设计问题[6]

因素	问题
强度	所设计的零件尺寸是否可以保证应力低于屈服水平?
疲劳	如果循环加载，可以保持低于疲劳极限的应力吗?
应力集中	零件的构形设计可以降低应力集中吗?
屈曲	在压缩载荷下，零件的构形设计可以阻止屈曲吗?
冲击载荷	材料和结构有足够的抗断裂韧性吗?
应变和变形	零件是否有所需要的刚度和柔韧性?
蠕变	如果发生蠕变，是否将导致功能性失效?

续表

因素	问题
热变形	热膨胀是否损害功能？可以通过设计解决吗？
振动	是否已设计新特征来减小振动？
噪声	噪声的频谱是否已确定？设计是否已考虑噪声控制？
热传递	热的产生和传递是不是性能退化的一个原因？
流体输送/存储	设计是否已经充分考虑该项因素？是否满足全部法规要求？
能效	设计是否考虑能耗和能效？
耐久性	评估服务寿命吗？腐蚀和磨损导致的退化是否已处理？
可靠性	预期的平均失效时间是多长？
可维护性	所规定的维护是否适用于该设计类型？用户可以操作吗？
可服务性	是否针对该因素开展特殊的设计研究？维修成本合理吗？
生命周期成本	是否已针对该因素进行可信的研究？
面向环境的设计	是否在设计中清晰地考虑了产品的再利用和处置？
人为因素/工效学	是否所有控制和调整功能标签都已按逻辑布置？
易用性	所有写下来的安装和操作说明是否清晰？
安全性	设计是否高于安全法规以阻止事故？
款式/美学	款式顾问是否充分确定款式满足用户的品味且是用户想要的？

参数设计主要包括以下几个步骤：①明确参数问题；②生成备选设计方案；③分析备选设计；④评估分析结果；⑤改进/优化。

参数设计的最终结果应当是获得工程图样中的尺寸与公差的依据。尺寸应用于工程图样中，用于表达产品及其零部件的大小、位置和方向等特征。产品设计的目标是获得有市场效益的产品，所以必须能制造出来。工程图样是对产品设计进行详细描述的技术文档，是制造产品的唯一依据，每一张工程图样都应当包含以下信息：

1）每一个特征的大小；

2）特征之间的相对位置关系；

3）确定特征的大小和位置的精度（公差）；

4）材料类型和获得预期的力学性能的加工工艺。

任务3：3D模型建立和2D图绘制

使用SolidWorks软件建立每个零件的3D模型，并进行整车装配。由3D模型生成2D工程图。

4.5　机电控制研讨课

汇报要点：

1）派送车详细设计，整车三维装配，爆炸图生成；

2)转向机构设计,投放机构设计,运动仿真;

3)控制元器件选用,接线图,控制策略流程图;

4)项目组内讨论开会情况。

任务1:整车装配设计

完成小车所有零件的3D设计,装配成整车,制作小车的爆炸图生成动画,如图4.5-1所示。

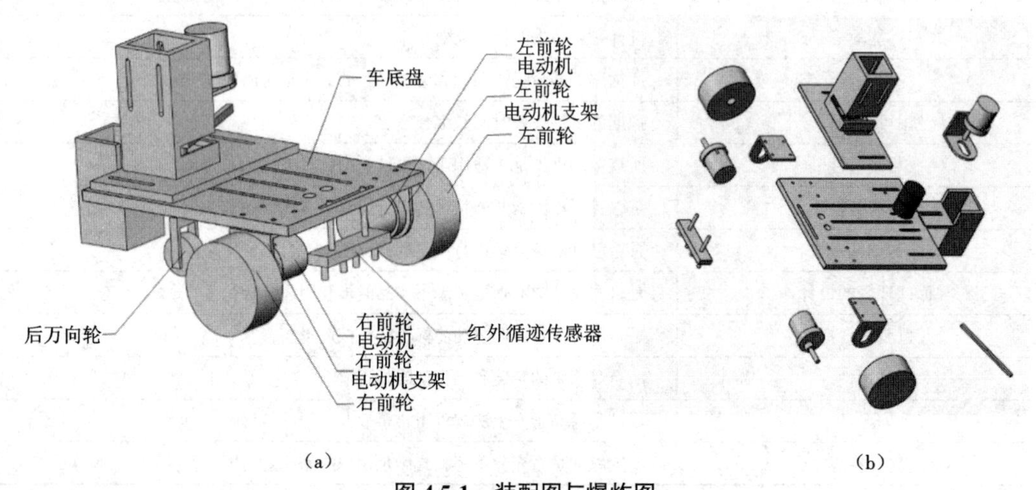

图4.5-1 装配图与爆炸图

(a)装配图 (b)爆炸图

任务2:投放机构设计

完成投放机构的设计与运动仿真。

任务3:电控设计

完成控制元器件选用、接线图(图4.5-2)、控制策略流程图。

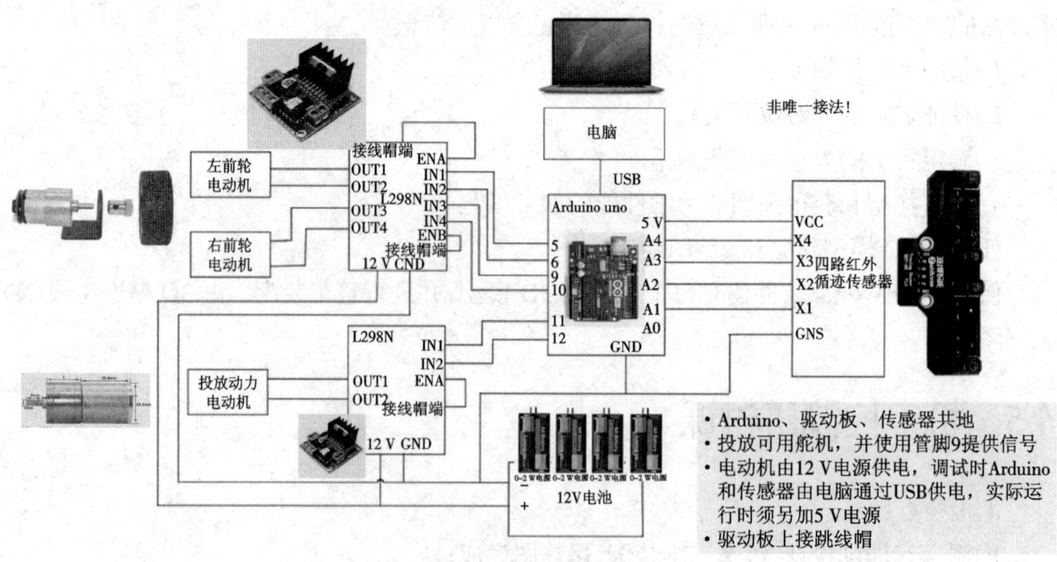

图4.5-2 接线图

第 5 章　设计与建造实验课

5.1　手绘草图

5.1.1　手绘之意义

手绘是训练思维能力、提高设计素养的必要手段。在设计中需要集中精力，归纳、总结设计要素的主要矛盾和特性，并在短时间内组织、安排各项内容，提出解决方案，完成设计图纸。手绘的意义是能够提高设计人员的思维能力、设计能力和表现能力。

5.1.2　手绘之基础

1. 设计透视图

透视示意图如图 5.1-1 所示，透视图图例如图 5.1-2 所示。

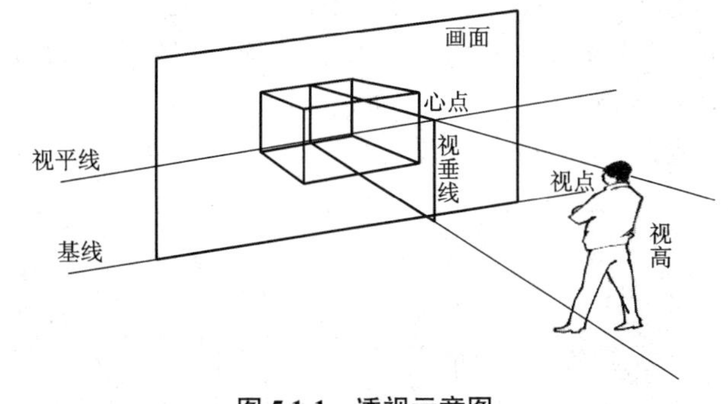

图 5.1-1　透视示意图

图 5.1-2　透视图图例

设计透视图主要有一点透视图和二点透视图，观察物体的角度不同，看到的物体形状也不一样。

（1）一点透视图（有一个消失点）

正面观察立方体，在立方体的三组平行线中，原来垂直和水平的仍然保持原状态，只有与画面垂直的那组平行线形成透视，相交于视平线上的心点，此点即为灭点，可落在立方体的中心或某一侧。一点透视也称平行透视，如图 5.1-3 所示。

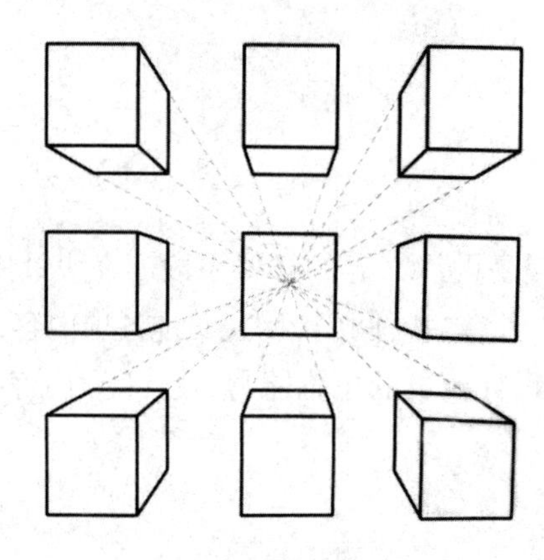

图 5.1-3　一点透视图

（2）二点透视图（有两个消失点）

改变角度对立方体进行观察，三组平行线中任一组（通常为垂直线）与画面平行，其他两组平行线的透视分别消失于画面的左右两侧，产生两个消失点，这样形成的立方体透视图为二点透视图，也称成角透视图，如图 5.1-4 所示。

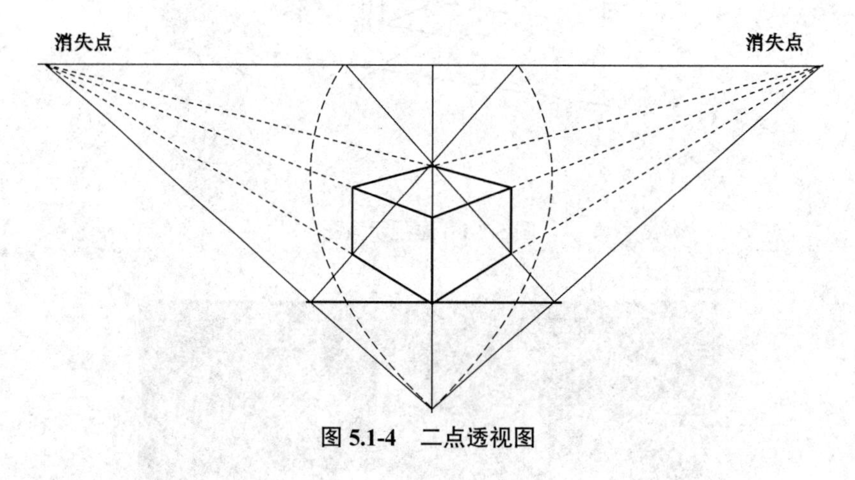

图 5.1-4　二点透视图

（3）圆的透视画法

圆的透视呈下列规律。

1）与画面平行的圆无论多远、多近，在画面中都表现为正圆，只有直径的变化，如图 5.1-5 所示。

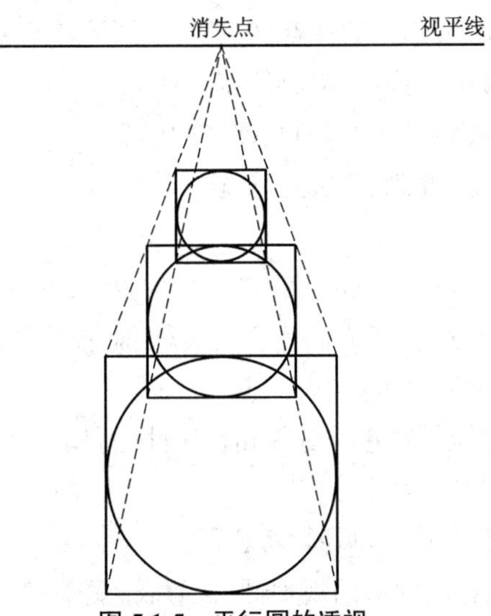

图 5.1-5　平行圆的透视

2)与画面成一定角度的圆在画面中都表现为椭圆,如图 5.1-6 所示。

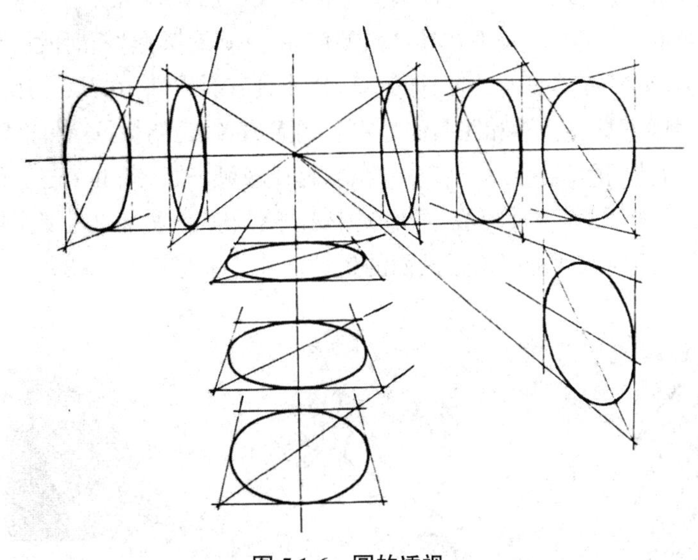

图 5.1-6　圆的透视

2. 手绘图中的线条

(1)直线

直线是男性的象征,具有简单明了、直率的性格,它能表现出一种力的美。其中:

1)粗直线,表现力强、钝重和粗笨;

2)细直线,表现秀气、锐敏和神经质;

3)锯状直线,有焦虑、不安定的感觉。

用尺绘出的直线是一种无机线,具有机械式的感情性格,而不像徒手描出的直线那样带有一种人情味。无机线具有冷淡而坚强的表现力。

不同方向的直线能反映出不同的特点，可根据不同的需要灵活地运用。

1)垂直线，具有严肃、庄重、高尚、强直等特点；

2)水平线，具有静止、安定、平和、静寂、疲劳的感觉；

3)斜线，具有飞跃、向上、冲刺、前进的感觉。

(2)几何曲线

几何曲线是用规矩绘制而成的曲线，它是女性的象征，具有比直线温暖的特点。曲线具有速度感或动力、弹力的感觉，会使人们体会到柔软、幽雅的情调。而几何曲线具有直线的简单明快和曲线的柔软动力的双重特点。

几何曲线的典型表现是圆形，它有对称和秩序性的美。在设计中时常运用圆形，并有组织地加以变化，从而取得较好的效果。

常见的几何曲线，有正圆形、扁圆形、卵圆形、涡线形等。在这些几何曲线中，最常用的是扁圆形(椭圆形)。它既有正圆形的规则性，又有长、短轴对比变化的特点，所以最受人们的喜爱。

(3)自由曲线

自由曲线是用圆规表现不出来的曲线。自由曲线更加具有曲线的特征，富有自由、幽雅的女性感。自由曲线的美主要表现在其自然的伸展，并具有圆润性和弹性，整个曲线有紧凑感。在设计中要充分发挥其美的特征，如钢丝、竹线具有对抗外力的反作用力的感觉。而毛线、铅丝状的曲线因不具有弹性和张力而显得软弱无力、缺乏韵律，这种曲线是不美的。

工业产品一般使用塑料、金属、玻璃等材料，材质较硬，故线条的表达必须肯定、流畅、简洁、明快，落笔尽可能干脆、一气呵成、不拖泥带水，笔画应有适当的粗细变化、方向变化、长短变化。笔触运用的趣味性可以增强画面的生动性和艺术感染力，如图 5.1-7 所示。

图 5.1-7 生动的线条

工程师使用手绘草图作为表现产品或结构的主要特征的粗略的初步图纸。手绘草图不应该马虎，最重要的是要注意素描的比例。手绘草图示例见图 5.1-8[27]。

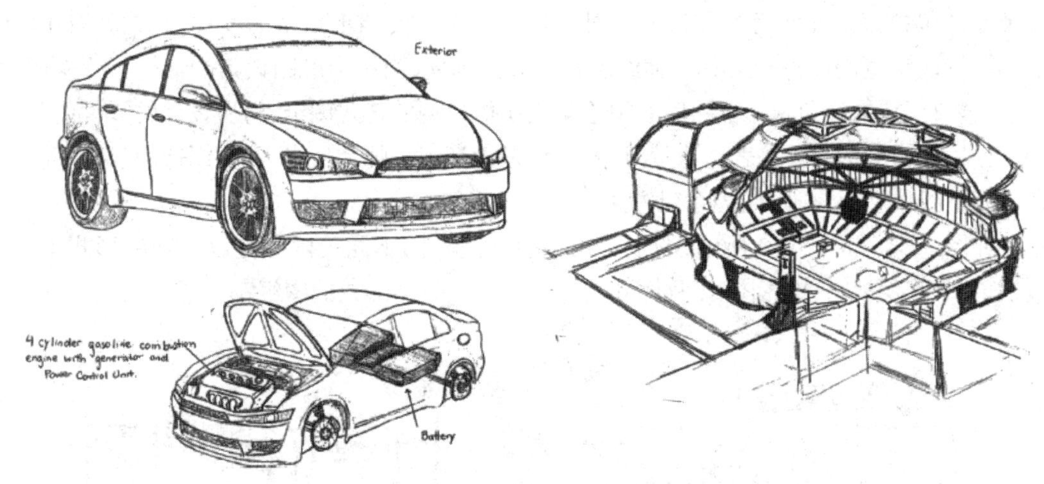

图 5.1-8　手绘草图示例[27]

同一物体在方格纸上绘制的四种类型的手绘草图如图 5.1-9 所示[4],(A)为正交 orthographic 投影,三视图;(B)为轴侧 axonometric 投影,轴测图;(C)为斜(oblique)投影,斜视图;(D)为透视 perspective 投影,一点透视图。

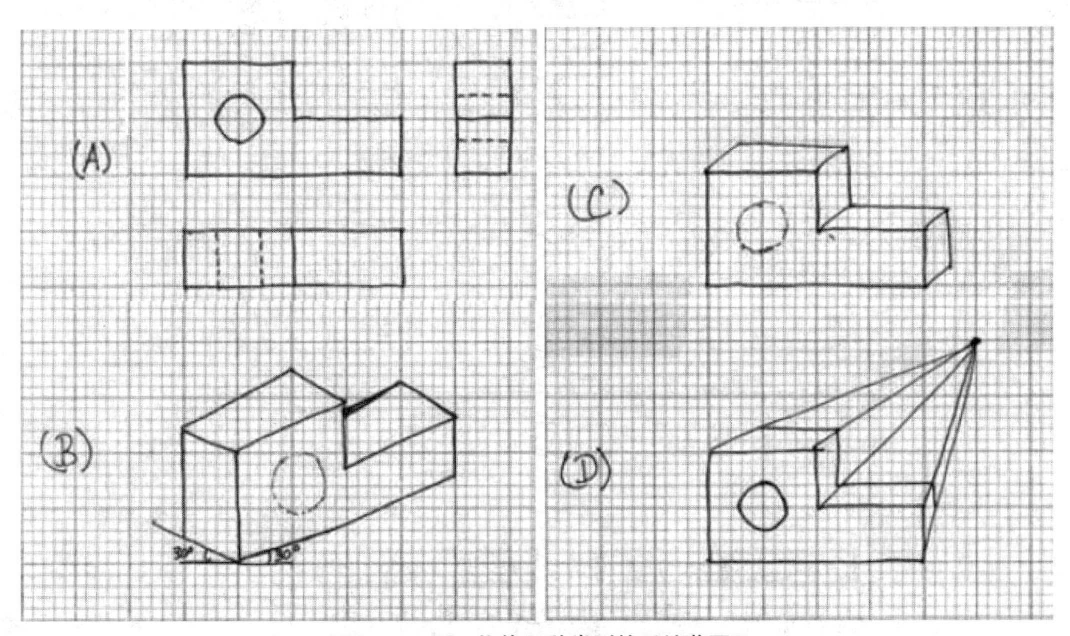

图 5.1-9　同一物体四种类型的手绘草图[4]

5.2　产品设计与表达工具软件使用

5.2.1　设计与表达在产品开发中的作用

在产品设计过程中产生的数据量是十分庞大的。一辆普通轿车大约有 10 000 个零件,每个零件包含多个几何特征和尺寸。对于每一个必须要加工出来的零件,大约就有 1 000 个几何特征与生产设备和夹具等辅助装置相关。因此,当一个产品设计的最终目标是产生一个实体时,在估计和制作草图后必须绘制出实体模型的正式图纸,将所设计的零件的几何特征、尺寸、加工工艺要求表达清楚,正式图纸是设计工程师和技术人员、制造商、经销商、用户之间就产品进行沟通的主要技术资料。

如图 5.2-1 和图 5.2-2 所示,图纸文档在设计过程的不同阶段可能以不同的形式出现,包括草图、等距视图、投影图、工程图和实体模型等。每种形式的图纸都有特定的设计需要。

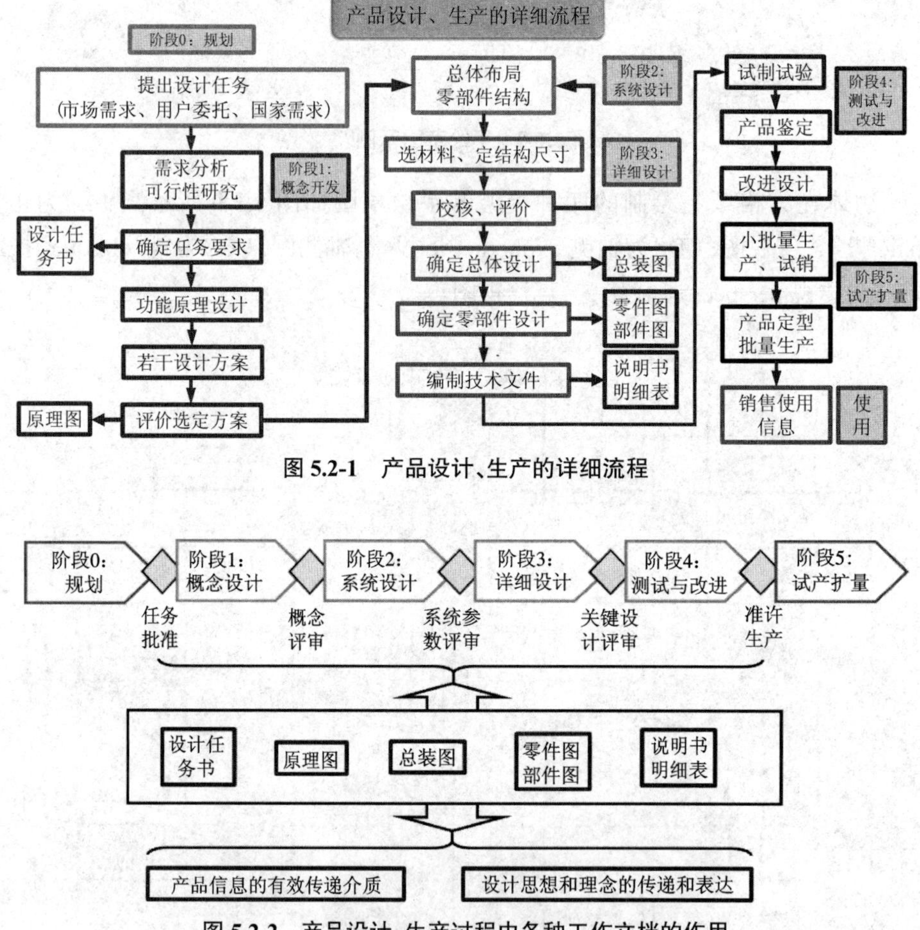

图 5.2-1 产品设计、生产的详细流程

图 5.2-2 产品设计、生产过程中各种工作文档的作用

在交流产品设计思想和理念的过程中,图形和图纸的作用是语言和文字无法替代的。比如:“方腹曲头,一脚四足;头入领中,舌着于腹。载多而行少,独行者数十里……”“肋长三尺五寸,广三寸,厚二寸二分,左右同。前轴孔分墨去头四寸,径中二寸……”这两段文言文是传说中木牛流马的制作方法,其基本含义大多数人能理解,但是不同的人对上述文字表达的具体对象理解不同,根据个人理解复原的木牛流马也形态各异,如图 5.2-3 所示。因没有木牛流马的图纸传世,导致了无法准确地判定哪一种复原方法是正确的制作方法,也导致了其制作方法的失传。

图 5.2-3　后人根据文献记载复制的木牛流马

如果说文言文太抽象，导致不同的读者有不同的理解，再来看一条现代用语的制造指令。

“这个板应该使用 0.4 mm 厚的铝锭板制成一个长 25 mm、宽 20 mm 的长方形，它应该有 4 个孔。第一个孔应该距离右边那条 20 mm 长的边 2.0 mm，距离上边那条 25 mm 长的边 2.5 mm。第二个孔应该位于第一个孔的左边 1.9 mm 处。尺寸的允许公差为 0.1 mm。两个孔的直径都是 0.2 mm，允许公差为 0. 001 mm。在板的另一个角落钻两个相同尺寸的孔，距离原来那两个孔 15 mm，距离下面那条 25 mm 长的边 2.5 mm。”

通过仔细阅读上述制造指令，多数人都能理解通过其制造的产品的样式，与图 5.2-4 所示的产品工程图相比，不难发现，上面这段文字虽然严谨地表达了所制造产品的样式，但是过于烦琐、冗长，而工程图的表达更直观、简洁。

人类的大脑是一个极其有效的图像处理器。图纸传出的信息总是超过文字。人类对图像的偏爱可以概括为那句著名的谚语：“一图胜千言。”可见，在思想和技术的表达、交流过程中，图形和文字的作用是无法完全相互替代的。早在宋朝，著名史学家郑樵就在其著作《通志》中较为完整地阐述了图学的思想：“山川之纪，夷夏之分，非图无以见地之形”，“凡宫室之属，非图无以作室”，“凡器用之属，非图无以制器”，“为衣服者，……非图无以明制度”。这表明在宋代，我国已经将图形技术应用于地理、建筑、制造、制衣等行业。郑樵还强调图形与文字在知识和文化的传播中具有同等重要的作用：“图成经，书成纬，一经一纬，错综而成文”，“图谱之学不传，则实学尽化为虚学矣”。因此，在产品设计与表达的过程中，各种图形、图样是不可或缺的。

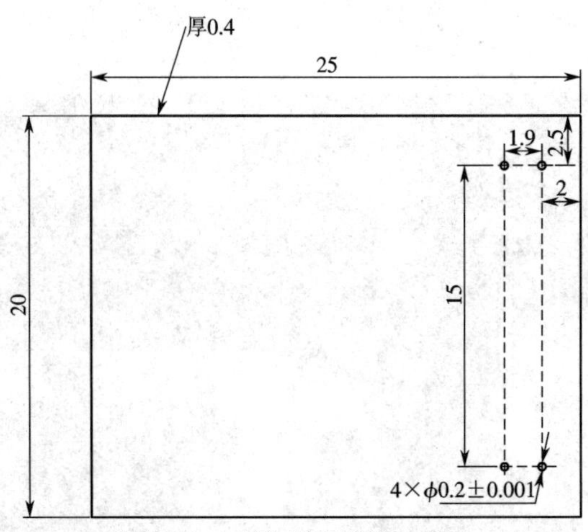

图 5.2-4 制作某底板的工程图

在创意阶段，草图是非常有用的。通过在纸上快速地绘制图样，设计师能够快速地把设计理念传递给其他团队成员。同时，手绘草图是把思维过程记录到工程日志中的重要媒介。当确定追求一个特定的设计理念时，等距视图（也称等轴测图）是一种更正式的表达方法。如图 5.2-5 所示，等距视图是一种三维模型图，其优点是比透视图容易绘制，可以使被描绘物体的很多特征一目了然。

图 5.2-5 等距视图

正交投影图是将一个三维的物体通过正交投影的方式投影到多个投影平面上，形成多个投影图，再将这些投影图按照一定要求绘制在同一张图纸上。如图 5.2-6 所示，这种图纸很容易传达尺寸、公差和加工细节，提供了制造一个实际零件所需要的所有信息。

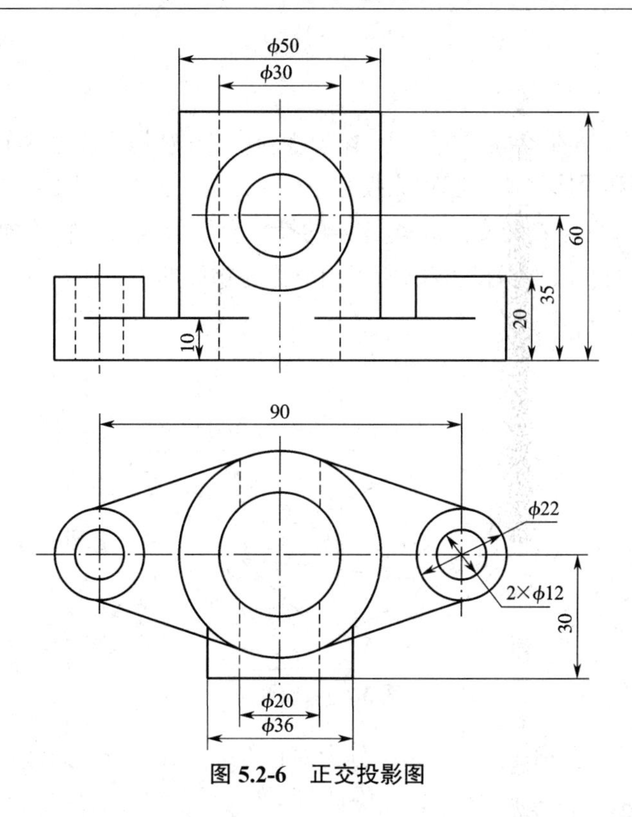

图 5.2-6　正交投影图

分解图、装配图用来描述如何将多个部分组装，以形成一个整体，这对传递复杂结构的信息是十分有用的。

制作工程图纸的方法已经使用了很多年，在计算机出现之前，所有工程师和技术人员都通过手工绘制图纸的方式进行技术交流。现代计算机取代了大部分手工制图的工作，大量的计算机辅助设计（computer aid design，CAD）工具软件取代了工程师手中的铅笔、尺子和橡皮。大量的 CAD 软件被广泛地使用于各种设计公司中，其能够制作的最复杂的图纸是实体模型图。实体模型表达了一个对象的完整的数字描述、材料特性、内部和外部的尺寸信息，允许用户从不同角度观察该对象。用计算机图形学和相关动画技术渲染零件的实体模型对工程而言是个非常重要的进步。

产品设计思想和理念的传递和表达是工程类专业人员必须具备的工作能力和工作方法。“工欲善其事，必先利其器”，其中“器”意为工具，对现代工程技术人员来说，工具既包括扳手、钻头、电动工具、笔记本电脑、手机等具体的工程工具，也包括知识工具，即专业知识、专业软件、专业管理办法。对于设计思想表达，其相关专业知识领域是研究工程技术领域中有关图的理论及其应用的科学——工程图学；专业的工具为各种类型的工程图；专业的软件为各类 CAD 软件，常见的有 SolidWorks（SolidWorks 2020，Dassault）、CATIA（CATIA R2019X，Dassault）、Creo/ProEngineer（Creo 6.0，PTC）、UG（NX12，Siemens）、AutoCAD（2020，Autodesk）等，它们既有共同点也有各自的特点，在国际上被不同类型的产品设计、制造商广泛使用。

下面介绍工程图基本的图学思想，并以 SolidWorks 软件为例，对三维 CAD 软件进行初步的讲解。

1. 投影法

如图 5.2-7 所示，S 是空间中的一点，作为投射中心；P 是不经过 S 的一个平面，作为投影平面。投射中心和投影平面一起称为投影条件。A 为空间物体上的一点，连接 S、A 的直线称为投射线，投射线与 P 的交点 a 就是 A 的投影。投射线通过物体向选定的面投射，并在该面上得到图形的方法称为投影法，所得图形称为物体的投影。

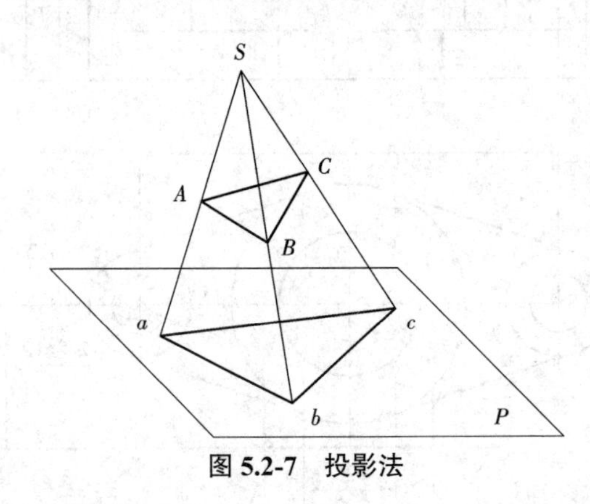

图 5.2-7　投影法

按投射线是交会还是平行，将投影法分为中心投影法和平行投影法。

（1）中心投影法

投射线交会于一点的投影法称为中心投影法，用中心投影法得到的投影称为中心投影。如图 5.2-7 所示，A、B、C 三点的投射线 SA、SB、SC 交会于投射中心 S，并且分别与投影面 P 交于点 a、b、c。a、b、c 就是空间点 A、B、C 在投影面 P 上的中心投影。

（2）平行投影法

投射线相互平行的投影法称为平行投影法，用平行投影法得到的投影称为平行投影。平行投影是中心投影的特例，当投射中心移到无穷远处时，所有投射线互相平行，中心投影成为平行投影。在平行投影法中，投射线的方向称为投射方向，仍用 S 表示，平行投影的投影条件是投射方向和投影平面，投射方向与投影平面不平行。如图 5.2-8 所示。

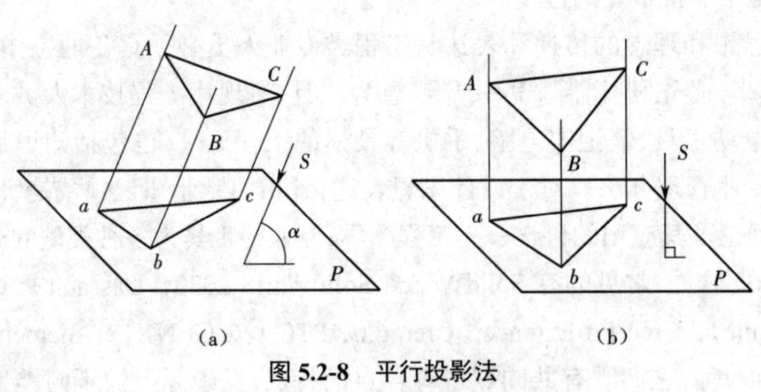

图 5.2-8　平行投影法

（a）斜投影法　（b）正投影法

按投影面与投射线的相对位置，平行投影法又分为斜投影法和正投影法。

1）斜投影法：投射线（投射方向为 S）倾斜于投影面的平行投影法，如图 5.2-8（a）所示。

2）正投影法：投射线（投射方向为 S）垂直于投影面的平行投影法，如图 5.2-8（b）所示。

如图 5.2-9 所示，$\triangle abc$ 为 $\triangle ABC$ 在投影面 P 上的投影，则正投影法具备以下投影特性：

①当 $\triangle ABC$ 所在平面平行于投影面 P 时，其投影 $\triangle abc$ 反映平面图形的实形；

②当 $\triangle ABC$ 所在平面垂直于投影面 P 时，其投影积聚为一条直线段；

③当 $\triangle ABC$ 所在平面倾斜于投影面 P 时，其投影 $\triangle abc$ 为 $\triangle ABC$ 的类似形，既不反映平面图形的实形，也没有积聚性。

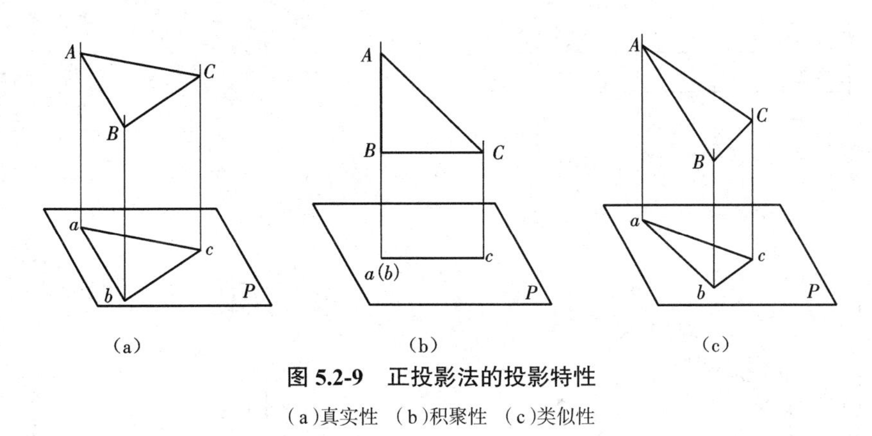

图 5.2-9　正投影法的投影特性

（a）真实性　（b）积聚性　（c）类似性

2. 三投影面体系

如图 5.2-10（a）所示，设立三个互相垂直的投影面，构成三投影面体系。一个水平放置，称为水平投影面（简称水平面），用 H 表示；一个正对观察者铅垂放置，称为正立投影面（简称正面），用 V 表示；第三个与 H、V 都垂直，称为侧立投影面（简称侧面），用 W 表示。H、V 和 W 三个投影面两两相交，得到三条交线，称为投影轴。其中 H 面与 V 面的交线是 X 轴；H 面与 W 面的交线是 Y 轴；V 面与 W 面的交线是 Z 轴。由于 H、V 和 W 面互相垂直，所以 X、Y 和 Z 轴也互相垂直，且交于一点 O，称为原点。以 O 点为界，X 轴左方为正，右方为负；Y 轴前方为正，后方为负；Z 轴上方为正，下方为负。

H、V 和 W 三个投影面将整个空间分成了八个部分，称为八个分角。W 面左侧为第一、第二、第三、第四分角，其中 H 面之上、V 面之前的部分为第一分角，其余分角按面向 W 面左侧逆时针排列，分别为第二、第三、第四分角；W 面右侧为第五、第六、第七、第八分角，分别与第一、第二、第三、第四分角对应。我国的技术标准规定主要使用第一分角进行投影制图，因此，本书只讨论第一分角内的投影问题，即第一角投影。

为了绘图方便，将点的三面投影表示在同一平面上，需要将投影面展平。如图 5.2-10（d）所示，展平方法为：V 面不动，H 面绕 X 轴向下旋转 90° 与 V 面重合；W 面绕 Z 轴向右旋转 90° 与 V 面重合。在投影面展平的过程中，由于 V 面不动，所以 X 轴和 Z 轴的位置不变。而 Y 轴被分为两支，一支随 H 面向下旋转，最终与 Z 轴的负方向重合，用 YH 表示；另一支随 W 面向后旋转，最终与 X 轴的负方向重合，用 YW 表示。X、YH、YW、Z 四条轴线构成平面上两条互相垂直的直线，交点是原点 O。为了避免重复，只给出各投影轴的正向。三个投影面不再画出边框线。

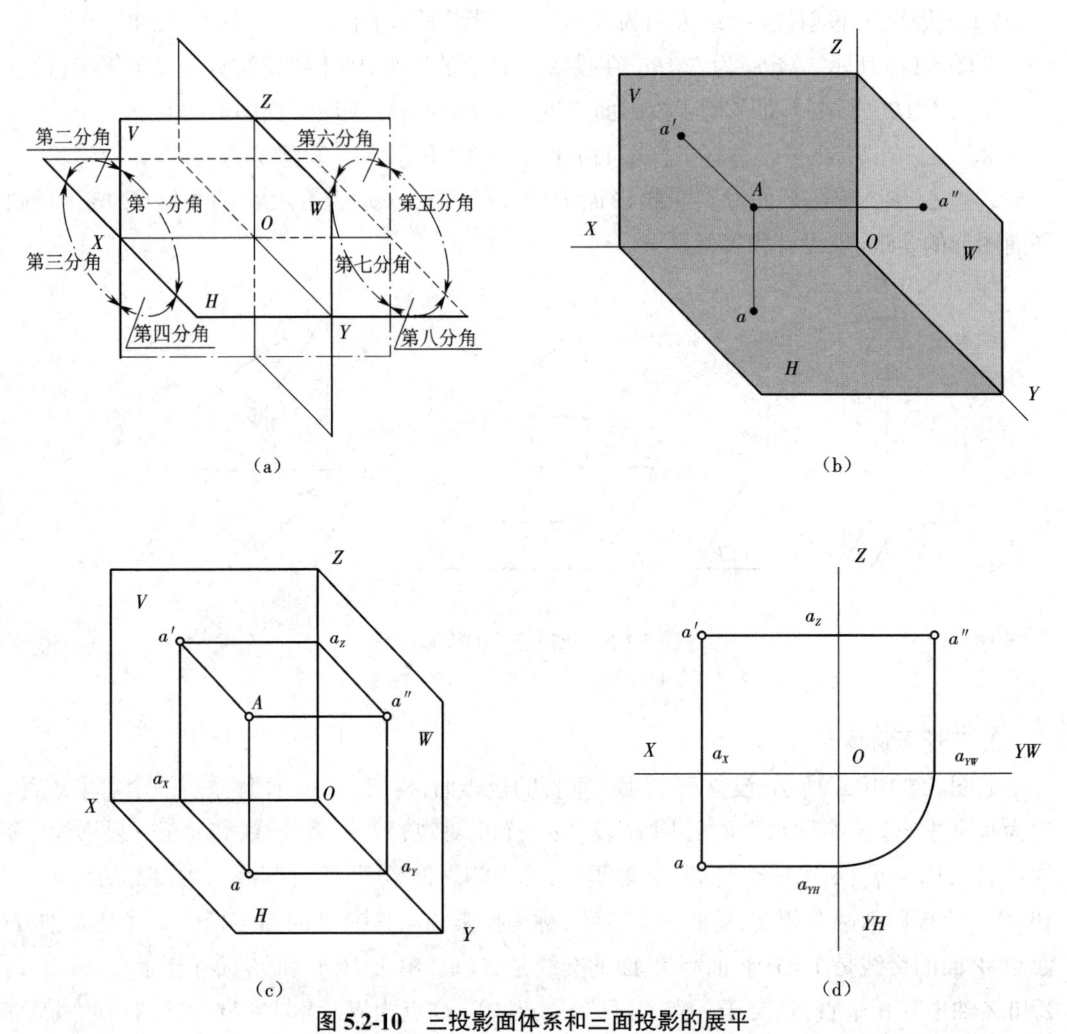

图 5.2-10　三投影面体系和三面投影的展平

(a)三面投影体系的建立　(b)、(c)点的三面投影　(d)三面投影的展平

3. 基本立体

基本立体按其表面的几何性质分为平面立体和曲面立体。基本立体是构成复杂形体的基本单元。

如图 5.2-11(a)所示,表面由若干平面构成的立体称为平面立体,相邻平面的交线形成平面立体的棱线或边线,相邻棱线或边线的交点形成平面立体的顶点。平面立体的投影就是立体表面的所有平面、棱线和边线的投影。

如图 5.2-11(b)所示,表面由曲面或曲面与平面构成的立体称为曲面立体。表面的曲面是回转面的曲面立体称为回转体,回转体的表面由回转面与平面构成(如圆柱、圆锥等)或只由回转面构成(如圆球、圆环等)。回转体的投影就是构成回转体表面的回转面和平面的投影。因为回转面是光滑曲面,其特定方向的投影用该投射方向转向线的投影表示。

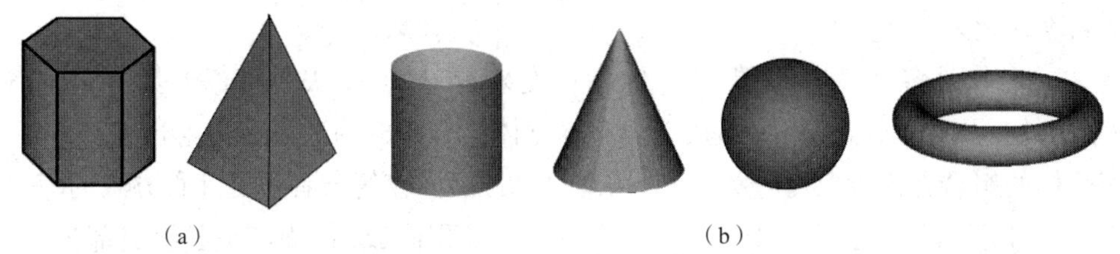

图 5.2-11　基本立体

（a）平面立体　（b）回转体

4. 截切立体与相贯立体

平面与立体相交并截掉立体的某些部分称为立体的截切。与立体相交的平面称为截平面。截平面与立体表面的交线称为截交线。图 5.2-12 所示为截切立体。

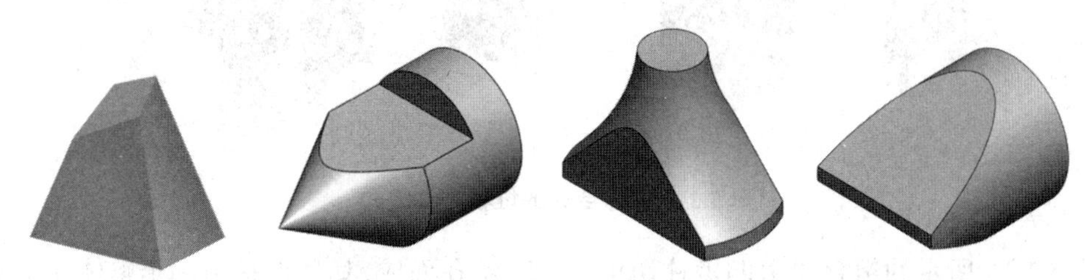

图 5.2-12　截切立体

截交线既属于截平面又属于立体表面，因此，截交线上的点是截平面和立体表面的共有点。这些共有点的连线就是截交线，截交线的投影就是这些共有点的投影的连线。由于立体有一定的大小和范围，所以截交线一般是封闭的平面图形。截切立体的投影包括立体未被截到部分的投影和截交线的投影。截交线的形状取决于立体的形状和截平面与立体的相对位置。

立体相交称为相贯，相贯时立体表面的交线称为相贯线，如图 5.2-13 所示。相贯立体的投影包括参与相贯的立体的投影和相贯线的投影两个部分。相贯线具有以下性质：

1）相贯线是相交立体表面的共有线，相贯线上的点是相交立体表面的共有点；

2）相贯线是相交立体表面的分界线，只有在立体投影的重叠区域才有相贯线的投影；

3）由于立体具有一定的大小和范围，所以相贯线一般是封闭的空间曲线，在特殊情况下为平面曲线或直线。

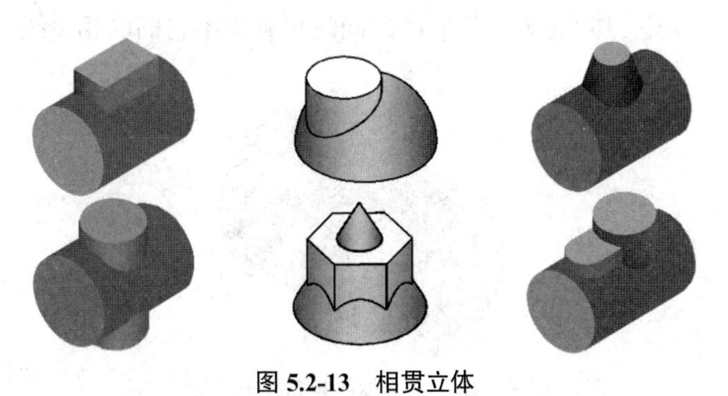

图 5.2-13　相贯立体

5. 组合体及其形体分析

物体的形状是多种多样的，但从形体的角度来看，都可以认为由若干基本立体（如棱柱、棱锥、圆柱、圆锥、圆球、圆环）组成。由基本立体组合而成的形体称为组合体。

组合体的组合方式大致可分为堆积、切割、相贯三种，较复杂者常是几种方式的综合。

图 5.2-14 所示的组合体由圆锥台、棱柱和圆柱堆积而成，其特点是各组成部分之间以平面接触，画图时可按形体逐一画出各投影，最后得到组合体完整的投影。

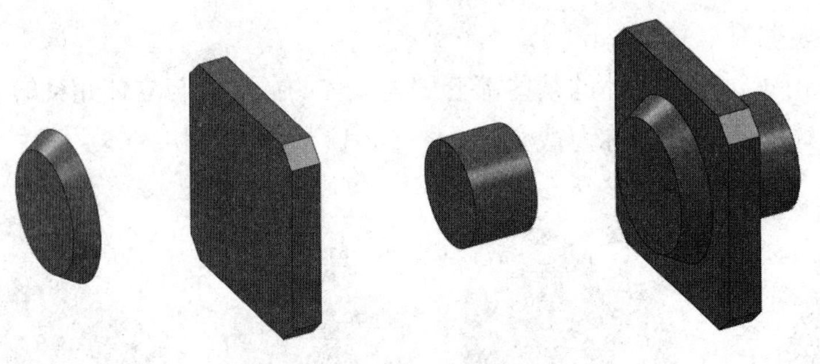

图 5.2-14　组合体的堆积组合方式

图 5.2-15 所示的组合体由四棱柱切角、开槽、钻孔而成，其特点是由一个整体切去各部分形成。对这种切割而成的组合体，应先画出其切割前的完整形体，然后逐步画出被切去各部分之后的形体。

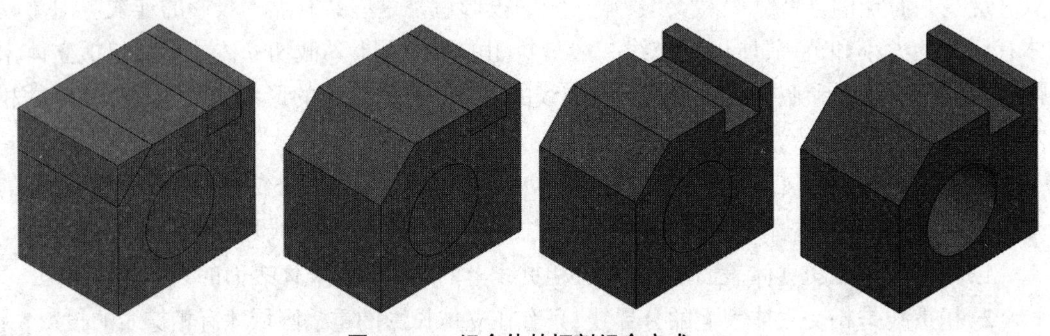

图 5.2-15　组合体的切割组合方式

图 5.2-16 所示的组合体由圆柱和圆锥台相贯而成，其特点是由两个以上基本立体相贯形成。对相贯而成的组合体，在画出各形体的同时正确画出它们的相贯线。

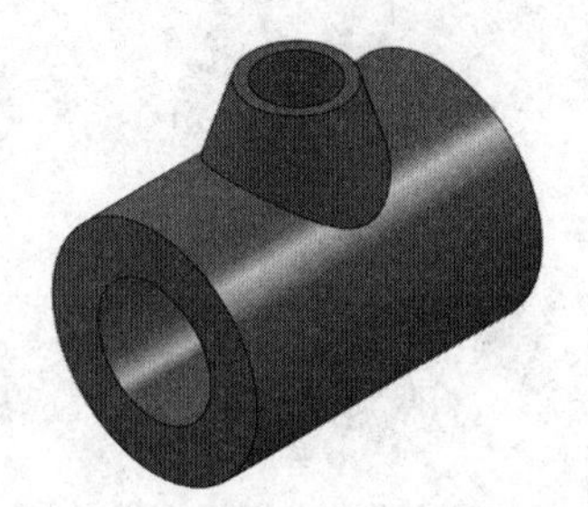

图 5.2-16　组合体的相贯组合方式

如上所述,组合体可以看成由若干基本立体组成。因此,可以假想将复杂的组合体分解成若干较简单的基本立体,分析各基本立体的形状、组合方式和相对位置,然后有步骤地画图和读图。这种把复杂立体分解为若干基本立体的方法称为形体分析法。形体分析法是组合体画图、读图和标注尺寸的主要方法。

图 5.2-17 所示为一个轴承座,下面以该轴承座为例,说明组合体的形体分析法。轴承座可分解成套筒Ⅰ、支板Ⅱ、肋板Ⅲ、底板Ⅳ四个基本立体。其中Ⅰ为空心圆柱,Ⅱ、Ⅲ、Ⅳ均为棱柱。支板Ⅱ、肋板Ⅲ、底板Ⅳ之间的组合方式为堆积,支板Ⅱ的两个侧面和套筒Ⅰ的外表面相切,肋板Ⅲ和套筒Ⅰ相交。由图 5.2-17 可以看出轴承座前后对称。

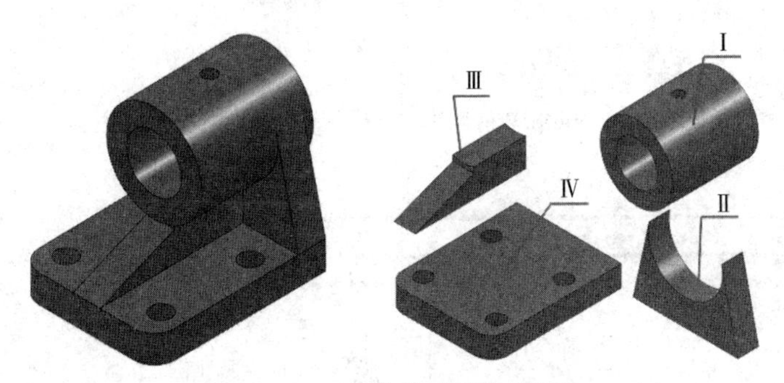

图 5.2-17　组合体的形体分析法

6. 组合体与基本立体建模实例

(1)SolidWorks 简介

SolidWorks 是由法国达索系统公司推出的一款三维设计软件系统,是世界上第一个基于 Windows 开发的三维 CAD 系统。SolidWorks 是一款基于特征的参数化实体建模工具,最大特点是上手容易、兼容性好,是全球装机量最大的三维造型设计软件,涉及航空航天、机车、食品、机械、国防、交通、模具、电子通信、医疗器械、娱乐业、日用品、消费品等离散制造行业,用户分布于全球 100 多个国家的 31 000 多家企业。SolidWorks 软件已经推出许多版本,除特定说明外,本书中对 SolidWorks 的介绍均默认以 64 位操作系统 Windows 10 下的 SolidWorks 2018 为例。

1)SolidWorks 主界面介绍。

安装 SolidWorks 后,在 Windows 的操作环境下选择“开始”图标→“SolidWorks 2018”→“SolidWorks 2018”命令,或者在桌面上双击 SolidWorks 2018 的快捷方式图标,就可以启动 SolidWorks 程序,也可以直接双击打开已经做好的 SolidWorks 设计文件启动 SolidWorks。启动后的 SolidWorks 主界面的组成和功能说明如图 5.2-18 至图 5.2-23 所示。SolidWorks 的系统界面、图标样式和功能等,许多都与 Windows 系统完全兼容,如新建、打开、选项、帮助等,这就大大增强了该软件的易读性和易操作性。

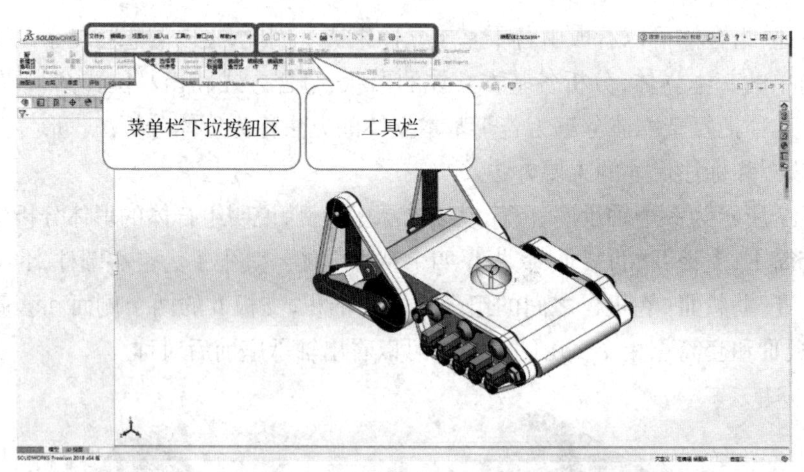

图 5.2-18 SolidWorks 软件界面——菜单栏与工具栏

图 5.2-19 SolidWorks 软件界面——命令管理器与前导视图工具栏

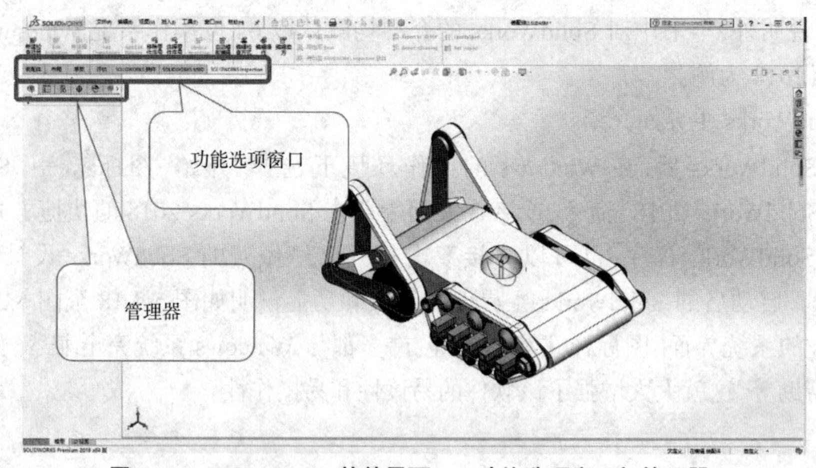

图 5.2-20 SolidWorks 软件界面——功能选项窗口与管理器

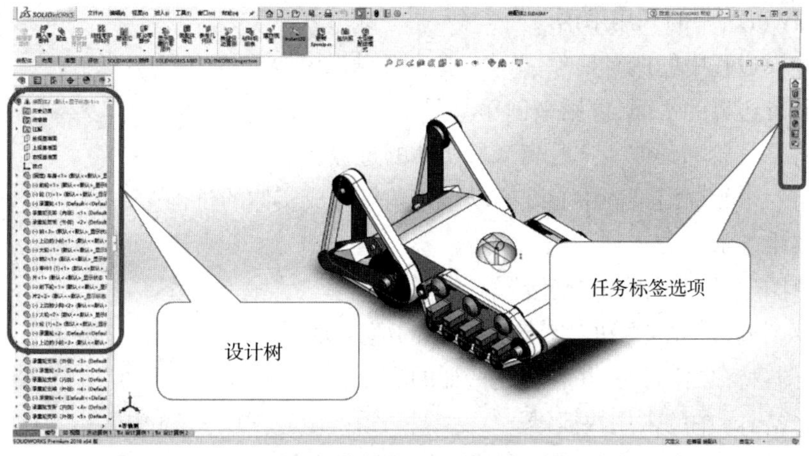

图 5.2-21　SolidWorks 软件界面——设计树与任务标签选项

图 5.2-22　SolidWorks 软件界面——状态栏

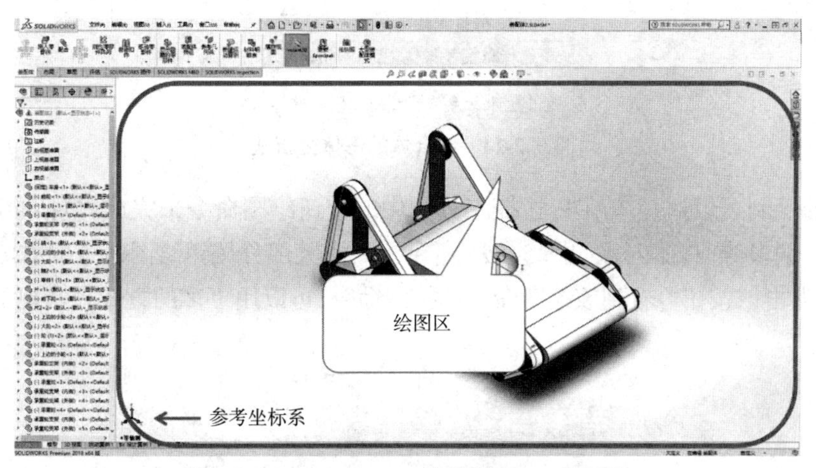

图 5.2-23　SolidWorks 软件界面——绘图区

2）SolidWorks中的常用术语。

特征：建模过程中的所有切除、凸台、基准面、草图都被称为特征。

基准面：有边界的平面，可用来创建草图。

拉伸：将一个轮廓延伸一定距离形成实体的过程。

旋转：将一个轮廓沿某一中心线转动一定角度形成实体的过程。

草图：二维外形轮廓。

凸台：草图通过“拉伸”和“旋转”等形成的实体。

切除：草图通过“拉伸”和“旋转”等切除的部分实体。

设计意图：特征之间的关联和创建特征的顺序。

3）SolidWorks中的常用快捷键。

一般快捷键：SolidWorks指定一般操作快捷键的方式与标准的Windows约定一致。

鼠标快捷键：①左键，用于选择对象，如几何体、菜单按钮和设计树中的内容；②右键，用于激活快捷菜单，快捷菜单的列表内容取决于光标所处的位置，其中也包含常用的命令菜单；③中键，动态地旋转、缩放和平移零件、装配体，平移工程图。

智能捕捉：当光标靠近参考线、参考点、几何关系时，系统进行自动捕捉。

（2）SolidWorks中立体建模的基本方法

在包括SolidWorks在内的三维设计软件中建立复杂立体模型，一般按照如图5.2-24所示的方法，遵循“自下而上/自上而下，从大到小，由外而内”的顺序逐一建立各个部分的立体，最终形成所需的复杂立体模型。

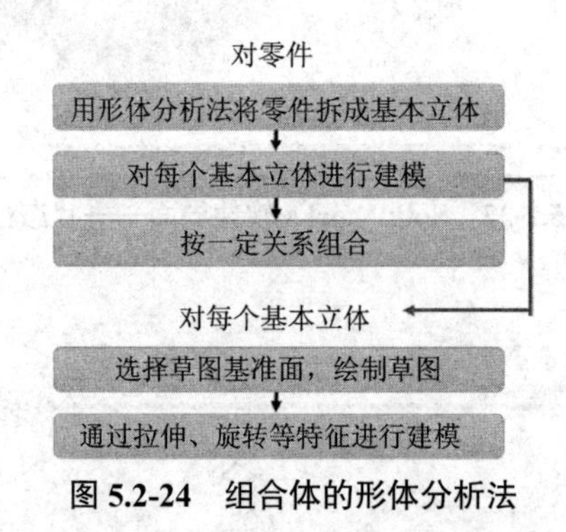

图5.2-24 组合体的形体分析法

草图的绘制可以通过“草图”快捷工具栏中的按钮绘图命令来完成，包括绘图工具、图形的修改与编辑等，具体内容如图5.2-25所示。其中大部分按钮绘图命令的右侧都有下拉菜单按钮，点击该按钮可看到该绘图命令的扩展命令，可以用更多的方式来实现不同草图图形的绘制。

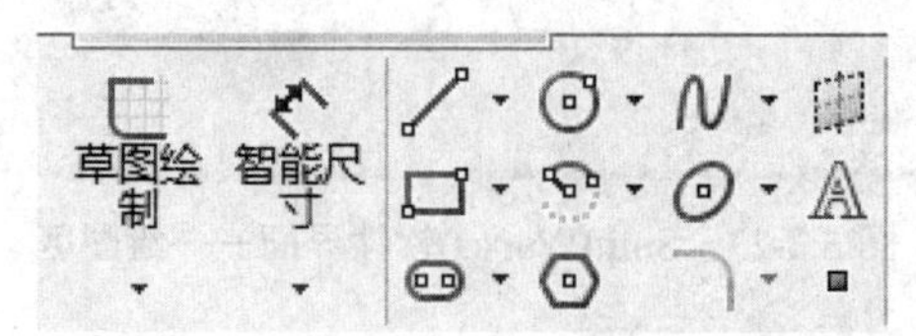

图5.2-25 “草图”快捷工具栏中的按钮绘图命令

一张完整的草图,必须具有以下三个要素:线段、几何关系、尺寸。绘制草图的顺序一般如下:

①确定基准;

②绘制图形(通过绘制各种线段);

③通过尺寸和几何关系控制图形的大小、位置等;

④确定或保存。

草图中的线段分为三种:已知线段,已知两个定位尺寸、一个定形尺寸,可以直接画出;中间线段,已知一个定位尺寸、一个定形尺寸;连接线段,只有一个定形尺寸。

草图中的几何关系用于确定线段的空间位置和相互之间的位置关系,如图5.2-26所示。

图5.2-26 草图中的几何关系

(3)SolidWorks中立体建模的实例

例:要求在SolidWorks中建立如图5.2-27(a)所示的立体模型。立体模型的组成:Ⅰ底板,大圆柱Ⅱ大圆柱上的凸台Ⅲ。

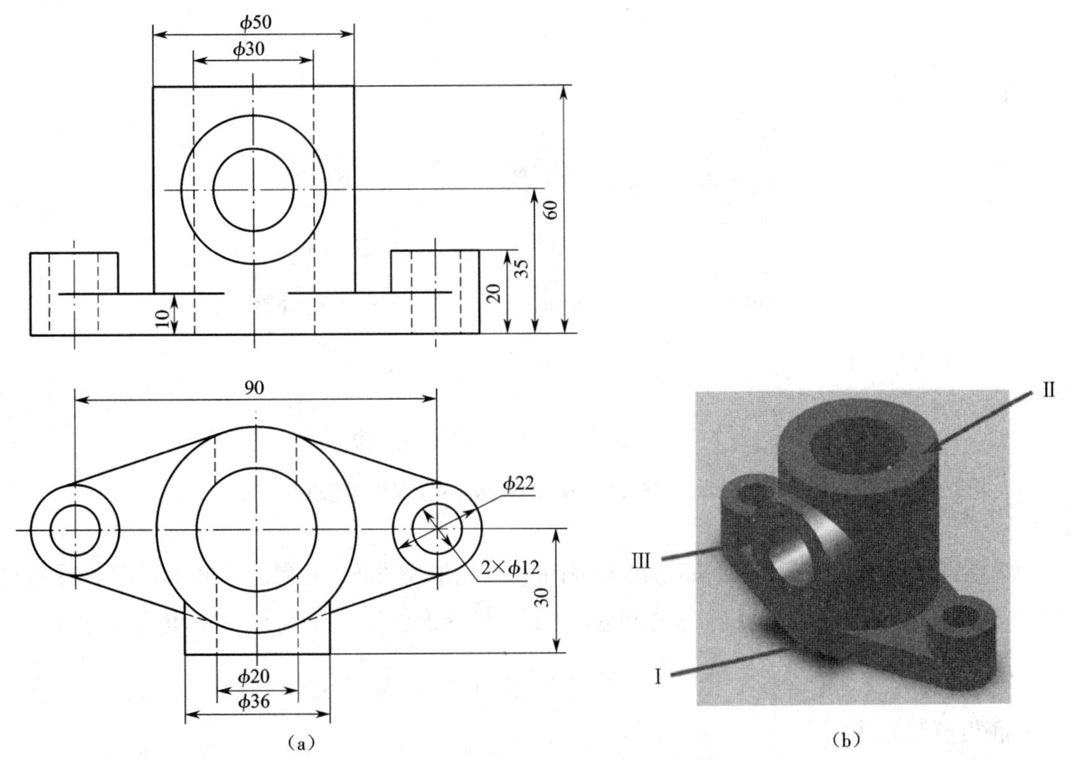

图5.2-27 立体模型的主视图与俯视图

解:根据图 5.2-27(a),判断立体在空间中的形状如图 5.2-27(b)所示。按照形体分析法,可以将该立体分解为三个基本立体:底板Ⅰ,大圆柱Ⅱ,大圆柱上的凸台Ⅲ。按照图 5.2-28 所示的步骤建模,具体过程如下。

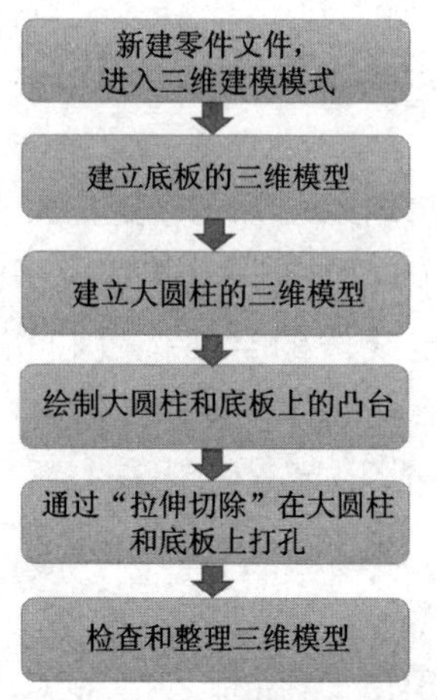

图 5.2-28 立体模型的建模步骤

1)新建零件文件。双击桌面上的 SolidWorks 图标,进入主界面。点击工具栏中的"新建"按钮,进入如图 5.2-29 所示的界面;选择"零件"选项。

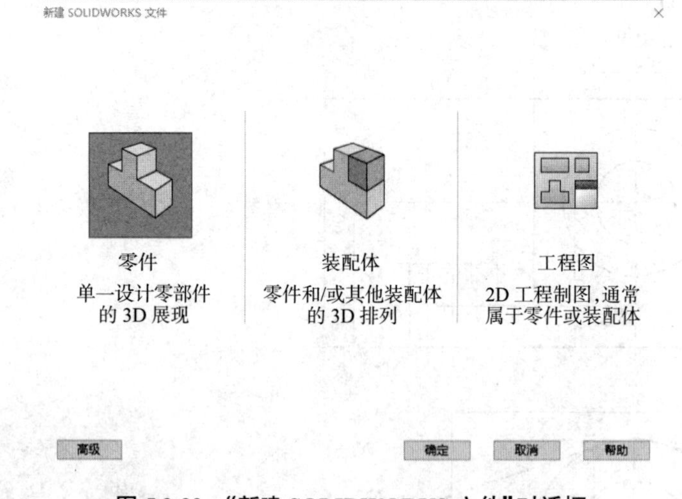

图 5.2-29 "新建 SOLIDWORKS 文件"对话框

2)建立底板的三维模型。点击工具栏中的;选取基准面(上视基准面),注意坐标系;如图 5.2-30 所示,进入草绘模式,绘制底板的轮廓,先绘制三个圆形( ),再绘制相切线( ),最后去除不要的线条( ),结果如图 5.2-31 所示;如图 5.2-32 所示,输入拉伸深度,完成底板模型的建立。

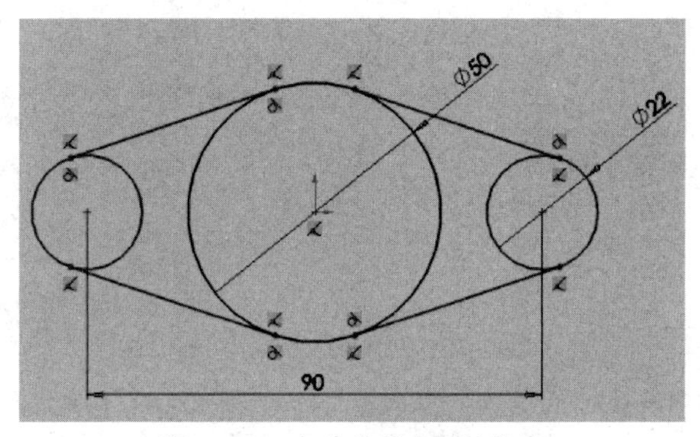

图 5.2-30　初步绘制底板的轮廓

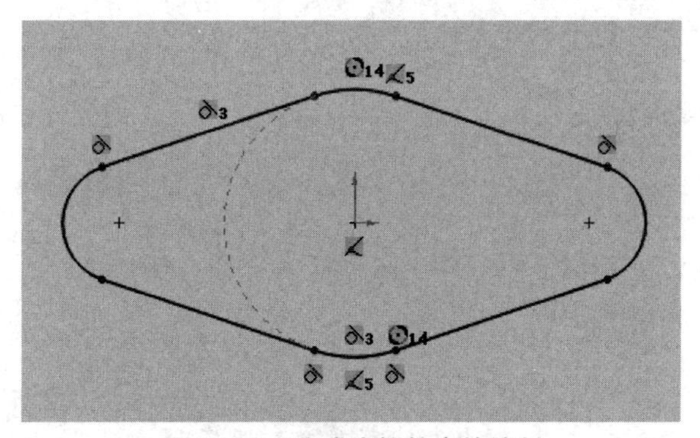

图 5.2-31　完成底板轮廓的绘制

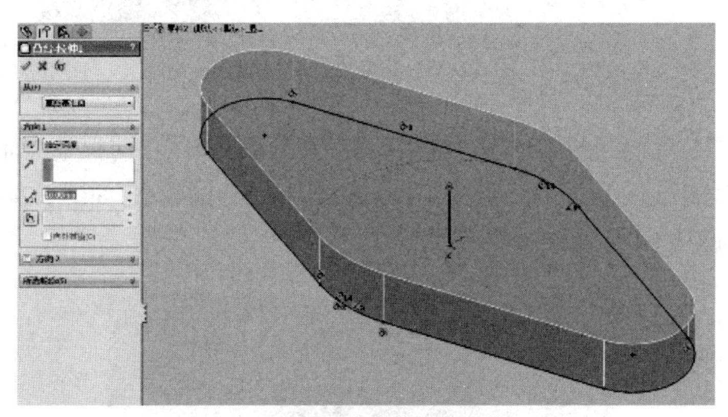

图 5.2-32　完成底板的建模

3）建立大圆柱的三维模型。点击工具栏中的；选取基准面（底板的上表面），如图 5.2-33 所示将视图方向设置为“上视”；如图 5.2-34 所示，进入草绘模式，绘制大圆柱的轮廓；如图 5.2-35 所示，输入拉伸深度，完成大圆柱的建模。

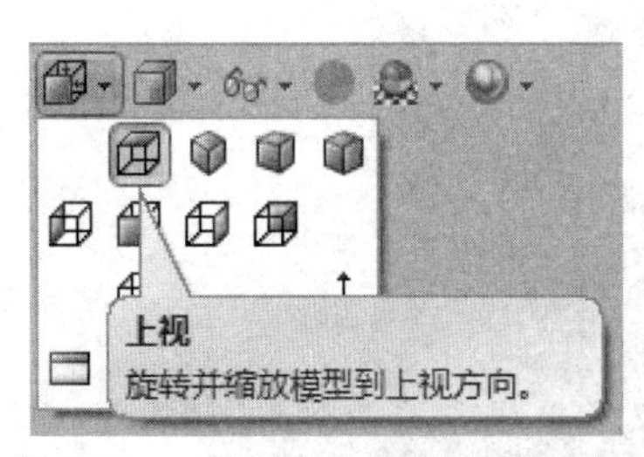

图 5.2-33　将视图方向设置为“上视”

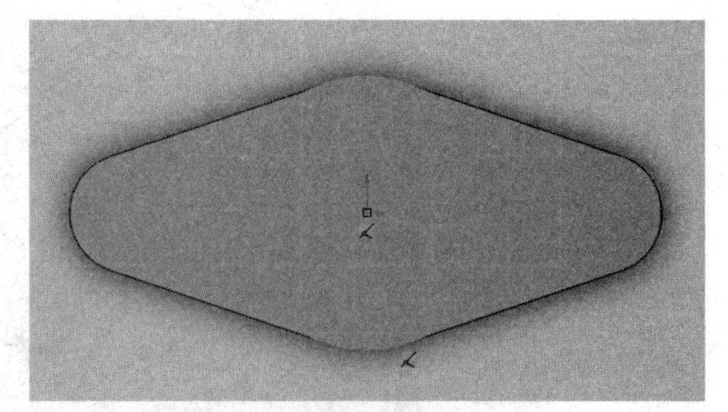

图 5.2-34　绘制大圆柱的轮廓

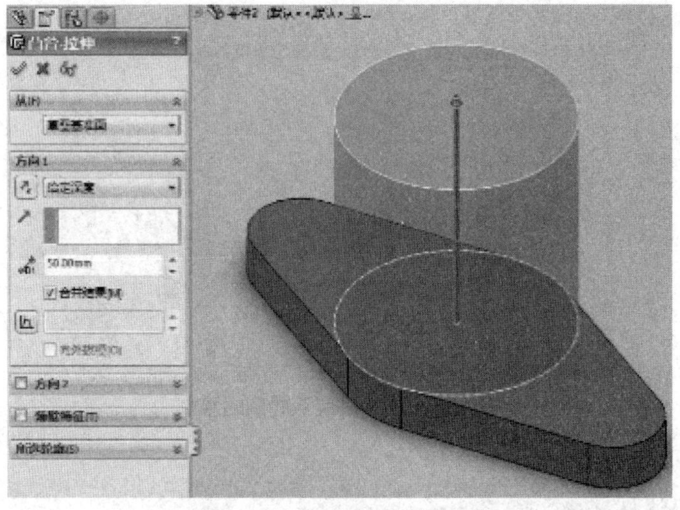

图 5.2-35　完成大圆柱的建模

4)绘制大圆柱上的凸台。点击工具栏中的;选取基准面(前视基准面),将视图方向更改为“前视”;如图 5.2-36 所示,进入草绘模式,绘制凸台的轮廓,如图 5.2-37 所示,输入拉伸深度,完成大圆柱上的凸台的建模。

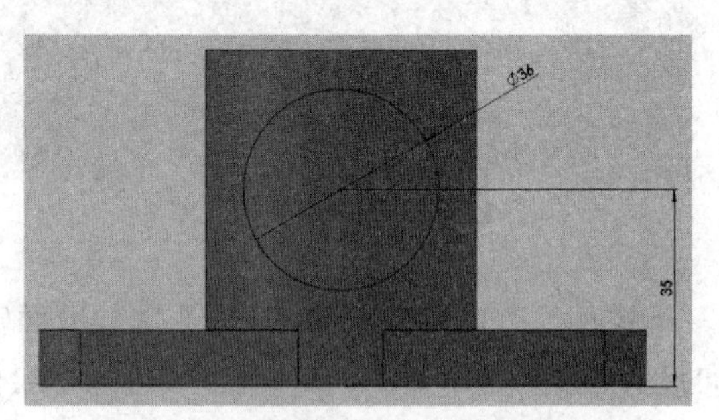

图 5.2-36　大圆柱上的凸台轮廓的绘制

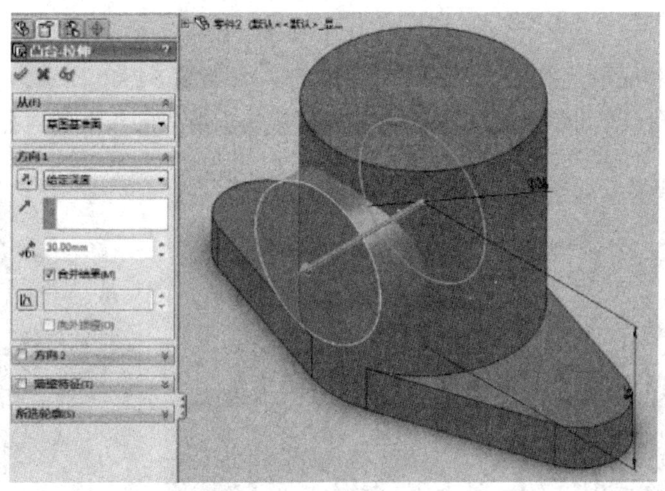

图 5.2-37　拉伸形成大圆柱上的凸台

5）绘制底板上的凸台。点击工具栏中的；选取基准面（底板的上表面），将视图方向更改为“上视”；如图 5.2-38 所示，进入草绘模式，绘制凸台的轮廓；如图 5.2-39 所示，输入拉伸深度，完成底板上的凸台的建模。

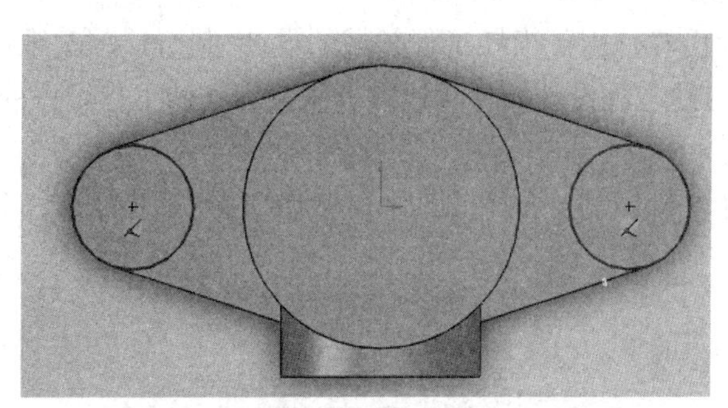

图 5.2-38　底板上的凸台轮廓的绘制

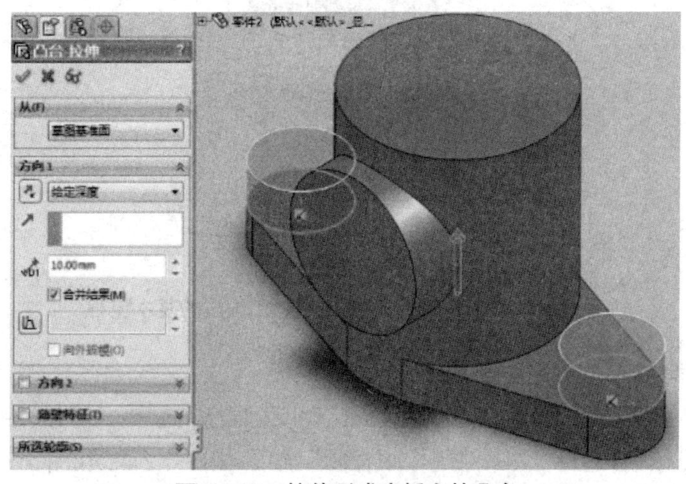

图 5.2-39　拉伸形成底板上的凸台

6）在大圆柱和底板上打孔。点击工具栏中的拉伸切除；如图 5.2-40 所示，先切除形成大圆柱上的凸台上的通孔，再切除形成大圆柱的空心，最后切除形成底板上的通孔。

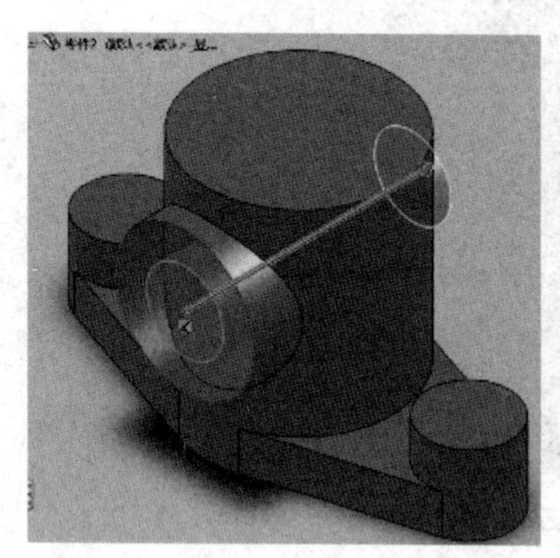
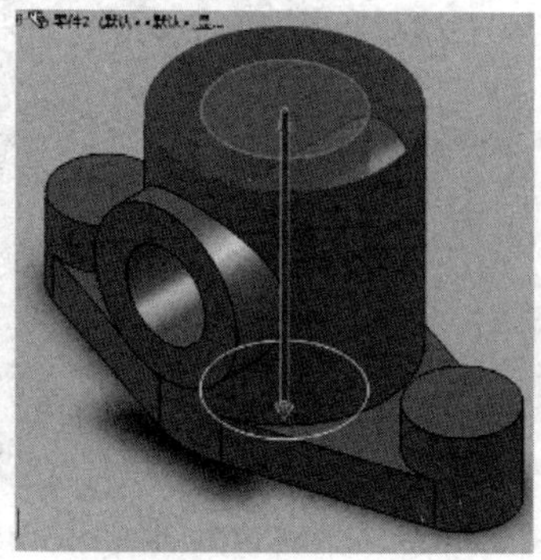

图 5.2-40　拉伸切除形成各个位置的圆柱孔

5.2.2　单一产品立体的表达方法

1. SolidWorks 中产品工程图的绘制方法

二维的工程图样仍然是用于指导工程领域的设计、制造、装配、维护等环节的主要技术文件。因此，利用现有的工程设计软件生成符合国家标准的工程图样的能力，是考核软件学习水平的关键指标之一。

在 SolidWorks 中绘制产品工程图的基本流程如图 5.2-41 所示。

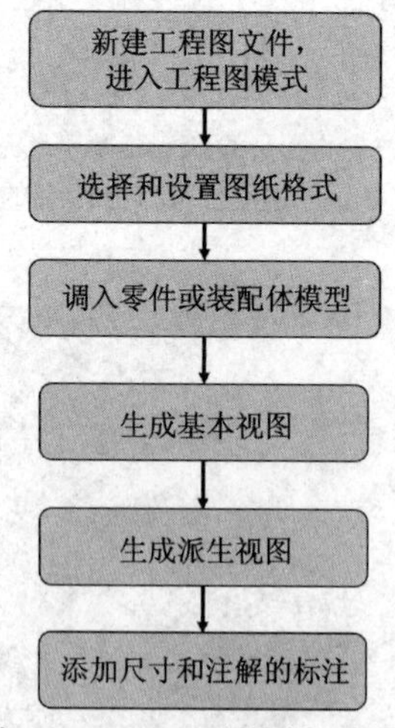

图 5.2-41　在 SolidWorks 中绘制工程图的基本流程

（1）设置图纸格式

新建工程图文件。选择工具栏中的“新建”→“工程图”选项，或者在零件建模后点击菜单栏中的“文件”按钮，选择“从零件制作工程图”选项，如图 5.2-42 和图 5.2-43 所示。

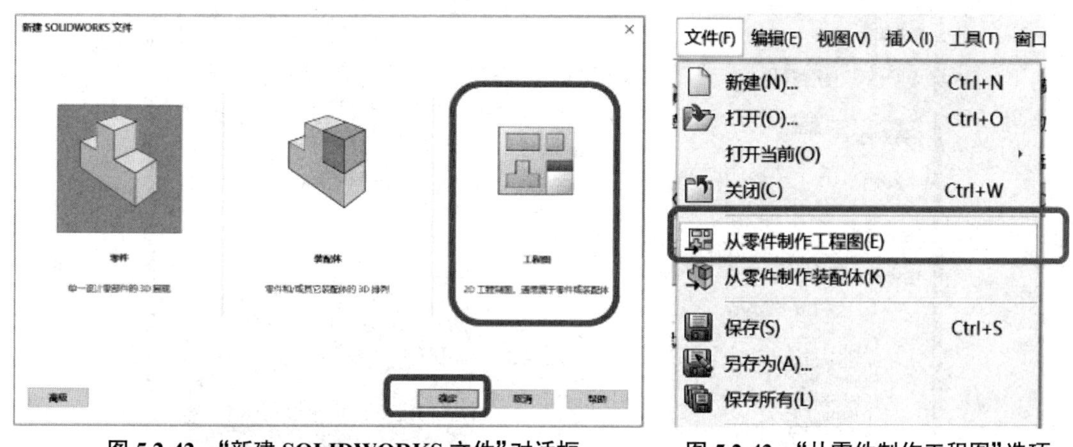

图 5.2-42　“新建 SOLIDWORKS 文件”对话框　　图 5.2-43　“从零件制作工程图”选项

（2）修改图纸格式

在如图 5.2-44 所示的“图纸格式/大小”对话框中可以修改图纸格式和图纸大小；或者在设计树中选中图纸，单击鼠标右键菜单中的“属性”，在弹出的如图 5.2-45 所示的“图纸属性”对话框中修改投影类型和绘图比例。

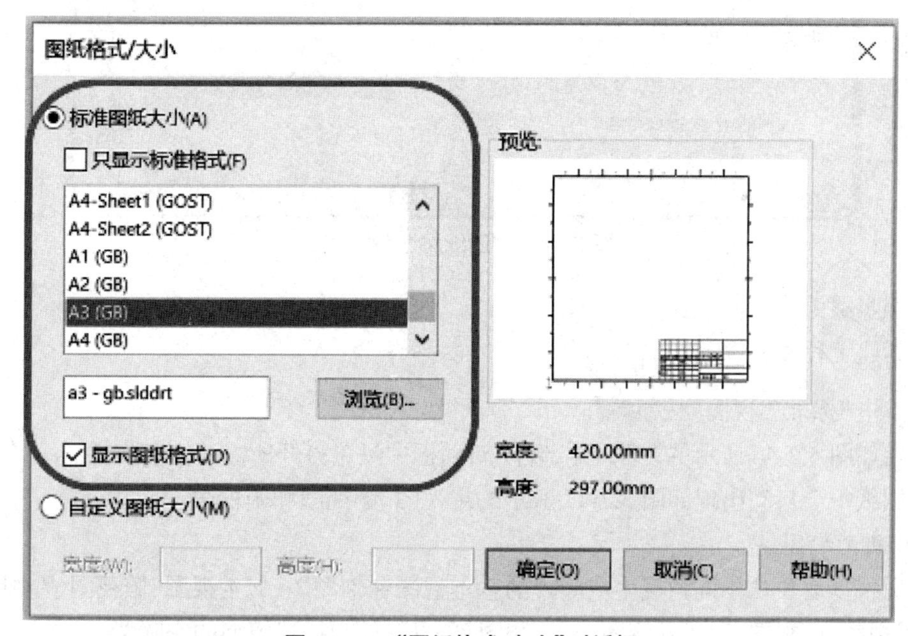

图 5.2-44　“图纸格式/大小”对话框

2. SolidWorks 中视图的建立方法

（1）标准三视图

从三维模型的前视、右视、上视三个正交角度投影生成三个正交视图，分别是主视图、侧视图和俯视图，它们之间有固定的对齐关系。

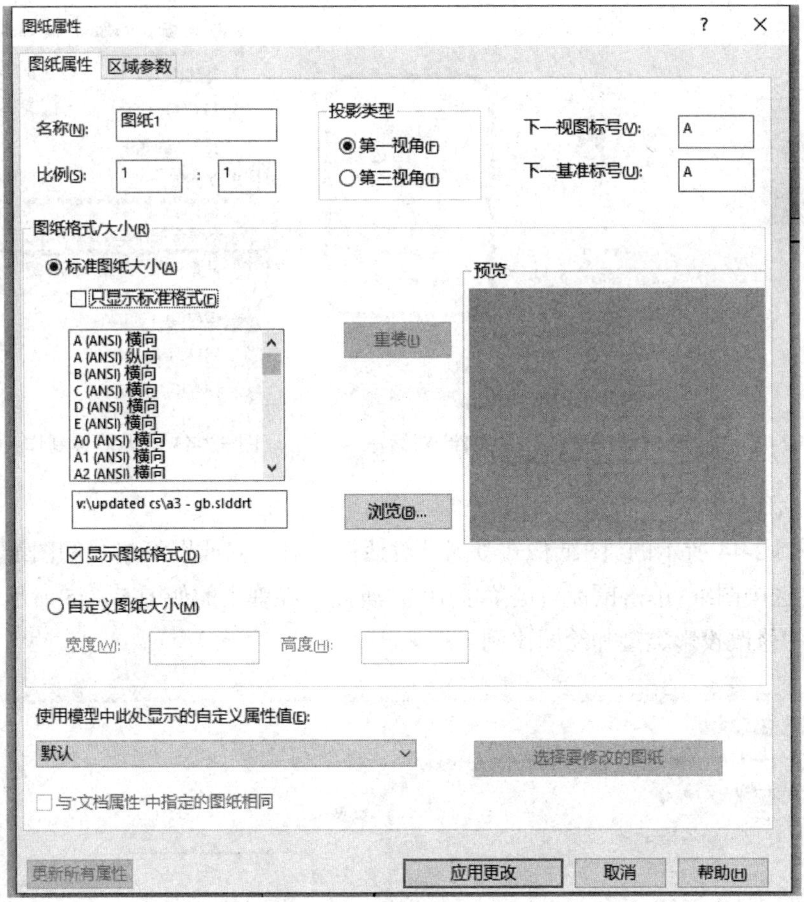

图纸属性 ? ×

图纸属性 区域参数

名称(N): 图纸1

比例(S): 1 : 1

投影类型

◉第一视角(F)

○第三视角(T)

下一视图标号(V): A

下一基准标号(U): A

图纸格式/大小(R)

◉标准图纸大小(A)

☐只显示标准格式(F)

A (ANSI) 横向
A (ANSI) 纵向
B (ANSI) 横向
C (ANSI) 横向
D (ANSI) 横向
E (ANSI) 横向
A0 (ANSI) 横向
A1 (ANSI) 横向
A2 (ANSI) 横向

重装(L)

v:\updated cs\a3 - gb.slddrt

浏览(B)...

预览

☑显示图纸格式(D)

○自定义图纸大小(M)

宽度(W): 高度(H):

使用模型中此处显示的自定义属性值(E):

默认

选择要修改的图纸

☐与'文档属性'中指定的图纸相同

更新所有属性 应用更改 取消 帮助(H)

图 5.2-45 “图纸属性”对话框

操作步骤：

①新建工程图文件；

②点击“标准三视图”按钮；

③在如图 5.2-46 所示的“插入零部件”对话框中浏览打开所需的模型文件。

则图纸中会自动出现如图 5.2-47 所示的主视图、侧视图和俯视图。

（2）模型视图

可以根据需要从不同角度生成零件的基本视图和轴测图，如主视图、俯视图、左视图、右视图、仰视图、后视图、正等轴测图、斜二测图等，以更好地描述模型的实际情况。

操作步骤：

①点击“模型视图”按钮；

②在弹出的“插入零部件”对话框中浏览打开所需的模型文件；

③在如图 5.2-48 所示的“标准视图”组框中选择投影方向和绘图比例，也可在如图 5.2-49 所示的界面中“视图调色板”选项卡中选择需要表达的视图方向；

④在图形区单击鼠标左键，生成模型视图。

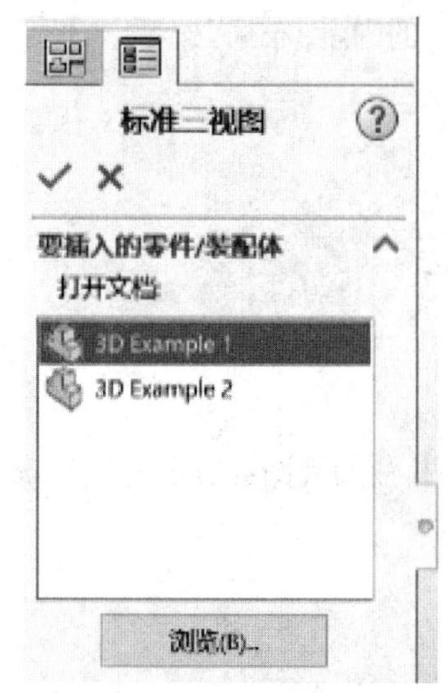

图 5.2-46　“图纸属性”对话框

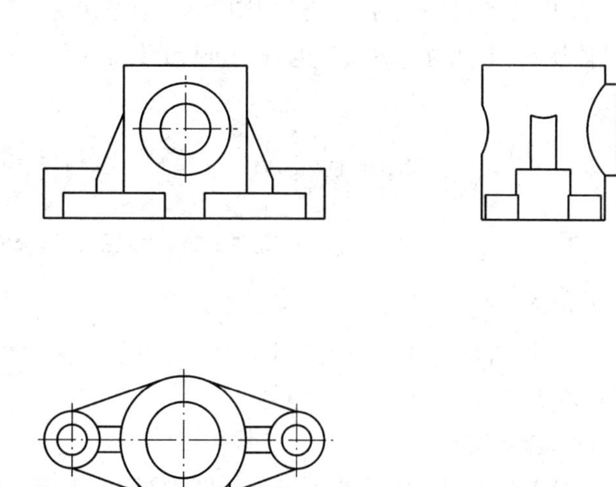

图 5.2-47　标准三视图

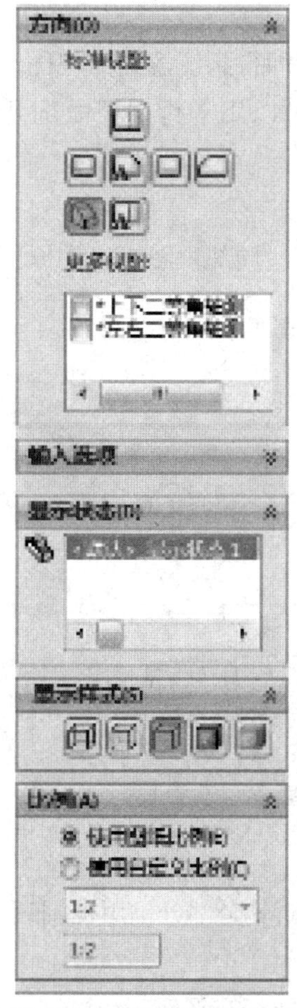

图 5.2-48　“标准视图”组框

图 5.2-49　“视图调色板”选项卡

如图 5.2-50 所示，除了上述视图以外，通过快捷工具栏中的“视图布局”选项卡，还可建立其他视图，下面对部分常用的视图进行介绍。

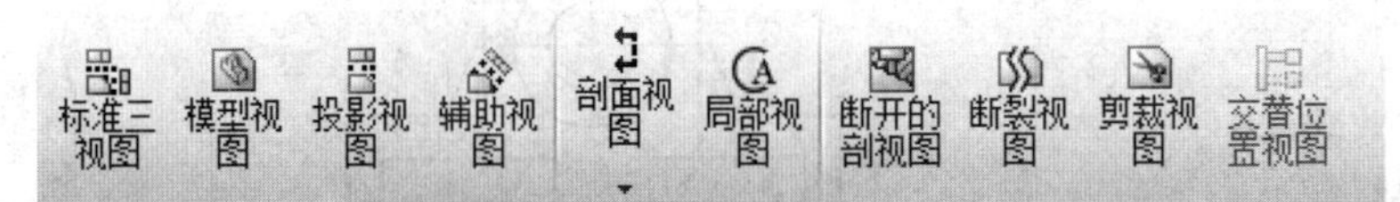

图 5.2-50 “视图布局”选项卡

(3)派生视图

派生视图是由基本视图派生而出的，主要包括投影视图、辅助视图、剖面视图、局部视图、断裂视图等。

(4)投影视图

投影视图是从正交方向对现有视图投影生成的视图。

(5)辅助视图(斜视图)

辅助视图类似于投影视图，但它是沿视图中某参考边线的垂直方向生成的视图。

(6)剖面视图(剖视图)

假想用剖切面把零件模型剖开，将剖切面后的部分投影即得到注意剖面视图。可以根据剖切面的不同生成全剖视图、半剖视图、断面图等。也可以用平行剖切面剖开形成剖视图。

(7)局部视图

在视图中选取某个部分，独立显示出来就生成局部视图。局部视图可以用原图的比例显示，也可放大显示，即局部放大图，如图 5.2-51 所示。

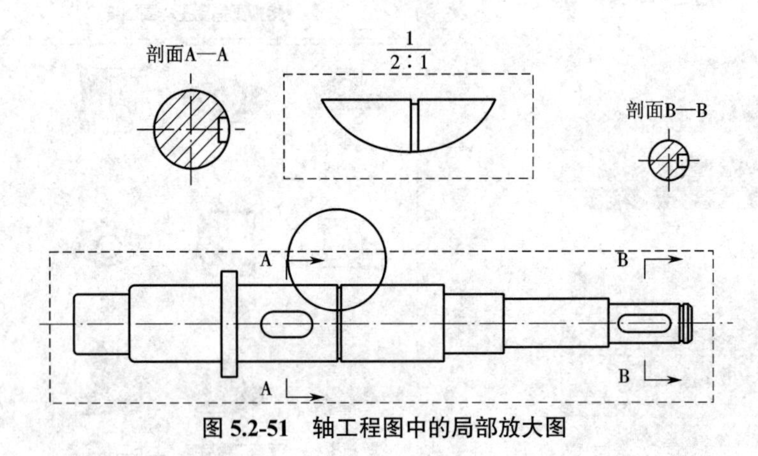

图 5.2-51 轴工程图中的局部放大图

(8)断开的剖视图(局部剖视图)

断开的剖视图即在视图中选取某个部分用剖视图表达，而其余部分仍用视图表达。

(9)旋转剖视图

用两个相交的剖切面剖开零件模型即得到旋转剖视图(即相交平面剖切)。

（10）断裂视图

比较长的几何体可使用断裂视图表示，即将某个视图从中间断开后缩短绘制。

视图界面中的其他操作有隐藏/显示视图、隐藏/显示模型边线、隐藏/显示切边、移动视图、旋转视图、对齐视图、删除视图、修改工程图比例，以上操作的过程本书不详细叙述，可参照 SolidWorks 帮助文档或其他相关教材对该部分内容进行操作练习。

3. SolidWorks 中产品内部结构的表达方法

绘制剖视图的步骤：

1）点击“剖面视图”按钮；

2）在相应的视图上画剖切面；

3）在某投影方向上单击鼠标左键，放置剖视图；

4）修改切边（单击鼠标右键“视图”→“切边不可见”）；

5）整理图形，隐藏不需要的边；

6）隐藏切割线，添加中心线。

按照上述步骤绘制的产品剖视图如图 5.2-52 所示，其中主视图取半剖视图，左视图取全剖视图。

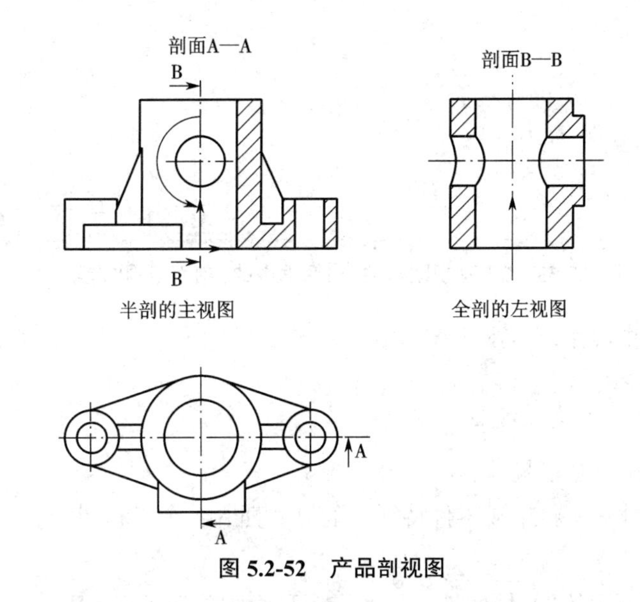

图 5.2-52　产品剖视图

按照国家标准的要求，当剖切平面为肋板等结构的最大截面时，肋板的剖切面按照未剖切方法绘制。在剖切视图中单击鼠标右键，选择“属性”命令，在弹出的“工程视图属性”对话框（图 5.2-53）中点击“剖面范围”选项卡，在“设计特征树”中选择指定的肋板特征（筋特征），点击“确定”按钮，即可按照国家标准绘制肋板等结构，结果如图所示。

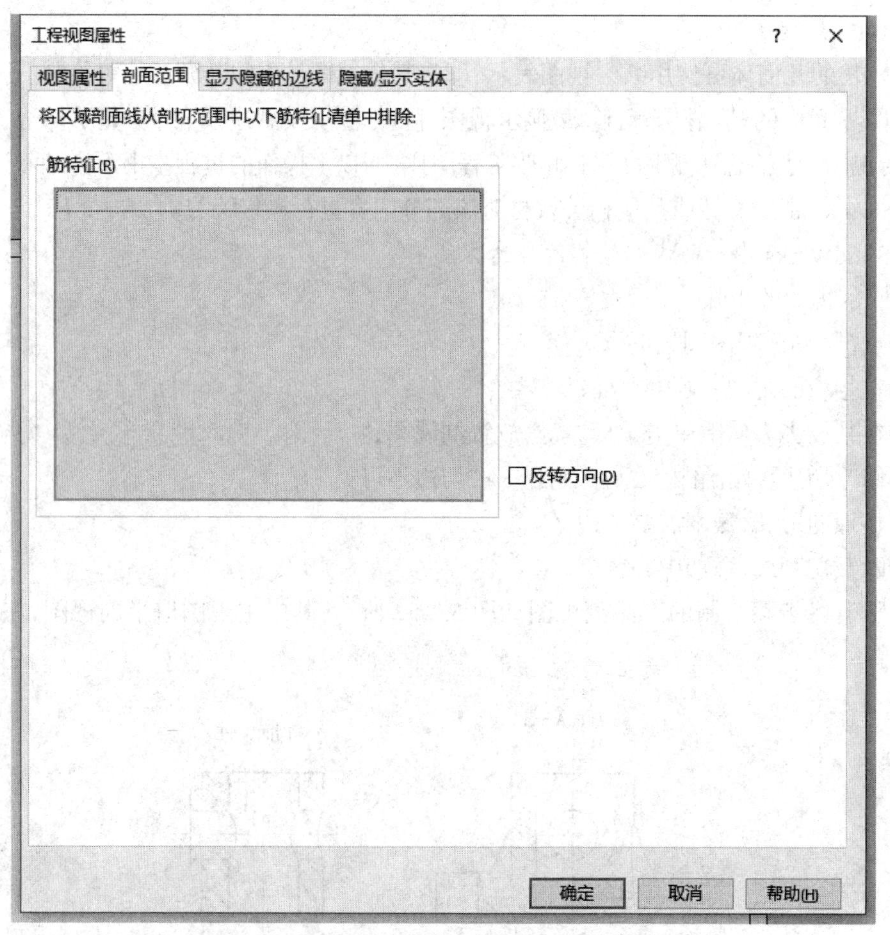

图 5.2-53 “工程视图属性”对话框中的“剖面范围”选项卡

4. 产品工程图中尺寸的标注方法

(1)设置标注样式

①设置标注样式。

尺寸标注工具——智能尺寸;

从模型插入尺寸——将生成零件特征时的尺寸插入各个工程图中。

②设置尺寸。

在如图 5.2-54 所示的“文档属性—尺寸”对话框中进行如下设置:

不添加默认括号;

箭头样式——实心;

显示第二端向外箭头;

引线——线性尺寸选第一个图,其余选第二个图。

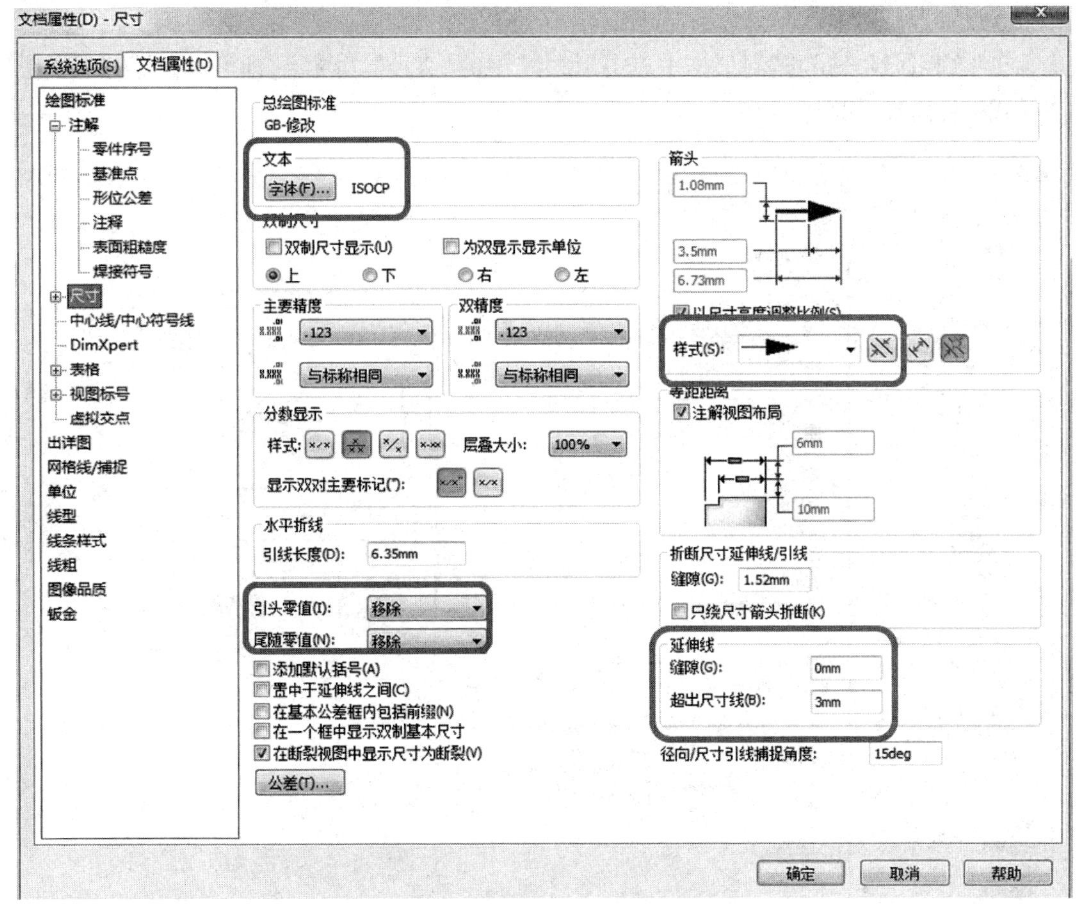

图 5.2-54　“文档属性—尺寸”对话框

③设置剖面视图样式。

文件属性→视图标号→剖面视图。

不选“依照标准”，名称<无>。

④设置字体。

工具菜单→选项→文件属性→注释字体。

与国家标准规定相近的标注字体如表 5.2-1 所示。

表 5.2-1　与国家标准规定相近的标注字体

标注内容	字体	字体样式	单位
尺寸数字	ISOCP	斜体	3.5 mm
注释汉字	仿宋 GB2312	常规	5 mm
剖面视图标注	ISOCP	斜体	5 mm
剖面视图标号	ISOCP	斜体	5 mm

⑤设置直径/半径。

在“文档属性—尺寸”对话框中点击“尺寸”中的“直径”“半径”，即可对直径/半径的标注样式进行修改，如图 5.2-55 所示。

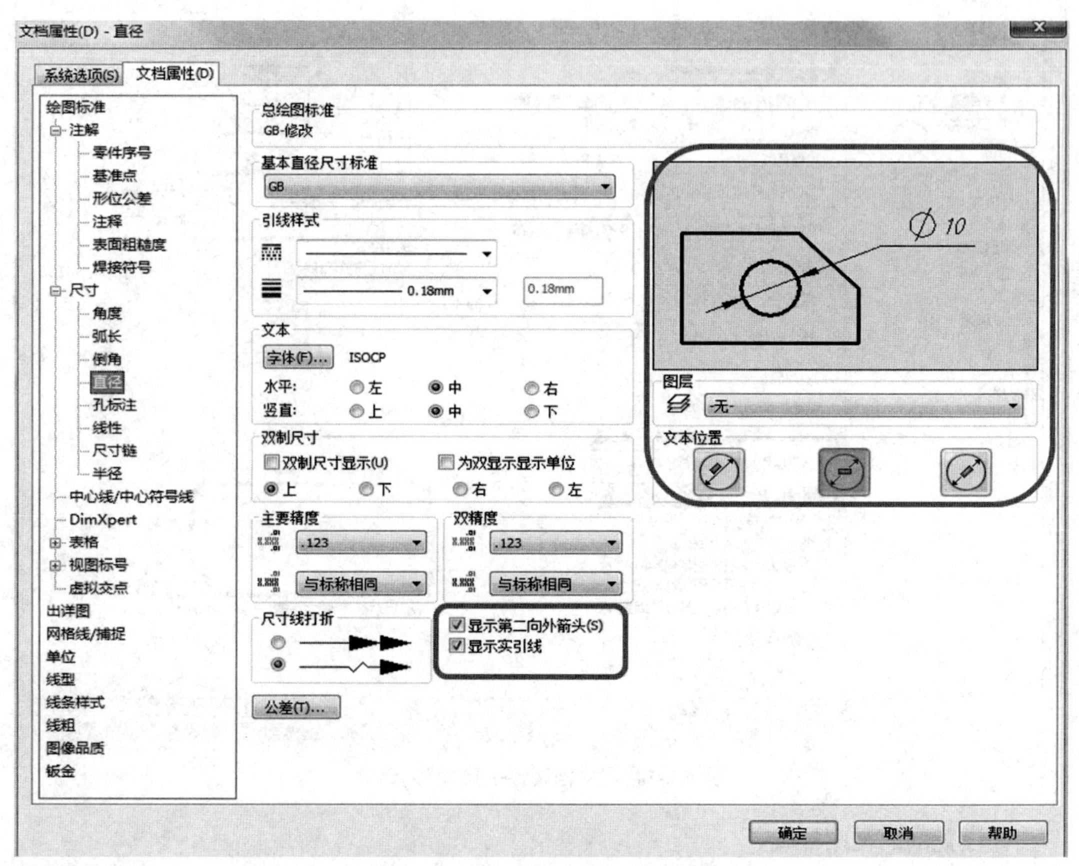

图 5.2-55 “文档属性—直径”对话框

⑥设置剖面视图标注样式。

在“文档属性”对话框中点击“视图标号”中的“剖面视图”，即可对剖面视图的标注样式进行修改，如图 5.2-56 所示。

(2)标注尺寸

①尺寸标注。

尺寸标注工具——智能尺寸；

从模型插入尺寸——将生成零件特征时的尺寸插入各个工程图中。

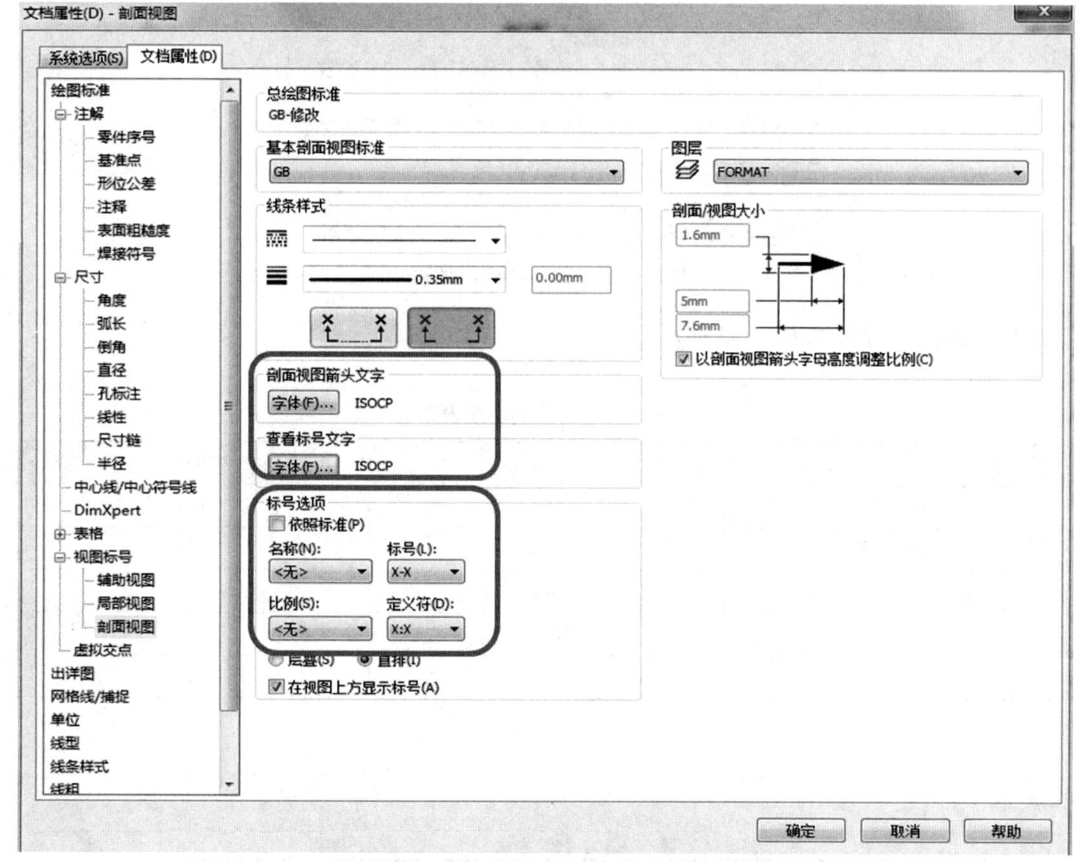

图 5.2-56　“文档属性—剖面视图”对话框

②尺寸调整。

移动(Shift)、复制(Ctrl);

删除、隐藏/显示隐藏/视图/[隐藏/显示注解]);

标注形式转换:直径/半径(鼠标右键);

尺寸箭头:位置—单击箭头控标;

样式:箭头控标/鼠标右键。

(3)设置图层

选择“菜单”→“工具选项”→“自定义”→“图层”选项,状态栏的左下角出现如图 5.2-57 所示的“图层属性”按钮,进入如图 5.2-58 所示的“图层”对话框,可设置不同的图层、线型、颜色、可见性。

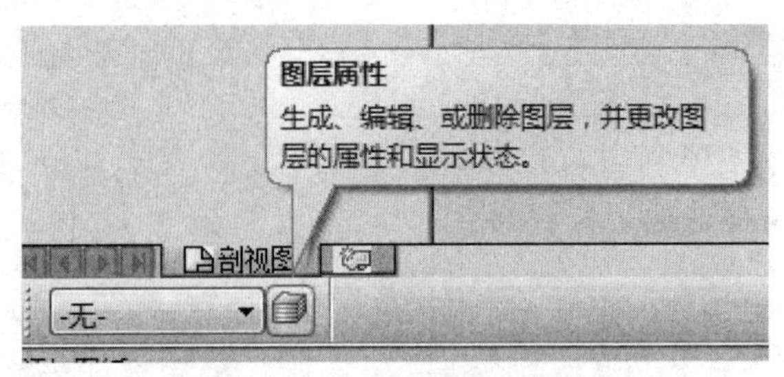

图 5.2-57 “图层属性”按钮

常见的图层设置如表 5.2-2 所示。

表 5.2-2 常见的图层设置

图层内容	线型(样式)	线宽/mm
粗实线	直线	0.35
细实线	直线	0.18
中心线	点画线	0.18
剖面视图标注	直线	0.35
尺寸线	直线	0.18

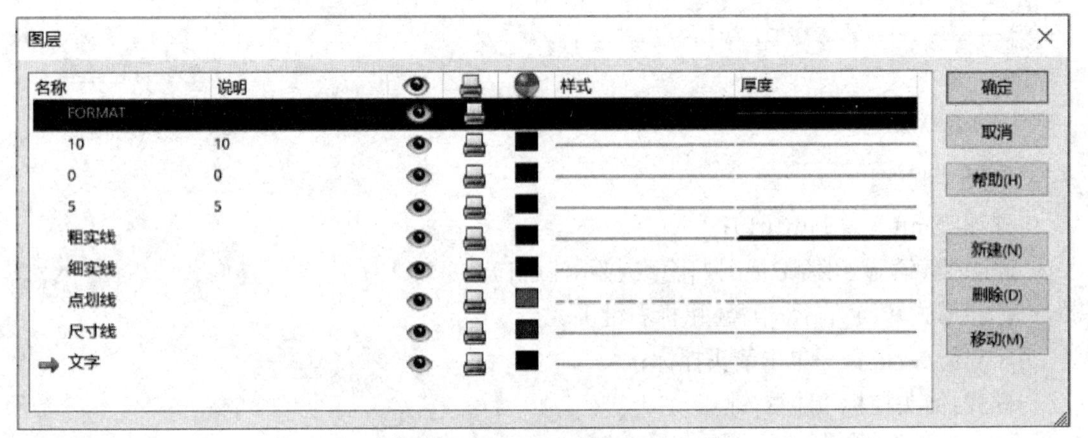

图 5.2-58 “图层”对话框

(4)尺寸标注实例

SolidWorks 中工程图尺寸的标注和标题栏的填写如图 5.2-59 所示。

5. 产品工程图中技术要求的标注方法

采用 SolidWorks 中加入文字的方法标注工程图中的技术要求，要注意按照国家标准选择指定的字体和字号进行标注。

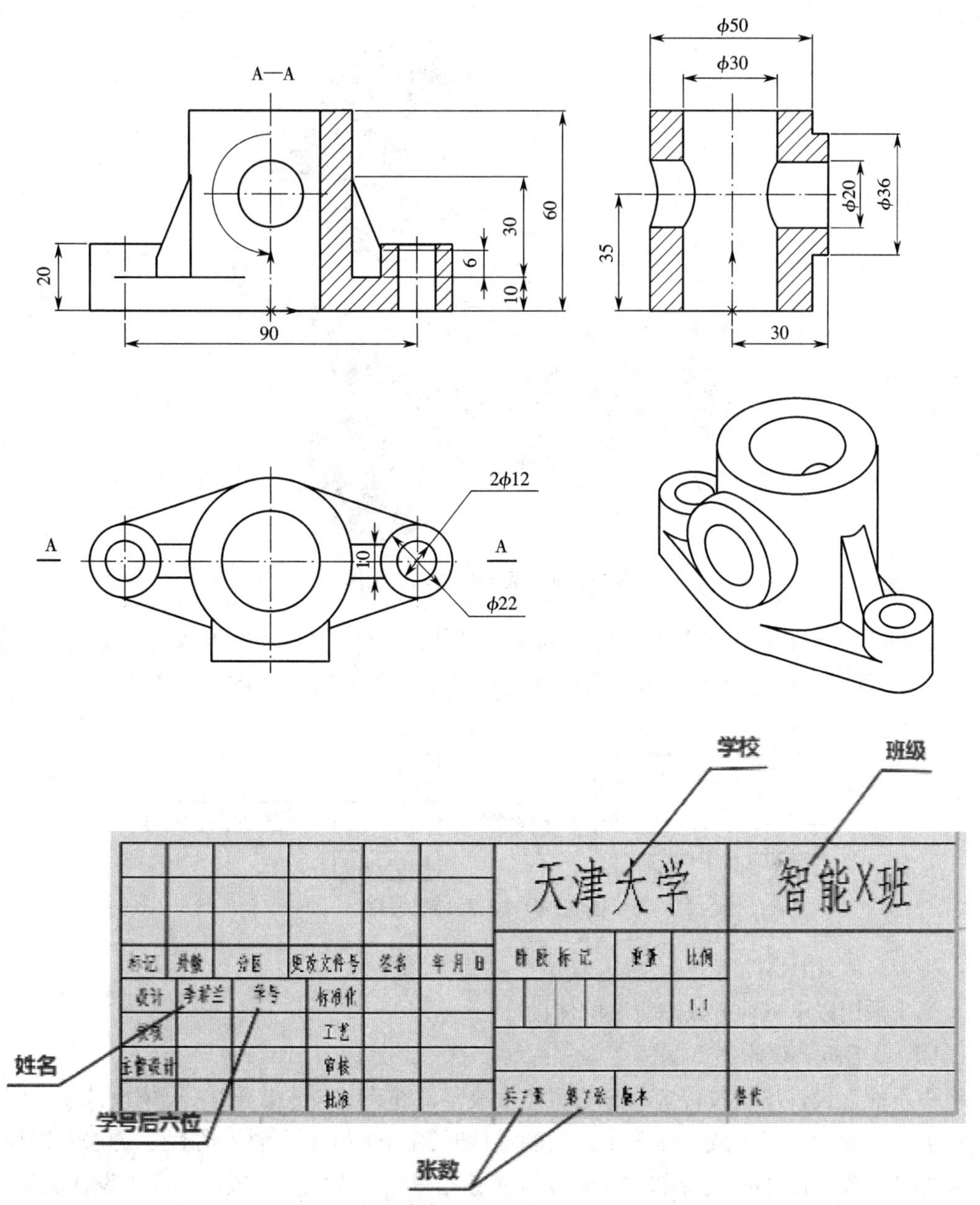

图 5.2-59　工程图尺寸的标注和标题栏的填写

5.2.3　装配体的设计与表达

任何一台机器(一个产品)都是由多个零件组成的,例如一台中等复杂程度的减速箱由几十个零件组成。将零件按装配工艺过程组装起来,并经过调整、试验使之成为合格产品的过程称为装配。装配有组件装配、部件装配和总装配之分。如图 5.2-60 所示。

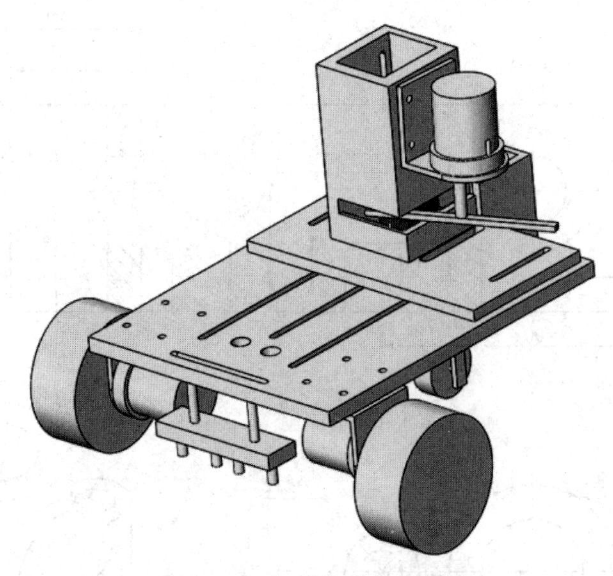

图 5.2-60 智能投放车装配体

在产品装配过程中，往往先将零件组装成部件，再将零件和部件组装成装配体，装配后经过一系列调整、检验、调试、喷漆、包装等过程形成最终的产品，如图 5.2-61 所示。

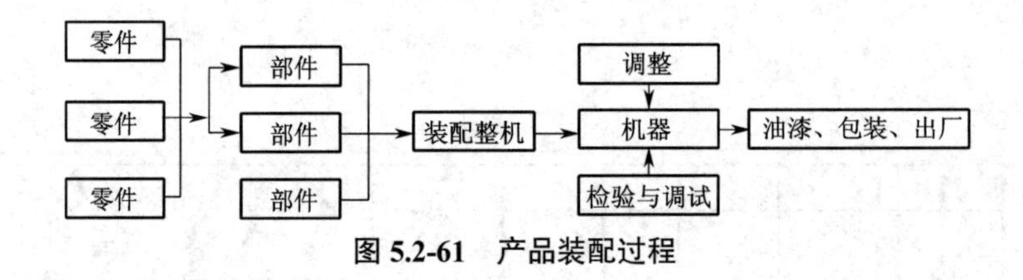

图 5.2-61 产品装配过程

1. 装配体设计方法

通常采用以下三种方式进行装配体设计。

（1）由下而上设计法

由下而上设计法是较传统的方法。先生成零件并将其装入装配体，再依设计要求将它们配合。当使用已经生成的而非定制型的零件时，由下而上设计法是惯用的方法。这种方法零部件是各自设计的，零部件之间的交互关系与重新计算的行为较由上而下设计法简单。而且设计者可以专注于单个零件的设计工作，不需要考虑控制其相对于其他零件的大小和尺寸参考关系。由下而上设计法通常用于现有产品的测绘设计和维修。

（2）由上而下设计法

由上而下设计法从装配体中开始设计工作。可以使用已有零件的几何条件协助定义另一个零件，或产生组装零件之后才加入的加工特征。例如，将一个零件放入装配体，然后根据其建立固定装置，使用由上而下设计法根据已有零件的几何条件关联产生固定装置的几何条件，这样可通过产生已有零件的几何限制条件控制夹具的尺寸。如果更改了零件的尺寸，固定装置会自动更新。当在装配体的关联中生成零部件时，软件会将它们储存在装配体档案中，因此可以立即开始模型设计。之后可以将零部件储存至外部档案中或删除。由上而下设计法通常用于产品的创新设计。

(3)混合设计法

复杂产品的设计既需要自下而上的设计也需要自上而下的设计,设计方案需经过多次修改方可确定。

2. SolidWorks 绘制装配体的基本方法

SolidWorks 中的装配体是两个或多个零件(也称为零部件)的组合。通常通过形成零部件之间的几何关系的"配合"来确定零部件的位置和方向。生成的装配体文件格式通常为"*.SLDASM"。

在 SolidWorks 中绘制装配体的基本操作步骤如下。

1)新建装配体。

在开始界面(图 5.2-62)中选择新建"装配体",进入绘制装配体的界面。

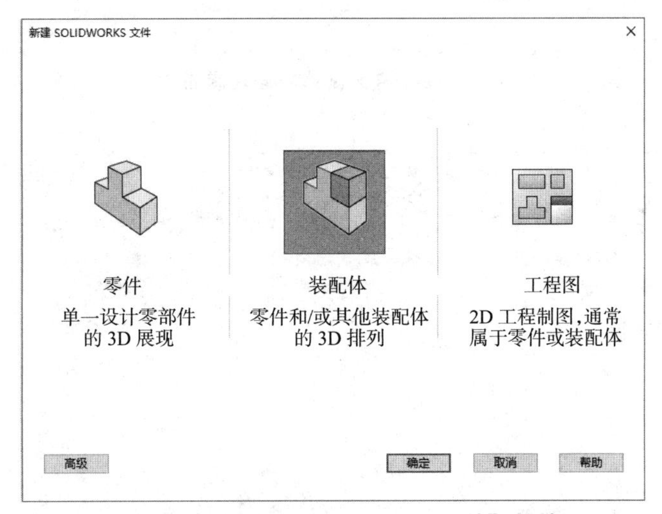

图 5.2-62　"新建 SOLIDWORKS 文件"对话框

2)插入零部件。

在"开始装配体"属性管理器(图 5.2-63)中点击"要插入的零件/装配体"选项组中的"浏览"按钮,弹出"打开"对话框,选择一个零件作为装配体的基准零件,点击"打开"按钮,在图形区的合适位置单击鼠标左键放置零件。调整视图,可得到导入零件后的界面(图 5.2-64)。需要注意的是,加入装配体中的第一个零部件的默认状态是"固定",固定的零部件不能被移动。

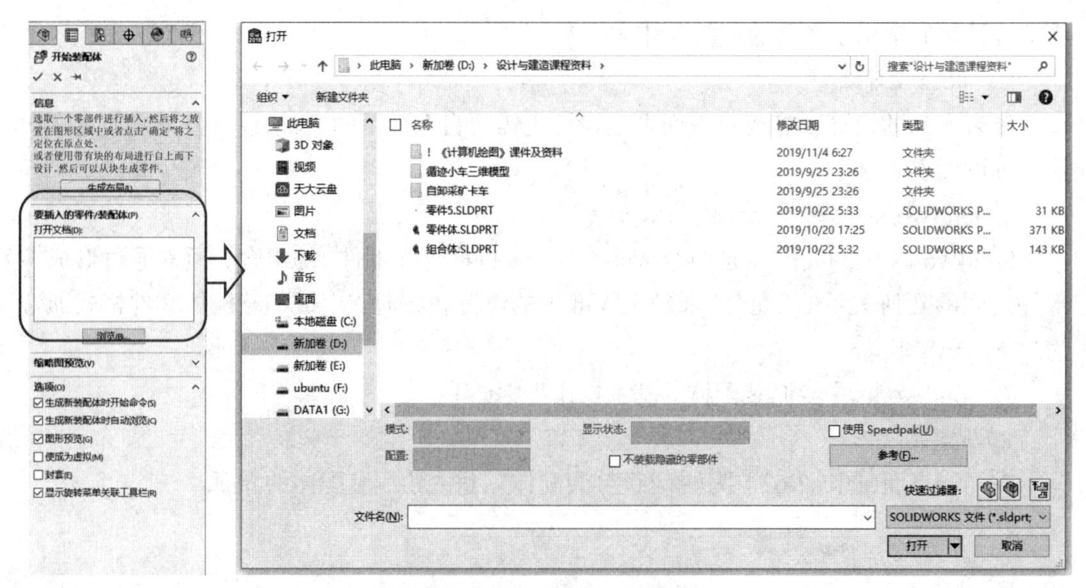

图 5.2-63 在装配体中插入零部件

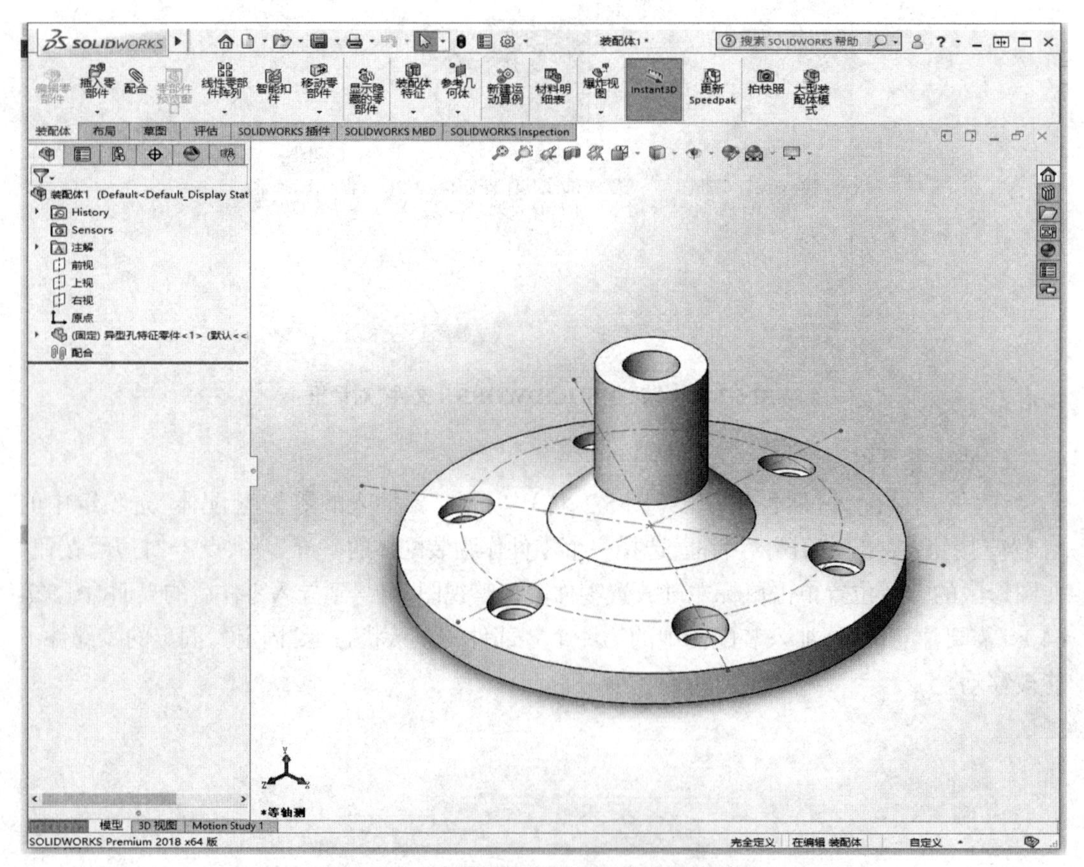

图 5.2-64 在装配体中插入零部件后的界面

3)向装配体中添加零部件。

第一个零部件被插入装配体并完全定义后,就可以加入其他零部件并与第一个零部件(或已经加入的零部件)建立配合关系。

向装配体中添加零部件的方法有:

①使用插入零部件命令;

②从 Windows 资源管理器中拖动零部件;

③从打开的文件中拖动零部件;

④从设计库中拖动零部件。

需特别注意的是:将一个零部件(单个零件或子装配体)放入装配体中时,零部件文件会与装配体文件链接。此时零部件出现在装配体中,零部件的数据还保存在原来的零部件文件中。因此将零部件放入装配体以后,原有的零部件文件不得更改名称,否则打开装配体文件时将报错。

4)Feature Manager 设计树和符号。

装配体的 Feature Manager 设计树中的文件夹和符号与零件的稍有不同。

零部件的状态分别为:过定义(+)、欠定义(–)、完全定义。

固定状态:表明零部件固定于当前位置,而不是依靠配合关系。

实例数:表明在装配体中有多少个同样的零部件。名称 bracket<1>表明这是 bracket 零部件的第一个实例。

零部件文件夹:每个零部件文件夹中包含这个零部件的完整内容,包括所有特征、基准面和轴。

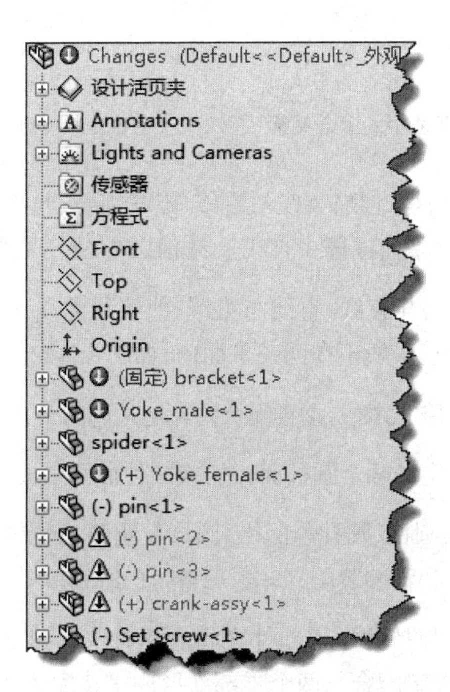

图 5.2-65　Feature Manager 设计树

3. 零部件的配合关系

配合关系是新装配零部件与已有零部件之间的空间几何位置关系。通过一系列配合关系的约束,可以确定新装配零部件与已有零部件的相对位置关系和其在装配体中的工作位置与姿态。

SolidWorks 中的配合关系在 Property Manager 页面中分为标准配合、高级配合和机械配合,如图 5.2-66 所示,下面逐个进行讲解。

(1)标准配合

零部件间的标准配合如图 5.2-67 所示,包括如下几种。

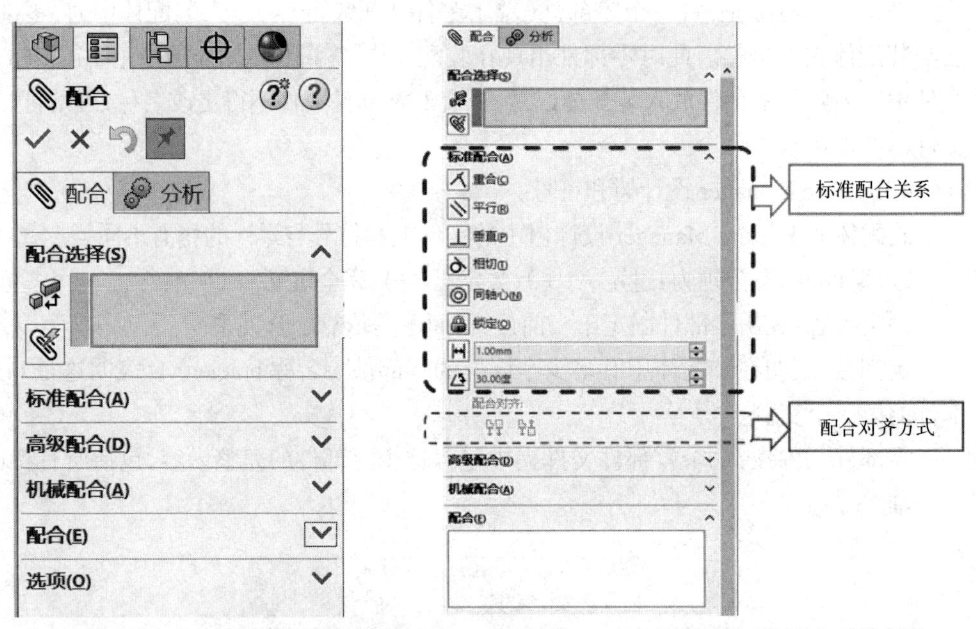

图 5.2-66 Property Manager 页面中的配合关系　　图 5.2-67 标准配合关系和配合对齐方式

1)重合 (面与面、面与直线、直线与直线、点与面、点与直线):重合配合关系所定义的两个几何元素约束在同一平面或同一直线上,如图 5.2-68(a)、图 5.2-68(b)所示。

2)平行 (面与面、面与直线、直线与直线、曲线与曲线):平行配合约束定义的两个几何元素在空间中相互平行,一般不在同一平面内,如图 5.2-68(c)所示。

3)垂直 (面与面、直线与面):垂直配合约束定义的两个几何元素在空间中相互垂直。

4)相切 :相切配合定义两个圆柱面相切或圆柱面与平面相切,如图 5.2-68(g)所示。

5)同轴心 (圆柱与圆柱、圆柱与圆锥、圆形与圆弧):同轴心配合定义两个回转曲面的轴心相重合,一般用于孔和轴的装配,如图 5.2-68(f)所示。

6)锁定 :锁定配合保持两个零部件之间的相对位置和方向一个。零部件相对于另一个零部件被完全约束。锁定配合与两个零部件形成子装配体并使子装配体固定的效果完全相同。

7）距离 ：距离配合约束定义的两个面平行且相距一定的距离，距离值可以在弹出的对话框中进行设置，如图 5.2-68（e）所示。

8）角度 ：角度配合约束定义的两个面的夹角，如图 5.2-68（d）所示。

有些配合关系可以选择对齐方式，包括：①同向对齐 ；②反向对齐 。

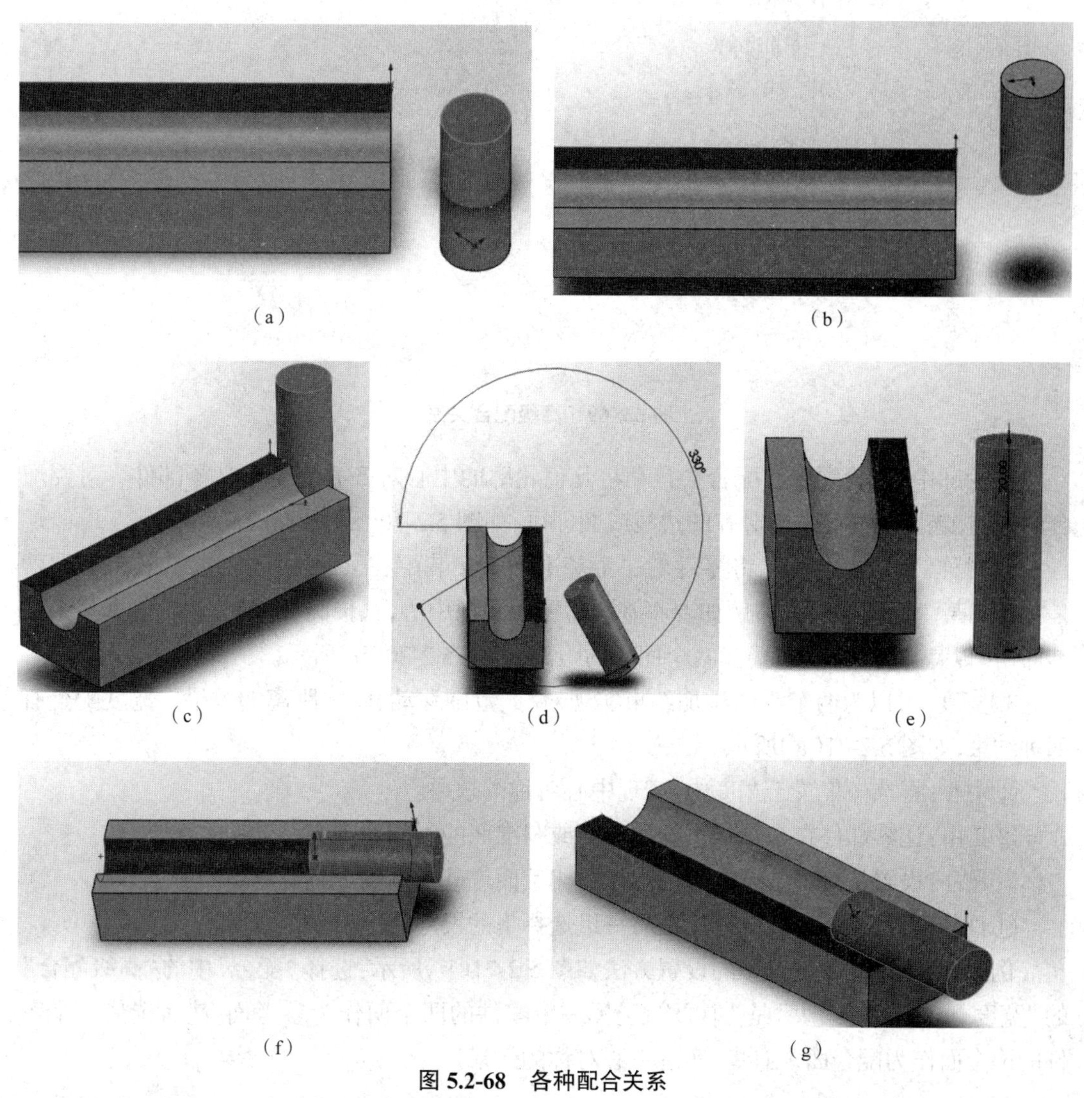

（a）　（b）　（c）　（d）　（e）　（f）　（g）

图 5.2-68　各种配合关系

（a）重合（同向对齐）（b）重合（反向对齐）（c）平行　（d）角度　（e）距离　（f）同轴心　（g）相切

（2）高级配合

在 SolidWorks 中，一般的装配基本可以满足装配需求，但采用“高级”装配方法可以大大减少基本装配的步骤，大大提高装配速度，不但降低了设计的难度，而且提高了设计的灵活性和零部件配合的准确性。

高级配合包括轮廓中心、对称、宽度、路径配合和线性/线性耦合等，如图 5.2-69 所示。

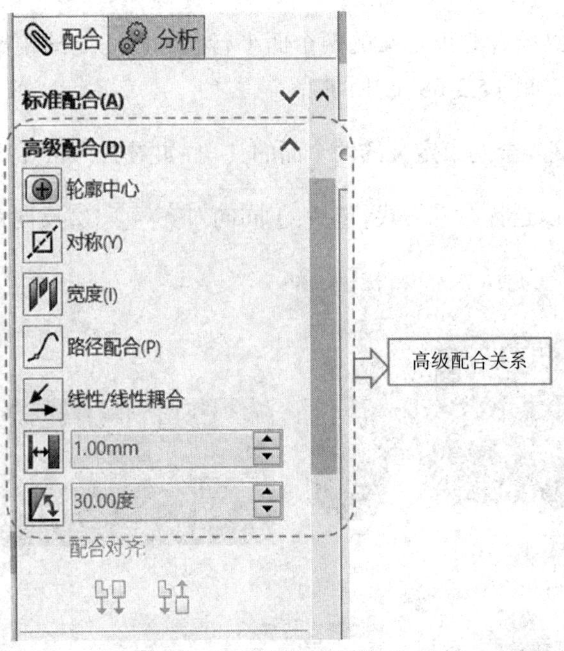

图 5.2-69 高级配合关系

1)轮廓中心:轮廓中心配合会自动将几何轮廓的中心对齐并完全定义零部件。对要配合的实体,选择要进行中心对齐的边线或面即可,如图 5.2-70(a)所示。

2)对称:对称配合可以将零件的一个基准面直接装配在某个距离之间,从效果上看就是零件和某个面中心对称。例如要将基准面放在零件中心,选择高级装配,然后选择一个基准面(可以是零件的基准面)和两个面间的距离,如图 5.2-70(b)所示。

3)宽度:可以为两个零件添加约束实现对称、范围移动、固定距离的效果。宽度配合有四种约束,如图 5.2-71(a)所示。

①中心:将选择集置于宽度内,实现中心对称的效果。

②自由:让零部件在与其相关的所选面或基准面的限制范围内移动。

③尺寸:设置从一个选择集到最接近的相反面或基准面的距离或角度。

④百分比:基于从一组选择集至另一组选择集的尺寸(距离或角度)百分比。

例如,两个零件中心对称的设置方法如图 5.2-71(b)所示:选择“配合”中的“高级配合”的“宽度”,选择的“约束”是“中心”,选择一个零件的两个面作为参考面,然后选另一个零件的两个面作为配合面,则自动实现中心对称的效果。

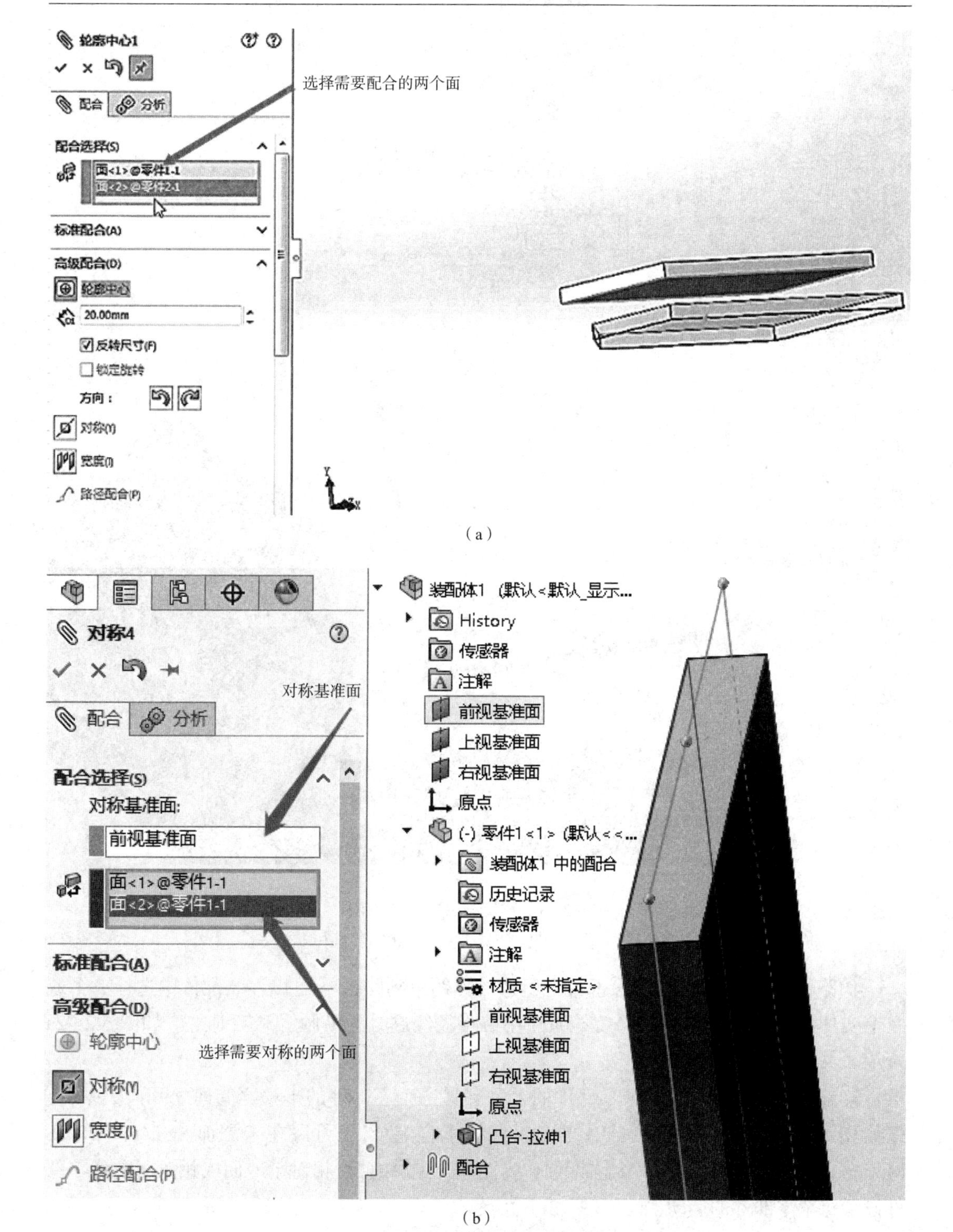

图 5.2-70　轮廓中心与对称配合的操作方法

（a）轮廓中心配合（以面约束为例）（b）对称配合

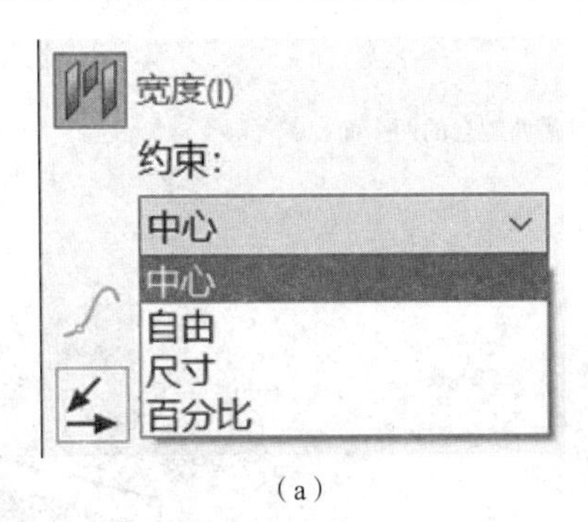

（a）

（b）

图 5.2-71　宽度配合的操作方法

（a）宽度配合的约束　（b）宽度配合（以中心约束为例）

4）路径配合：路径配合将零部件上所选的点约束到路径。可以在装配体中选择一个或多个实体来定义路径。可以定义零部件在沿路径经过时的纵倾、偏转和摇摆，如图 5.2-72a 所示。

5）线性/线性耦合：在一个零部件的平移和另一个零部件的平移之间建立几何关系，可以使用 SOLIDWORKS Motion 中的线性/线性耦合配合，也可以在未添加 SOLIDWORKS Motion 的情况下添加配合。当生成线性/线性耦合配合时，可相对于地面或相对于参考零部件设置每个零部件的运动，如图 5.2-72（b）所示。

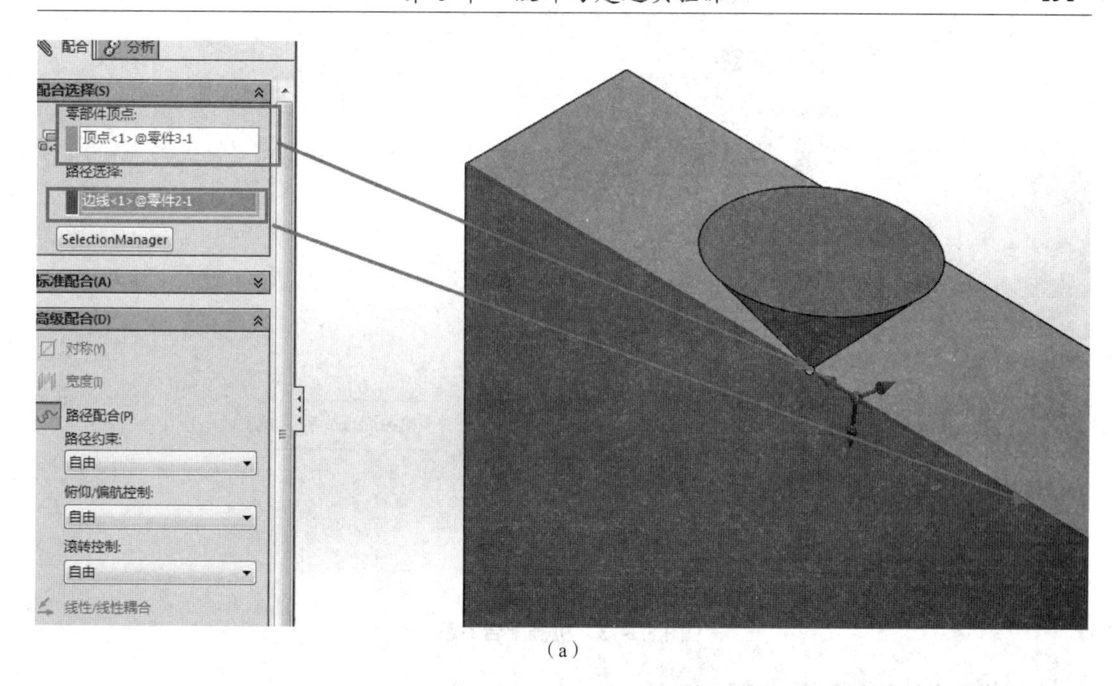

(a)

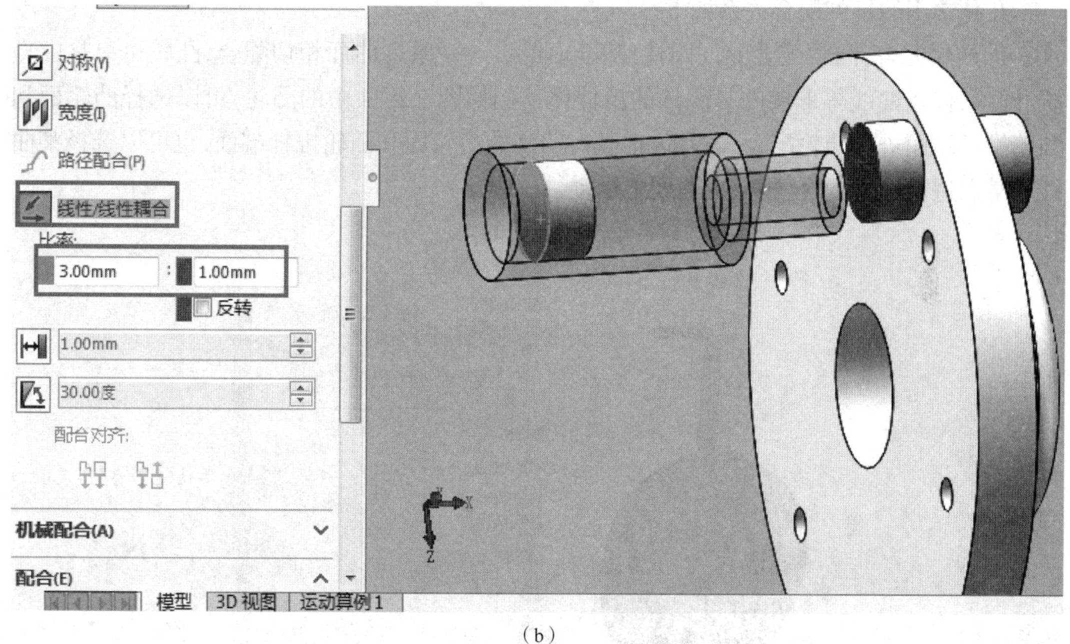

(b)

图 5.2-72　路径配合与线性/线性耦合配合的操作方法

(a)路径配合　(b)线性/线性耦合配合

(3)机械配合

若两个零件符合一定的相对运动关系,可以将它们定义为指定类型的机械配合。机械配合包括凸轮、槽口、铰链、齿轮、齿条小齿轮、螺旋和万向节,如图 5.2—73 所示。

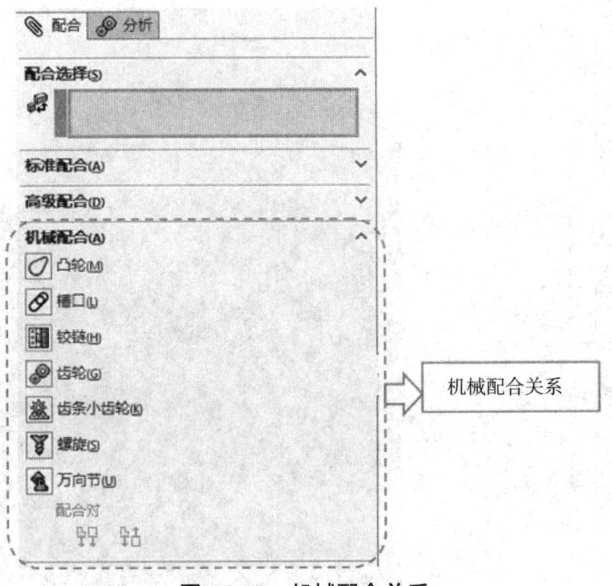

图 5.2-73 机械配合关系

几种常用的机械配合关系如下。

1)凸轮配合:凸轮配合允许圆柱、基准面或点与一系列曲面相切配合,凸轮可以是由直线、圆弧、样条曲线等形成的封闭环的拉伸体。例如图 5.2-74 中的凸轮,可以选择凸轮面和凸轮推杆端面进行凸轮配合,若实体中没有明确的凸轮面和凸轮推杆端面,也可以选择某曲线和某点进行凸轮配合,使点在曲线上运动。

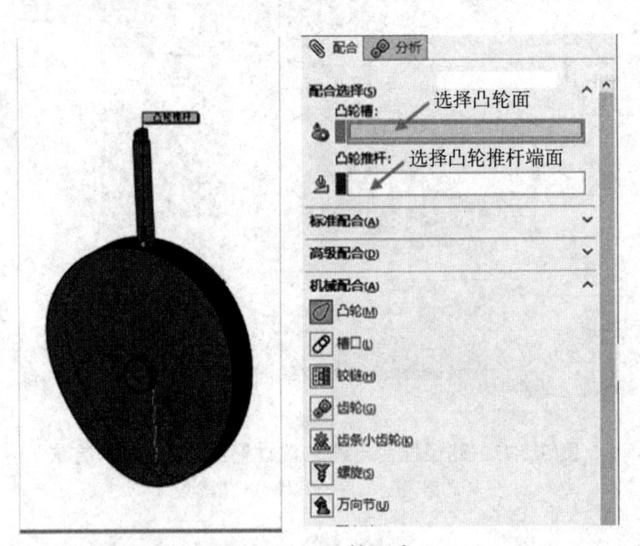

图 5.2-74 凸轮配合

2)齿轮配合:齿轮配合能使两个零部件绕所选轴相对旋转,旋转零部件不必配合两个齿轮,可以是任何相对旋转的几何体。在装配齿轮进行配合时,主要解决齿轮啮合和配合两个问题。例如图 5.2-75 中的例子,在将两个零件设置成齿轮配合时,依次点选小直齿轮孔圆柱面和大直齿轮孔圆柱面，在“比率”处设置传动比，即小直齿轮和大直齿轮的齿数比，然后点击“确定”完成齿轮配合。

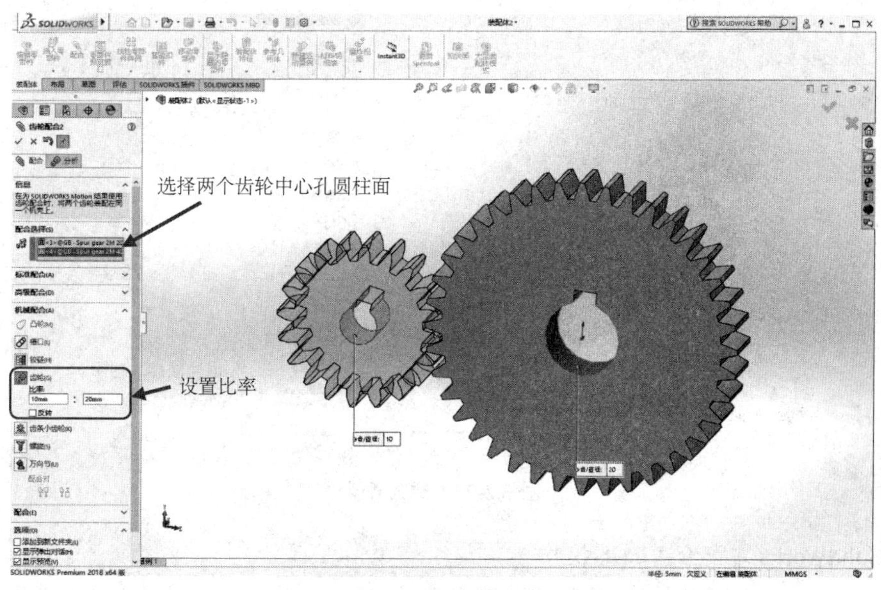

图 5.2-75　齿轮配合

3）齿条小齿轮配合：齿条小齿轮配合可使某个零部件（小齿轮）的圆周旋转引起另一个零部件（齿条）的线性平移，反之亦然。在配合中，实际应为齿轮的分度圆和齿条的分度线相切配合，因此并不需要零部件必须是齿轮或齿条，也可以是圆和直线相切配合。实际使用时，往往在“齿条”中选择齿条的边线，在“小齿轮/齿轮”中选择小齿轮的分度圆，如图 5.2-76 所示。

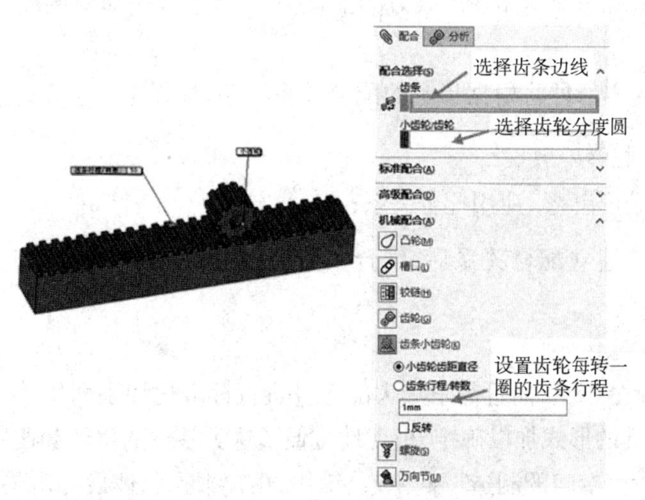

图 5.2-76　齿条小齿轮配合

4）螺旋配合：螺旋配合主要用于螺旋传动，该配合可以把两个零部件约束为同心，并且可使一个零部件的旋转引起另一个零部件的平移。可以选择两个圆柱面进行螺旋配合，也可以选择两条曲线进行螺旋配合，并输入螺旋的螺距。螺距有两种设置方式：第一种为给定移动一毫米距离所转的圈数，第二种为给定转一圈的移动距离。

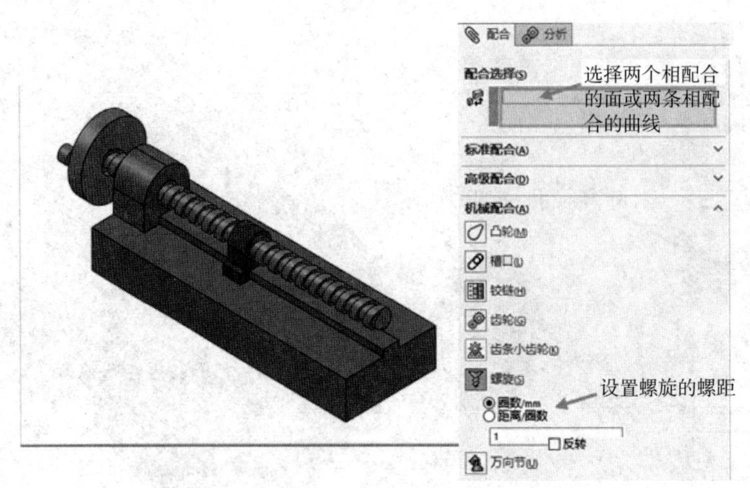

图 5.2-77 螺旋配合

4. SolidWorks 中配合关系的操作

在 SolidWorks 中添加配合关系的操作步骤如下：

1）点击“装配体”控制面板中的“配合”按钮，或选择菜单栏中的“插入”à 配合”命令，系统弹出“配合”属性管理器；

2）在图形区中的零部件上选择需要配合的实体，所选实体将显示在(要配合实体)列表框中；

3）选择对齐条件；

4）系统会根据所选的实体列出有效的配合关系类型，点击对应的配合关系按钮选择配合关系类型；

5）图形区中的零部件将根据指定的配合关系移动，如果配合不正确，点击“撤销”按钮，然后根据需要修改选项；

6）点击“确定”按钮，应用配合关系；

7）在装配体中建立配合关系后，配合关系会在 Feature Manager 设计树中以按钮显示。

5. 标准件和常用件

对使用范围十分广泛，而且需求量大的零件进行标准化和系列化，统一其结构、形状和尺寸，并以国家标准的形式加以确定，极大地方便了这类零件的生产和使用这类零件统称标准件。标准件一般由专门的制造厂商生产、销售，用户根据整体设计需要，选择适用的规格购买。常见的标准件有螺纹紧固件、销、键、轴承等。

此外还有一类零件使用范围较广，但国家标准只对其部分结构参数和规格参数进行了规定，这类零件统称常用件。常用件可以选定参数后进行购买，也可按照国家标准的规定和产品自身的要求进行加工制造。常用件有弹簧、齿轮等。

SolidWorks 中的标准件和常用件是使用 Toolbox 绘制的。在 SolidWorks 的设计库中可以找到 Toolbox，其中有各国的标准件库，如图 5.2-78 所示，GB 即为按照中国国家标准的标准件库。

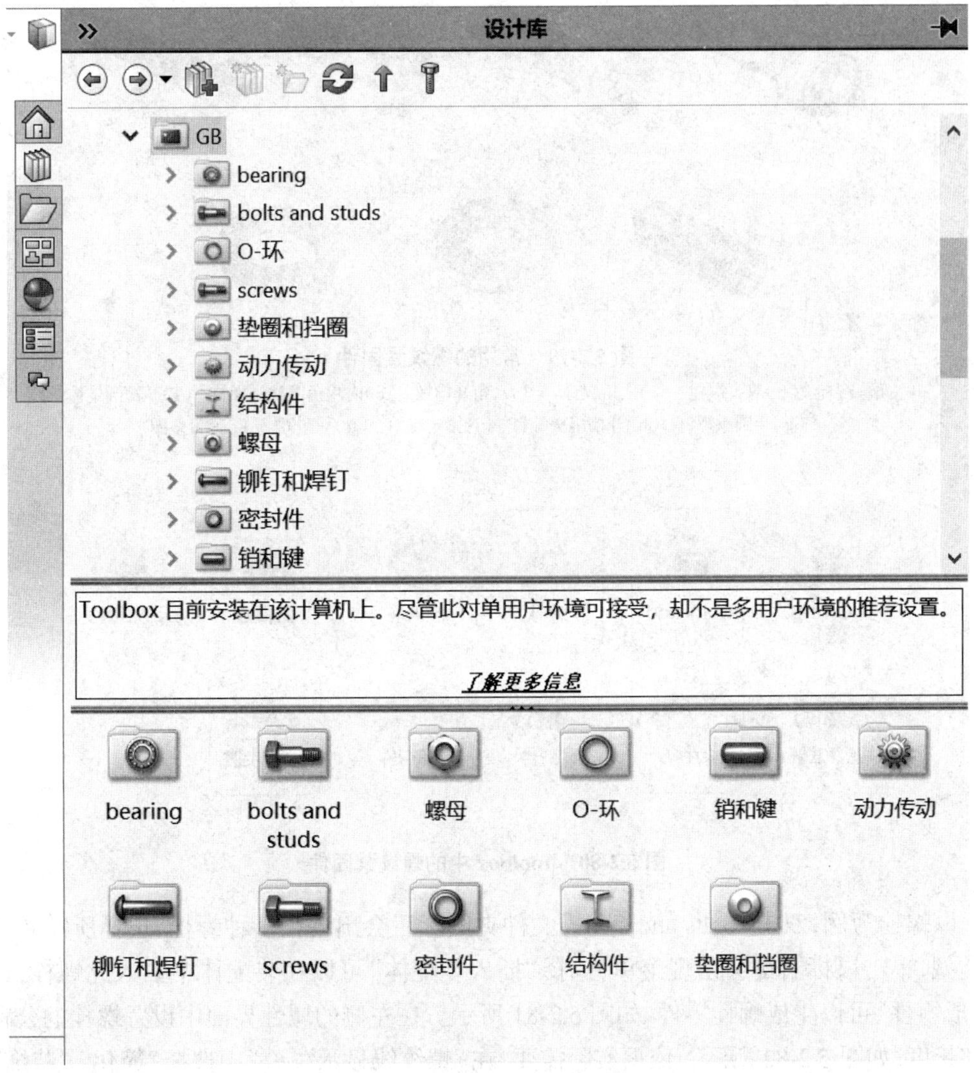

图 5.2-78　SolidWorks 中的 Toolbox

（1）螺纹紧固件

常用的螺纹紧固件有螺栓、双头螺柱、螺钉、螺母和垫圈等，如图 5.2-79 所示。Toolbox 中包含常用的螺纹紧固件，如图 5.2-80 所示。

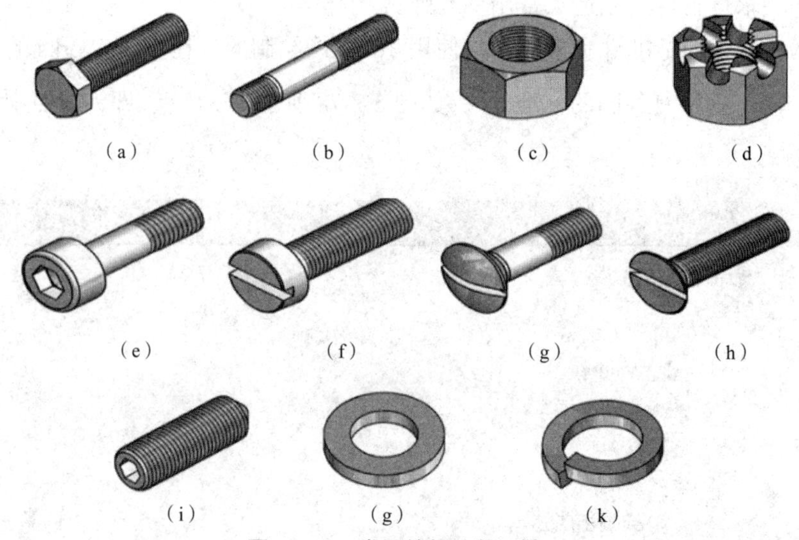

图 5.2-79 常用的螺纹紧固件

(a)六角头螺栓 (b)双头螺柱 (c)六角螺母 (d)六角开槽螺 (e)内六角圆柱头螺钉 (f)开槽圆柱体螺钉 (g)半圆头螺钉 (h)开槽沉头螺钉 (i)紧定螺钉 (g)平垫圈 (h)弹簧垫圈

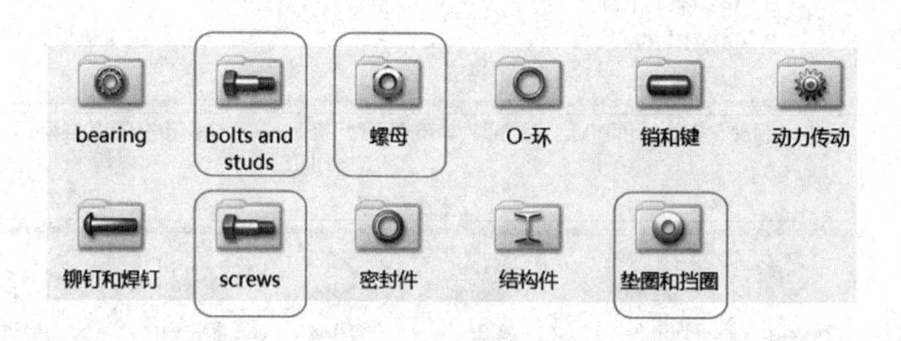

图 5.2-80 Toolbox 中的螺纹紧固件

以螺栓为例，双击“bolts and studs”文件夹图标后会出现很多种螺栓，选择所需要的螺栓类型，单击鼠标右键会出现菜单，选择“插入装配体”可以在装配体中插入此螺栓，选择“生成零件”可以生成螺栓零件，如图 5.2-81 所示。在左侧的属性界面中设置螺栓的公称直径和长度，如图 5.2-82 所示。依据实际需要，在“螺纹线显示”一栏中选择“简化”“装饰”或者“图解”。点击左上方的对勾即完成指定参数螺母零件的生成。

用鼠标左键点击螺栓图标并拖拽到绘图界面中，也可以直接在装配体再中插入螺栓，此时软件可以自适用地添加螺栓。先在绘图界面中设置好螺栓的公称直径，再将鼠标光标放置在要安装螺栓的孔附近，软件会自动显示与之相符合的螺栓，单击鼠标左键就可以放置螺栓。

其他类型的螺纹紧固件绘制方法类似。

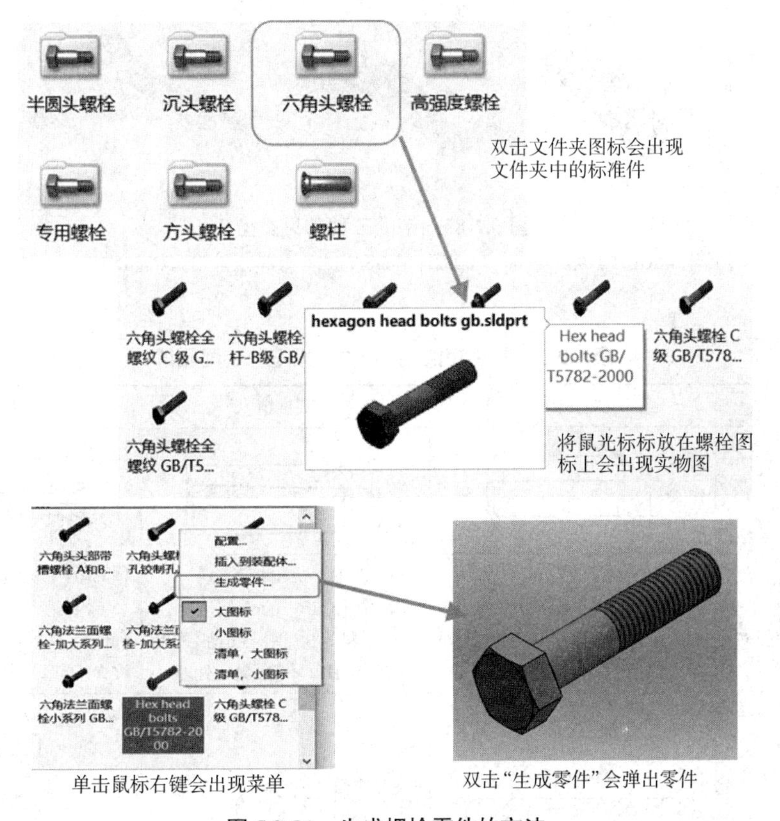

图 5.2-81　生成螺栓零件的方法

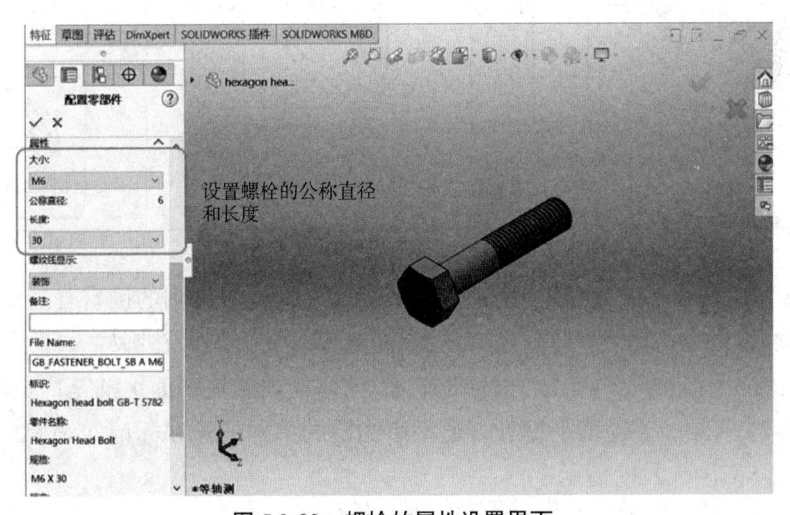

图 5.2-82　螺栓的属性设置界面

(2)销和键

销是标准件,一般用于相邻零件的连接和定位。常用的销有圆柱销、圆锥销与开口销,如图 5.2-83、表 5.2-3 所示。

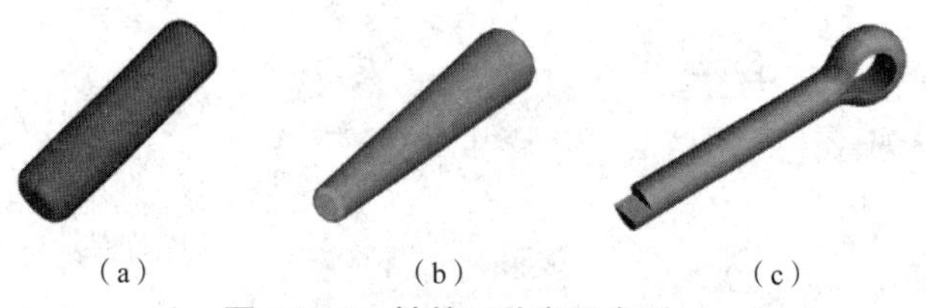

（a） （b） （c）

图 5.2-83 销的三种常见类型

（a）圆柱销 GB/T 119.2—2000 （b）圆锥销 GB/T 117—2000 （c）开口销 GB/T 91—2000

表 5.2-3 常用销的结构形式、标记和装配画法

名称	圆柱销	圆锥销	开口销
结构形式 与规格尺寸	l d	l d	l D
简化标记 示例和说明	销 GB/T 119.2 5×20 公称直径 d=5 mm，长度 l=5 mm，公差为 m6，材料为钢，普通淬火（A 型），表面氧化处理	销 GB/T 117 6×24 公称直径 d=6 mm，长度 l=24 mm，材料为 35 钢，热处理，硬度为 28~38 HRC，表面氧化处理	销 GB/T 119.2 5×20 公称直径 d=5 mm，长度 l=5 mm，公差为 m6，材料为钢，普通淬火（A 型），表面氧化处理
装配画法			

键是安装在轴和轮的键槽中，用来传递扭矩的标准件。常用的键有普通型平键和普通型半圆键，如图 5.2-84 所示。此外还有花键，花键是直接将键做在圆柱表面上的一种结构。键齿在外圆柱表面上的是外花键，也称花键轴；键齿在内圆柱表面上的是内花键，也称花键孔，如图 5.2-85 所示。普通型平键和普通型半圆键的结构形式和标记如表 5.2-4 所示，装配画法如图 5.2-86、图 5.2-87 所示。

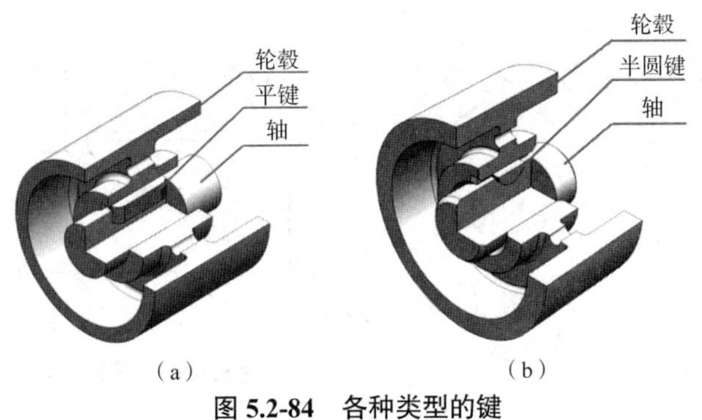

（a）　（b）

图 5.2-84　各种类型的键

（a）普通型平键　（b）普通型半圆键

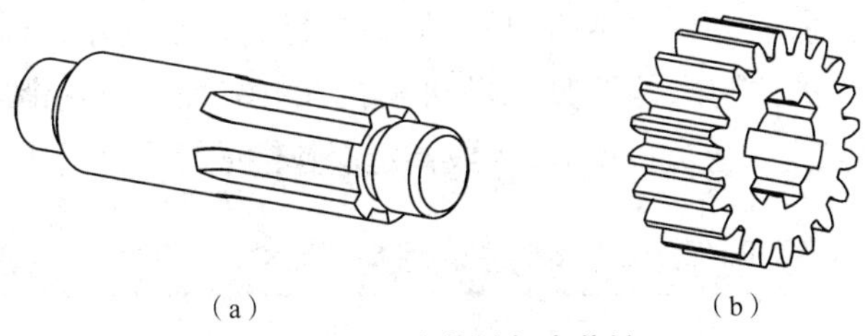

（a）　（b）

图 5.2-85　外花键与内花键

（a）外花键　（b）内花键

表 5.2-4　普通型平键和普通型半圆键的结构形式和标记

名称	普通型平键			普通型半圆键
结构形式与规格尺寸	A型	B型	C型	
标记示例	GB/T 1096 键 5×5×20	GB/T 1096 键 5×5×20	GB/T 1096 键 5×5×20	GB/T 1099.1 键 5×5×20
说明	普通 A 型平键 b=5 mm h=5 mm L=20 mm （标记中省略“A”）	普通 B 型平键 b=5 mm h=5 mm L=20 mm	普通 C 型平键 b=5 mm h=5 mm L=20 mm	普通型半圆键 b=5 mm h=5 mm D=20 mm

注：L 为键的长度，b 为键的宽度，h 为键的高度。

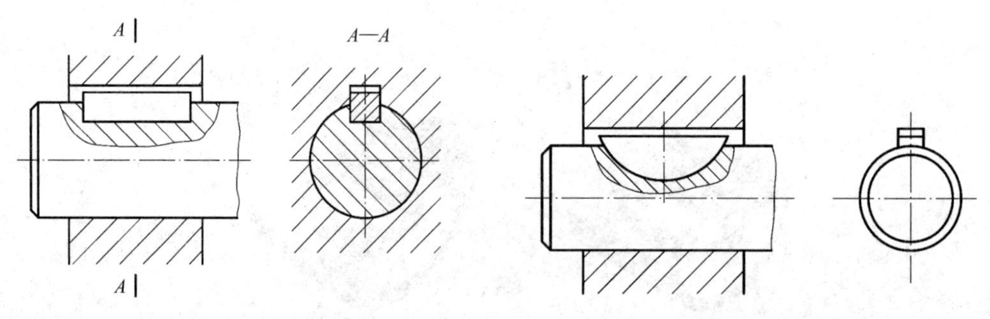

图 5.2-86　普通型平键的装配画法　　图 5.2-87　普通型半圆键的装配画法

在 SolidWorks 软件中,销和键也可以使用 Toolbox 绘制。①双击图 5.2-80 中的“销和键”文件夹图标,会出现如图 5.2-88 所示的多种销和键供选择;②双击进入所需类型的销或键的文件夹中;③选择所需要的销或键,单击鼠标右键会出现菜单,选择“插入装配体”或“生成零件”,具体操作方法与螺栓类似;④在左侧的属性界面中设置销或键的规格尺寸,如图 5.2-89(b)所示;⑤点击左上方的对勾,完成指定参数销或键零件的生成。

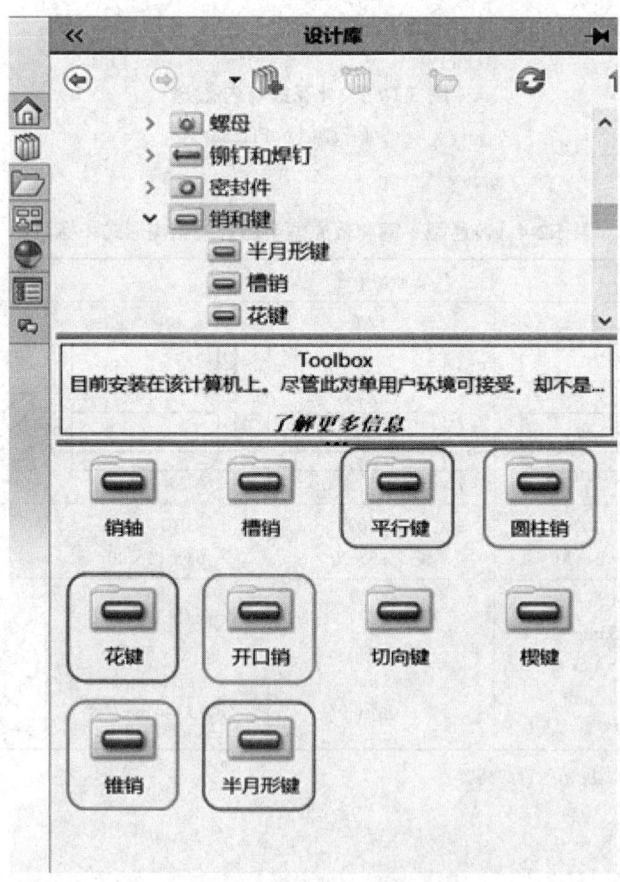

图 5.2-88　Toolbox 中的销和键

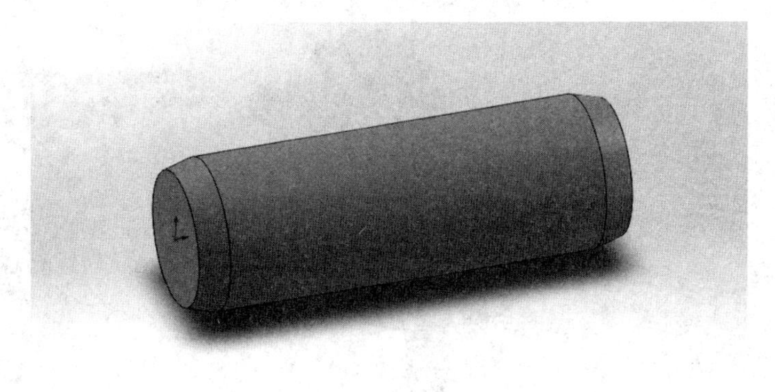

（a）

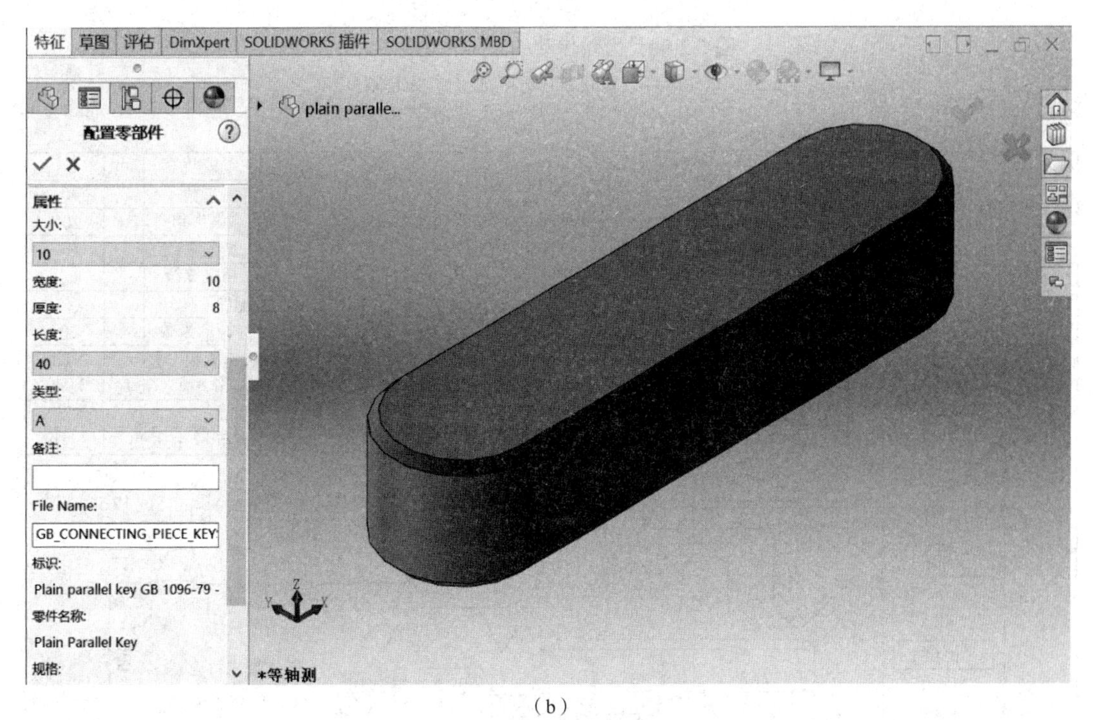

（b）

图 5.2-89　SolidWorks 中生成的销和键

（a）销　（b）平键

（3）齿轮

齿轮是广泛应用于各种机械传动中的一种常用件，用来传递动力、改变传动速度和方向等。齿轮传动有三种常见的方式，如图 5.2-90 所示。其中图 5.2-90（a）为圆柱齿轮传动，用来传递两个平行轴间的运动；图 5.2-90（b）为圆锥齿轮传动，用来传递两个相交轴间的运动；图 5.2-90（c）为蜗轮蜗杆传动，用来传递两个交叉轴间的运动。圆锥齿轮的零件图如图 5.2-91 所示，图中包含齿轮的模数、齿数、压力角、主要尺寸等基本信息。齿轮几何要素的基本概念请查阅相关机械制图教材和机械设计手册。

（a）　（b）　（c）

图 5.2-90　齿轮传动的三种常见方式

（a）圆柱齿轮传动　（b）圆锥齿轮传动　（c）蜗轮蜗杆传动

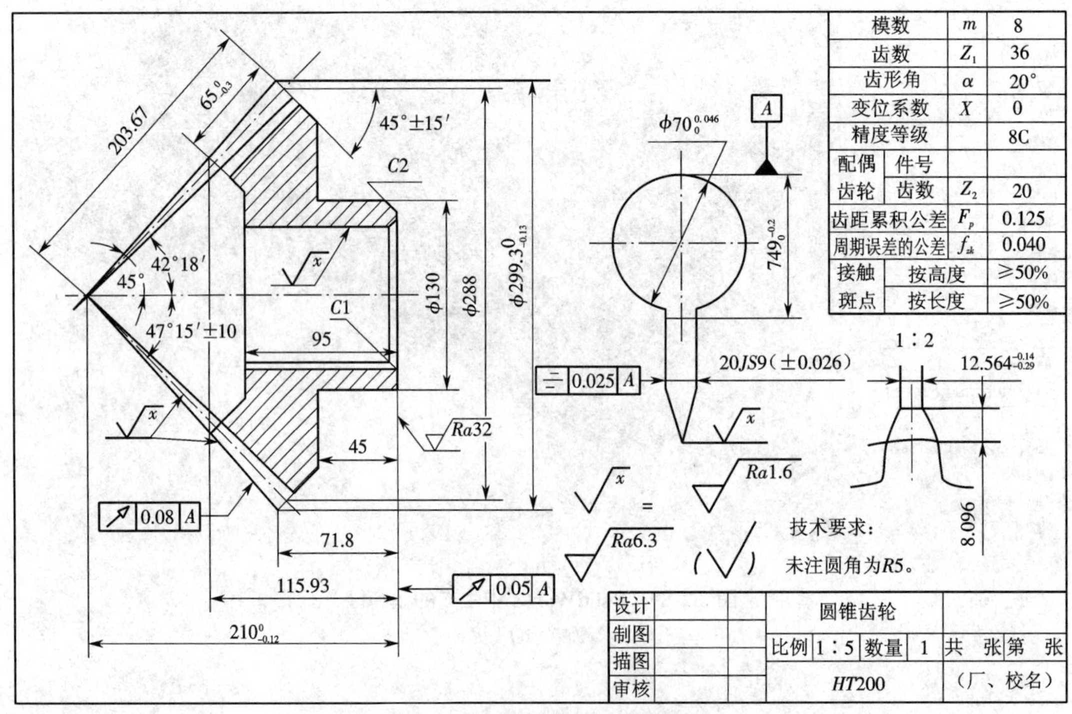

图 5.2-91　圆锥齿轮的零件图

使用 Toolbox 绘制齿轮零件的方法为：①双击图 5.2-80 中的“动力传动”文件夹图标，出现“齿轮”文件夹；②双击进入“齿轮”文件夹，出现如图 5.2-92 所示的界面，其中包含各类齿轮；③选择所需要的齿轮，单击鼠标右键会出现菜单，选择“插入装配体”或“生成零件”；④在左侧的属性界面中设置齿轮的模数、齿数、主要尺寸等参数，如图 5.2-93 所示；⑤点击左上方的对勾，完成指定参数齿轮零件的生成。

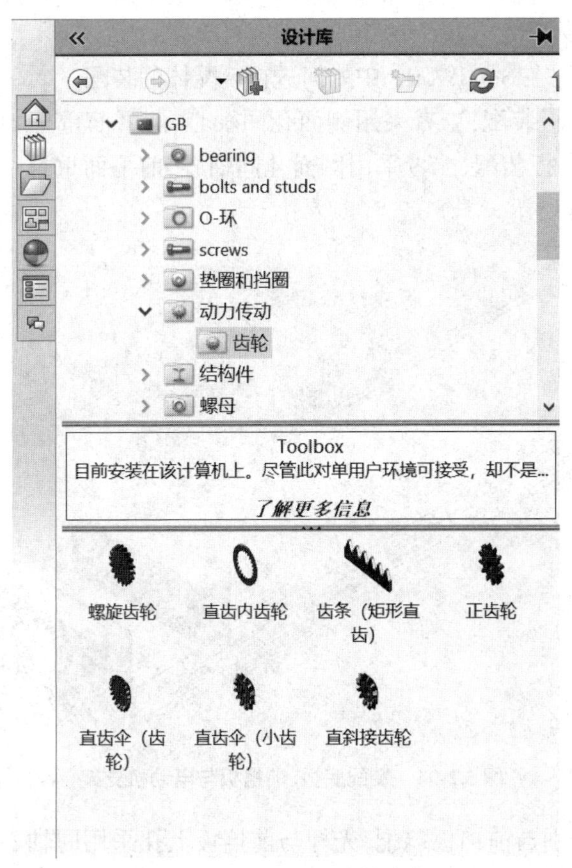

图 5.2-92　Toolbox 中的齿轮

图 5.2-93　SolidWorks 中生成的圆锥齿轮

6. 装配体综合实例

以平移台为例说明在 SolidWorks 中如何进行装配体的装配。

1)将底板与前挡板装配,二者采用侧面孔同轴心、侧平面重合、前平面平行的配合方式;将电动机支架与底板装配,二者采用侧面孔同轴心、前平面重合、底平面重合的配合方式,装配后如图 5.2-94 所示。

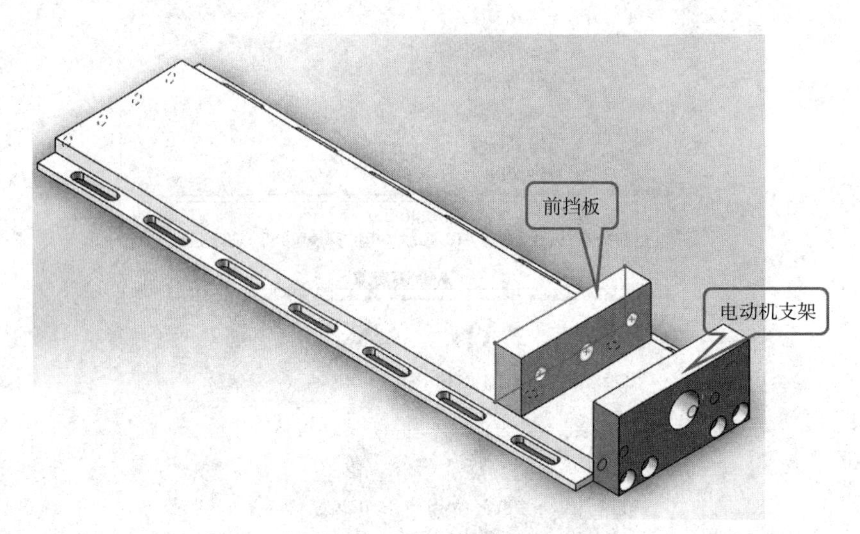

图 5.2-94　装配底板、前挡板与电动机支架

2)将两根光杆分别与前挡板装配,光杆与前挡板上孔采用同轴心、端面重合的配合方式;将底板与承重台装配,承重台与底板采用平面平行的配合方式;之后装配丝杠,丝杠与前挡板采用孔轴同轴心、端面重合的配合方式,丝杠与承重台采用机械配合中的螺旋配合方式,装配后如图 5.2-95 所示。

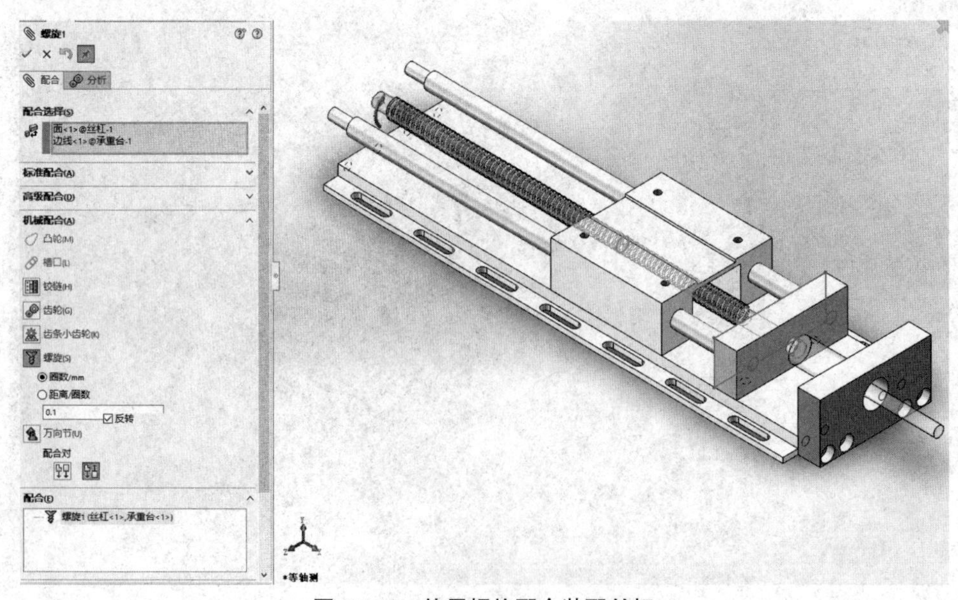

图 5.2-95　使用螺旋配合装配丝杠

3）装配电动机，电动机与丝杠之间采用同轴心的配合方式，电动机与电动机支架采用端面重合的配合方式，电动机与前挡板采用顶平面平行的配合方式。

4）装配承物板，承物板与承重台之间采用对应孔同轴心、侧平面平行、承物板底平面与承重台顶平面重合的配合方式，装配后如图 5.2-96 所示。

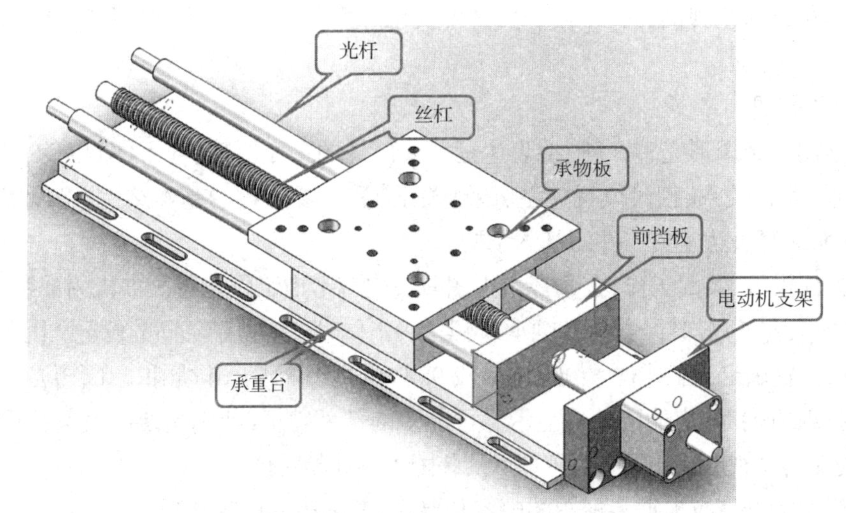

图 5.2-96　装配电动机和承物板

5）装配手轮，手轮与丝杠之间采用端面重合、同轴心的配合方式；装配承重台堵盖，承重台堵盖与丝杠采用同轴心的配合方式，承重台堵盖与承重台之间采用端面重合、顶平面重合的配合方式；最后以类似的方式装配后挡板、后挡板堵盖，总装配后如图 5.2-97 所示。

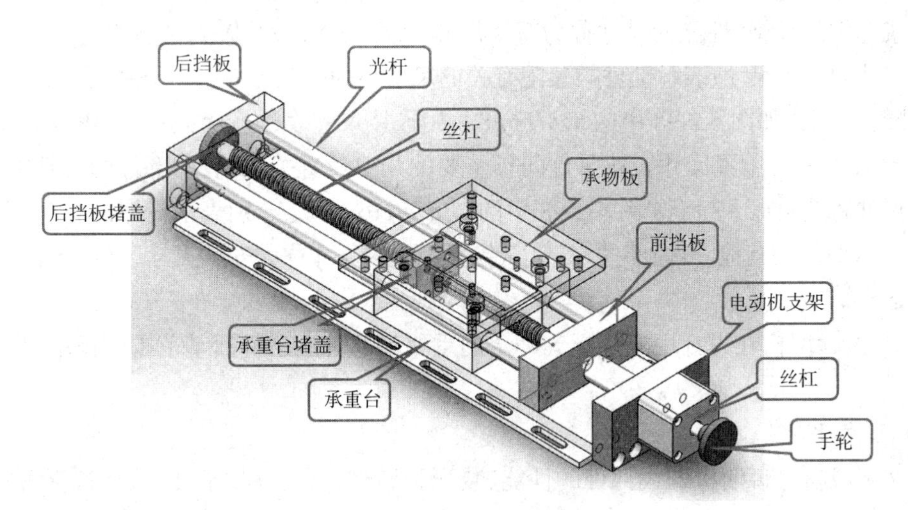

图 5.2-97　平移台总装配体

5.2.4　装配图的基本概念与绘制方法

1. 装配图的基本概念

装配图是表示产品及其组成部分的连接、装配关系的图样。在设计新产品或改进原有设备时，有时先画出装配图，然后根据装配图画出零件图，按零件图生产出零件，最后按装配图装配成机器或部件。在使用过程中，装配图可帮助使用者了解机器或部件的结构、性能、技术要求等，并为安装、检验和维修提供技术资料。因此，装配图是设计、制造和使用机器或部件的重要技术文件之一。

装配图包含一组视图、必要的尺寸、技术要求、序号、明细栏和标题栏等内容，下面逐一进行说明。

（1）一组视图

装配图用一组图形完整、清晰地表达机器或部件的工作原理、各零件间的装配关系（包括配合关系、连接关系、相对位置关系、传动关系）和主要零件的基本结构，可以使用视图、剖视图、断面图等表达主要零件的基本结构。

为了方便设计、装配工作，在选择主视图时首先应考虑工作位置。如机用虎钳的工作位置是平放的；某些通用部件（如滑动轴承、阀类等）工作时可能处于不同的位置。因此，可将常见或习惯的位置确定为工作位置，例如图 5.2-98 中的主视图考虑了虎钳的工作位置。在确定主视图的投射方向时，应能清楚地显示尽可能多的部件特征，特别是装配关系特征，例如图 5.2-98 中虎钳的主视图反映了主要零部件的装配关系和相对位置。

其他视图的选择应根据装配图的内容和要求，考虑还有哪些部分尚未表达清楚。此外，还要考虑图幅的合理使用。各视图都应有明确的表达目的，如图 5.2-98 中的左视图表明钳身 1 与动掌 3 的配合关系。

（2）必要的尺寸

在装配图中，应只标注与机器或部件的性能、规格、装配、安装等有关的尺寸。其中，表示机器或部件的规格、性能的尺寸称为特性尺寸，例如图 5.2-98 中，尺寸 0~76 和 90 表示虎钳夹持工件的最大尺寸；表示部件与装配有关的尺寸称为装配尺寸，例如用配合尺寸表达零件间的配合关系（如图 5.2-98 中的$\phi 14H8/f8$），用连接尺寸表达连接关系（如螺纹连接部分的尺寸等），用相对位置尺寸表达零件间较重要的相对位置关系；表示部件的总长、总宽和总高的尺寸称为外形尺寸（如图 5.2-98 中的 278、$\phi 116$ 和 67 分别表示虎钳的总长、总宽和总高）；表示部件与其他零件、部件、基座安装所需要的尺寸称为安装尺寸（如图 5.2-98 中底板上的 $2\times\phi 7$）。

除上述尺寸外，在设计中通过计算确定的重要尺寸和运动件活动范围的极限尺寸等也需标注。

（3）技术要求

用文字或符号说明机器或部件的性能、装配和调整要求、验收条件、试验和使用的有关事项。

（4）序号、明细栏和标题栏

为了便于读图和进行图样管理，装配图中的所有零件（或部件）都必须编写序号，并在标题栏上方画出明细栏，自下而上填写零件的序号、代号、名称、数量、材料等内容，明细栏的格式和尺寸按 GB/T 10609.2—2009 的规定，如图 3.5-39 所示。

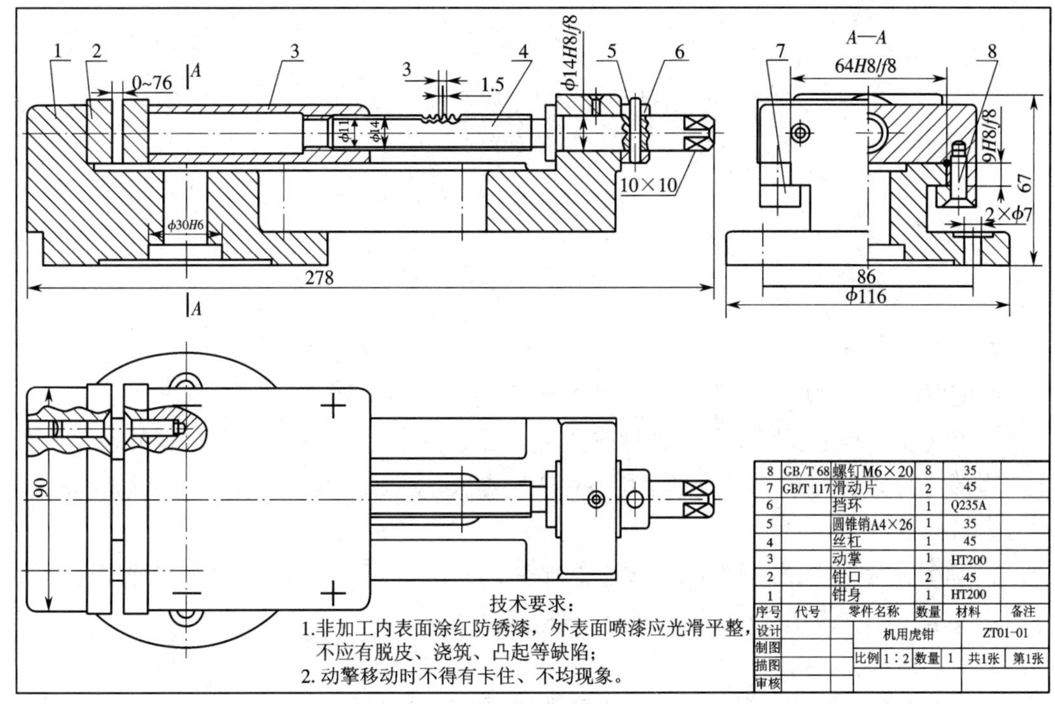

图 5.2-98　机用虎钳装配图

在装配图中，一种零件或部件一般编写一个序号；形状、大小、材料、制造要求均相同的零件应编写相同的序号，且一般只标注一次。零件、部件的序号应与明细栏中的序号一致。

序号的形式和编注方法如下。

1）在装配图中编注零件、部件序号的通用表示方法如图 5.2-99 所示。

2）在同一装配图中，编注序号的形式应一致。

3）在指引线应自所指部分的可见轮廓内引出，并在末端画一个圆点（其直径与粗实线的宽度相同）。若所指部分很薄或为涂黑的剖面，不便画圆点，可在指引线的末端画出箭头，并指向该部分的轮廓线。

4）序号应按水平或垂直方向排列整齐，并按顺时针或逆时针方向顺次排列。

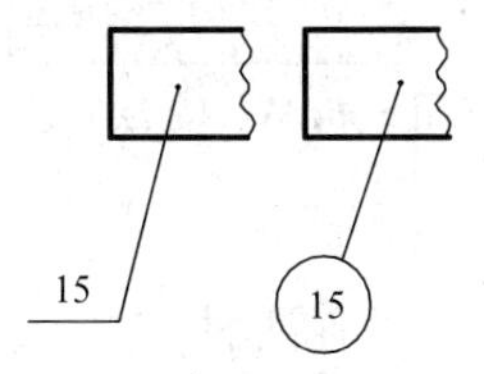

图 5.2-99　编注序号的通用表示方法

指引线不能相交，当通过有剖面的区域时，指引线不应与剖面线平行。指引线可以画成折线，但只可曲折一次。一组紧固件、装配关系清楚的零件组可以采用公共指引线，如图 5.2-100 所示。

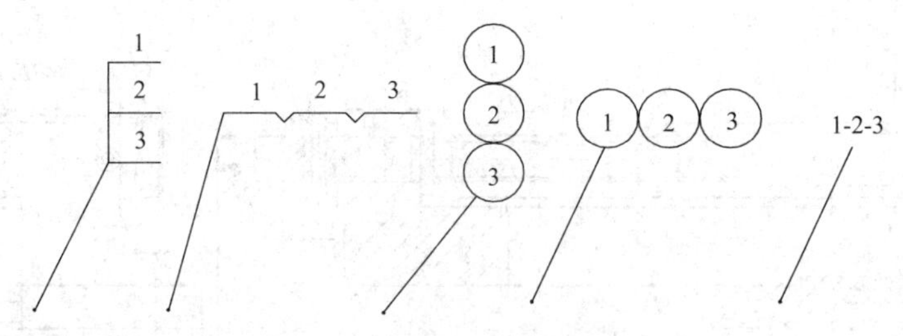

图 5.2-100 公共指引线

2. 装配图的绘制步骤

装配图的绘制过程分为两步,第一步为分析,第二步为画图。

1)在分析过程需要了解所绘部件或产品的用途、工作原理、各个零部件间的装配关系、主要零部件的基本结构,然后合理运用各种图样画法,按照装配图应表达的内容确定视图表达方案。

2)画图分为七步,分别为:①布局;②画各个视图;③标注尺寸;④编注零件序号;⑤编注技术要求;⑥填写明细栏、标题栏;⑦校核检查全图。

3. 装配图综合实例

使用 SolidWorks 绘制装配图的基本流程如图 5.2-101 所示。

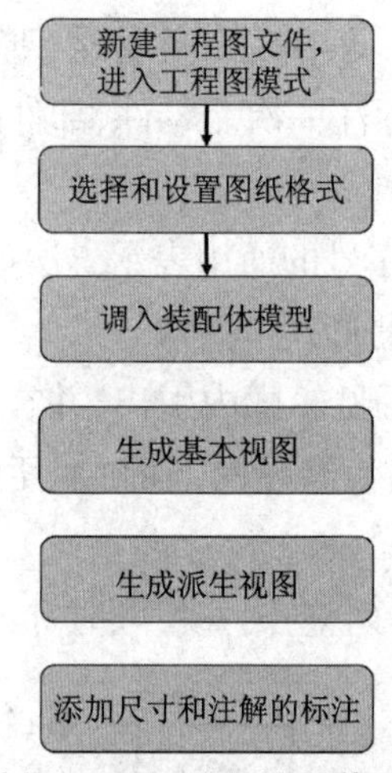

图 5.2-101 使用 SolidWorks 绘制装配图的基本流程

(1)设置图纸格式

使用 SolidWorks 软件绘制装配图有两种方式:①在工具栏中点击“新建”,在“新建 SOLIDWORKS 文件”对话框中选择“工程图”选项,如图 5.2-102 所示;②在装配体界面中点击菜单中的“文件”,选择“从装配体制作工程图”,如图 5.2-103 所示。两种方式任选一种即可进入工程图绘制界面。

进入工程图界面后,会弹出“图纸格式/大小”对话框,如图 5.2-104 所示,在该界面中可以选择图纸格式和图纸大小,设置好后点击“确定”进入绘图界面。

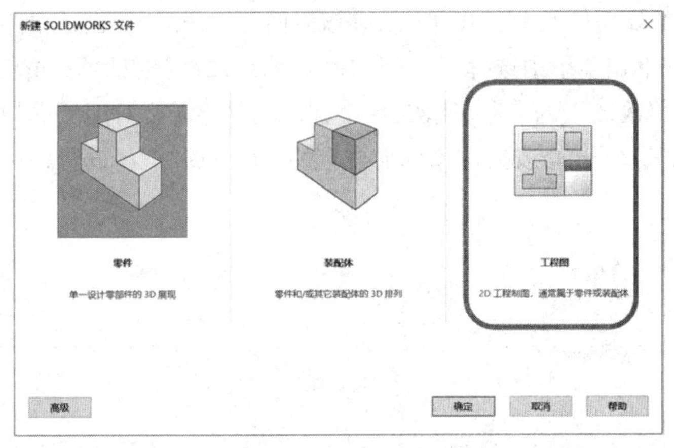

图 5.2-102　“新建 SOLIDWORKS 文件”对话框

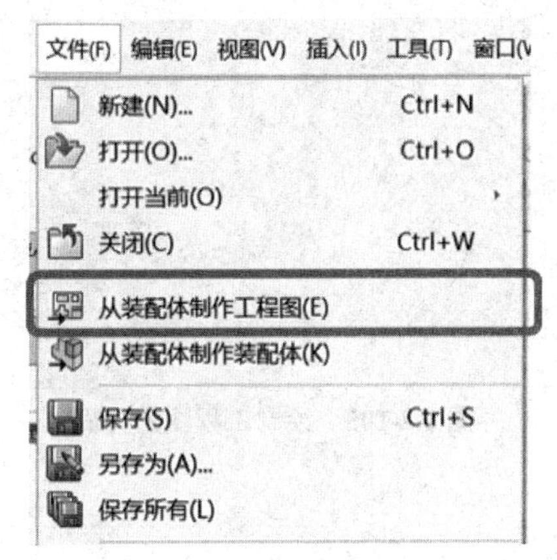

图 5.2-103　“从装配体制作工程图”选项

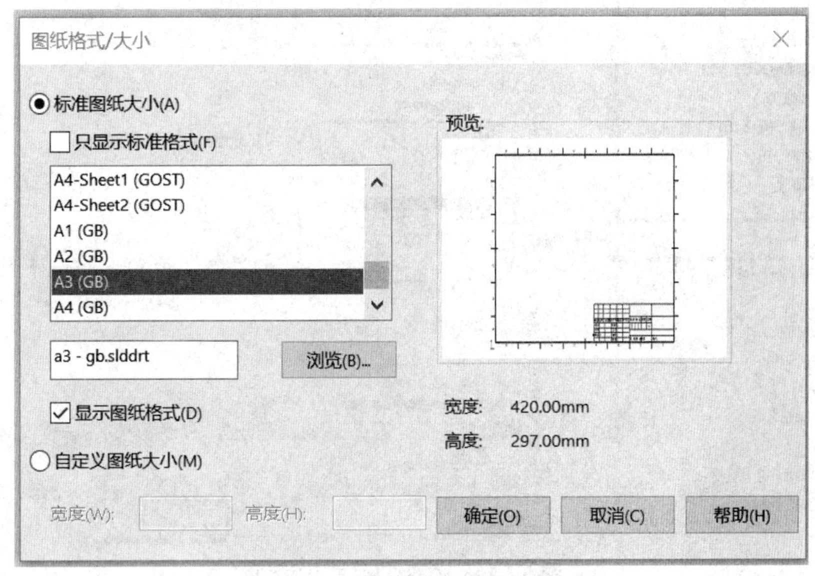

图 5.2-104　“图纸格式/大小”对话框

绘制工程图的界面如图 5.2-105 所示，在该界面的绘图区图纸内绘制装配图。在图纸上单击鼠标右键，在下拉菜单中选择“属性”，弹出“图纸属性”对话框，如图 5.2-106 所示。在该对话框中可以修改图纸的名称、比例、大小、格式，此外需要对图纸的“投影类型”进行修改，将默认的“第三视角”修改为国家标准规定的“第一视角”。设置好后点击“应用更改”保存和退出。

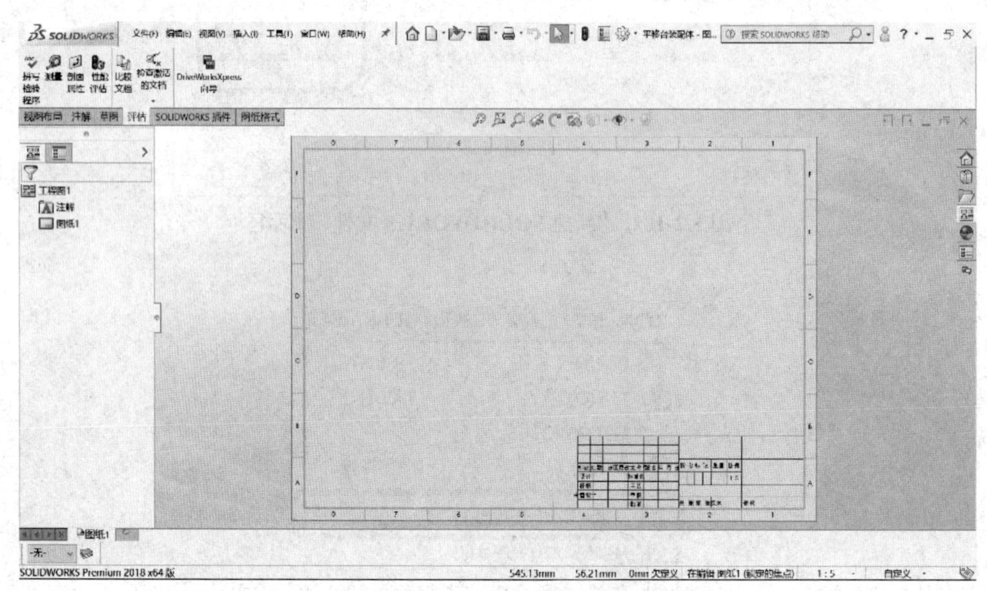

图 5.2-105　绘制工程图的界面

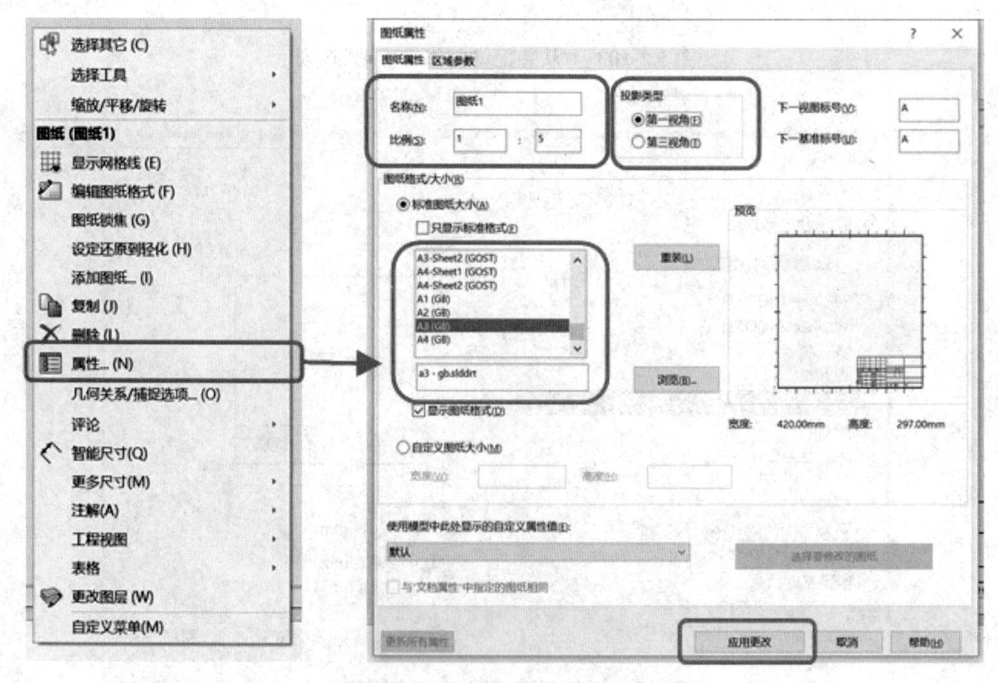

图 5.2-106　“图纸属性”对话框

（2）生成视图

在生成图纸之后，可以根据装配体的结构选择合理的表达方案，生成视图、剖视图、断面图等图形。

下面以平移台装配体（图 5.2-107）为例说明在 SolidWorks 中标准三视图是如何生成的。在上侧的工具栏中点击“ 标准三视图”（图 5.2-108），在 Property Manager 中可以选择或浏览要进行绘图的装配体，双击“要插入的零件/装配体”（图 5.2-109），在图纸中自动生成标准三视图，包括主视图、左视图和俯视图，如图 5.2-110 所示。

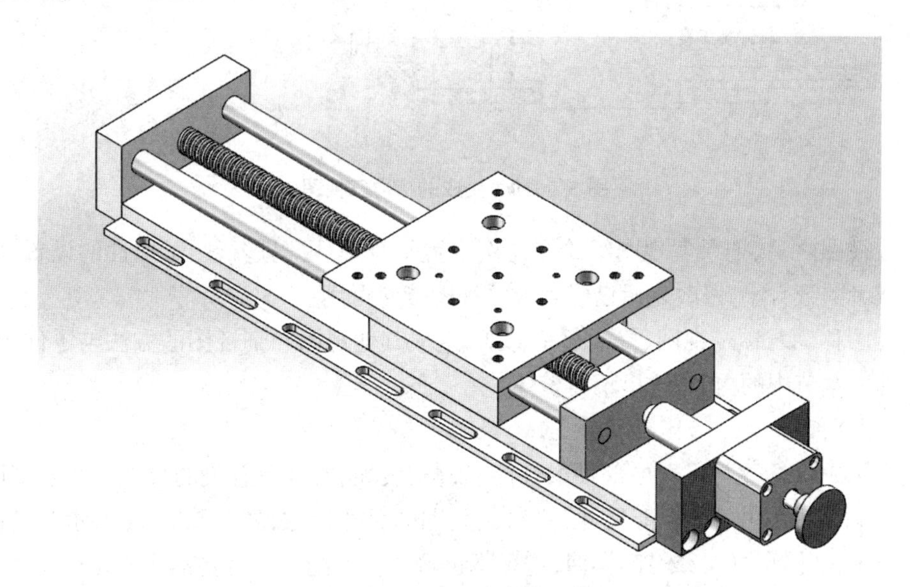

图 5.2-107　平移台装配体

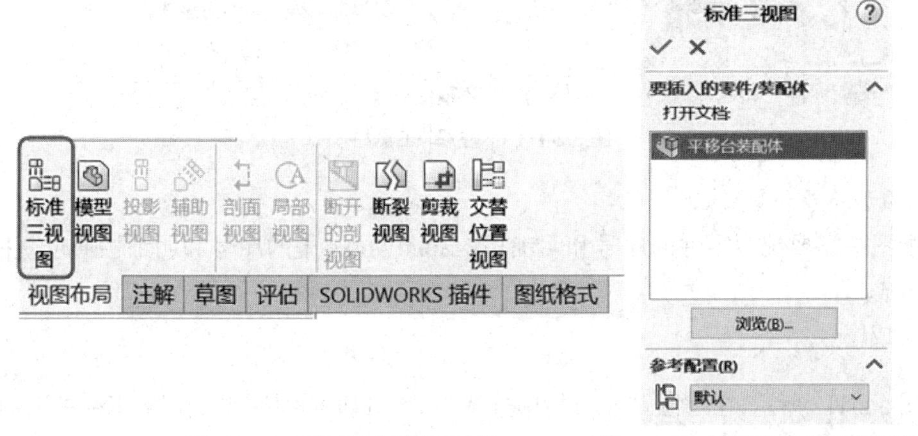

图 5.2-108　“视图布局”工具栏　　　　图 5.2-109　“标准三视图”属性页面

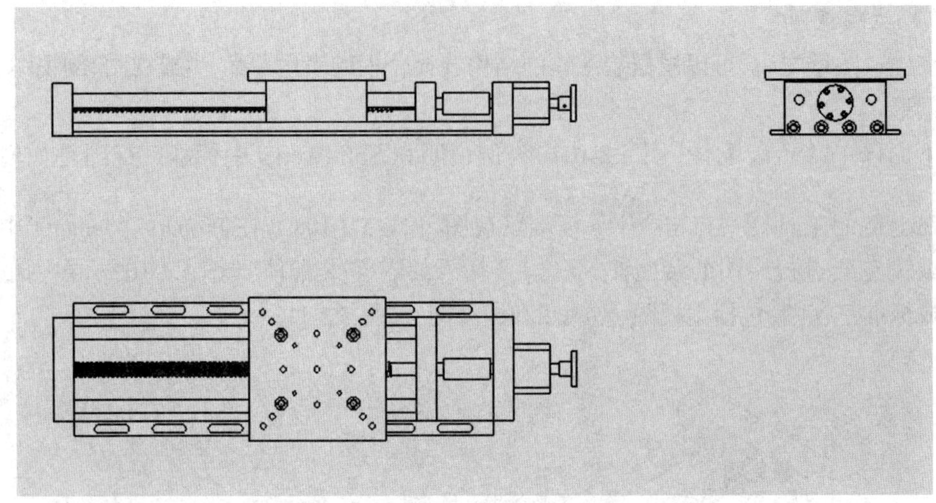

图 5.2-110 生成的标准三视图

生成视图之后，如果发现图纸绘图比例设置不合理，可以进行图纸属性的设置，修改绘图比例或者图纸大小，修改之后已经生成的视图依然可用。

装配图移动与锁定视图、修改显示方式、生成其他视图和剖视图的方法与零件图类似，可参考前面章节中的内容，这里不再赘述。

（3）添加尺寸

装配图中仅标注与机器或部件的性能、规格、装配、安装等有关的尺寸。在绘图区上侧选择“注解”工具栏中的“智能尺寸”进行装配图的尺寸标注，如图 5.2-111 所示。具体方法与零件图的尺寸标注（5.2.2 节）类似，这里不再赘述。装配图中需要标注的几种尺寸见本节中的“必要的”尺寸。

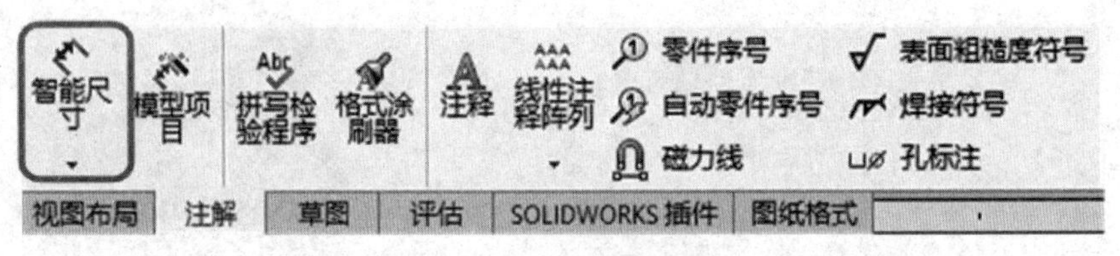

图 5.2-111 “注解”工具栏

（4）添加序号和明细栏

装配图中需要编写零件的序号和明细栏。SolidWorks 中的序号和明细栏通过“注解”工具栏生成。

1）生成序号。

如图 5.2-112 所示，在“注解”工具栏中选择“ 自动零件序号”，在绘图区中用鼠标左键单击某视图，可在视图中自动添加序号；依次单击各视图，直至序号添加完整；序号的格式和排序方式等可在左侧的属性页面中修改、调整。图 5.2-113 所示为按照国家标准的要求修改序号样式。

除了自动生成零件序号之外，也可选择“零件序号”，依次手动添加零件序号。

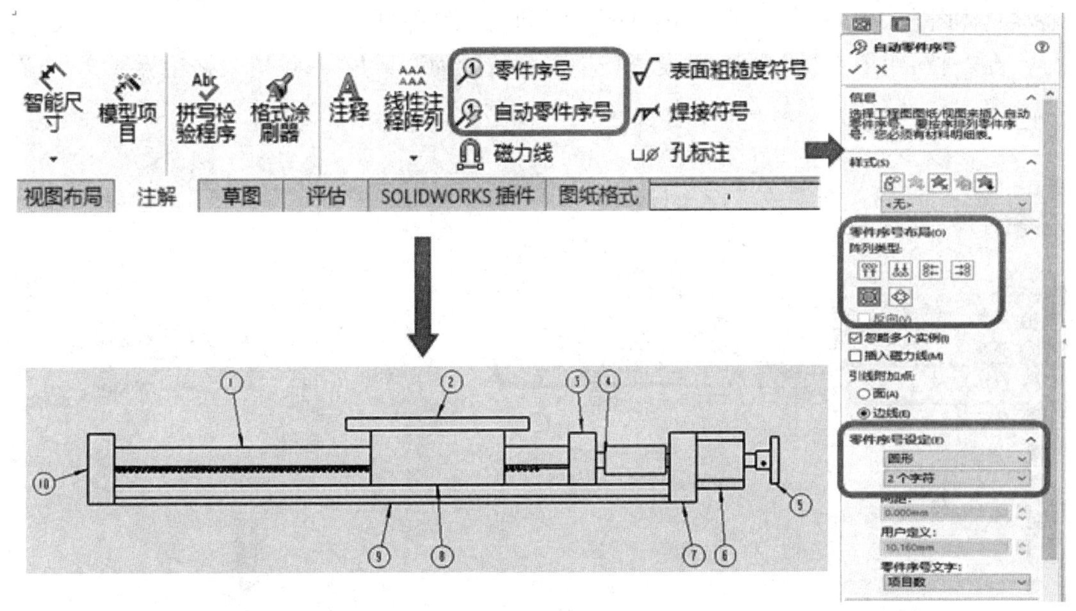

图 5.2-112　序号的生成方法

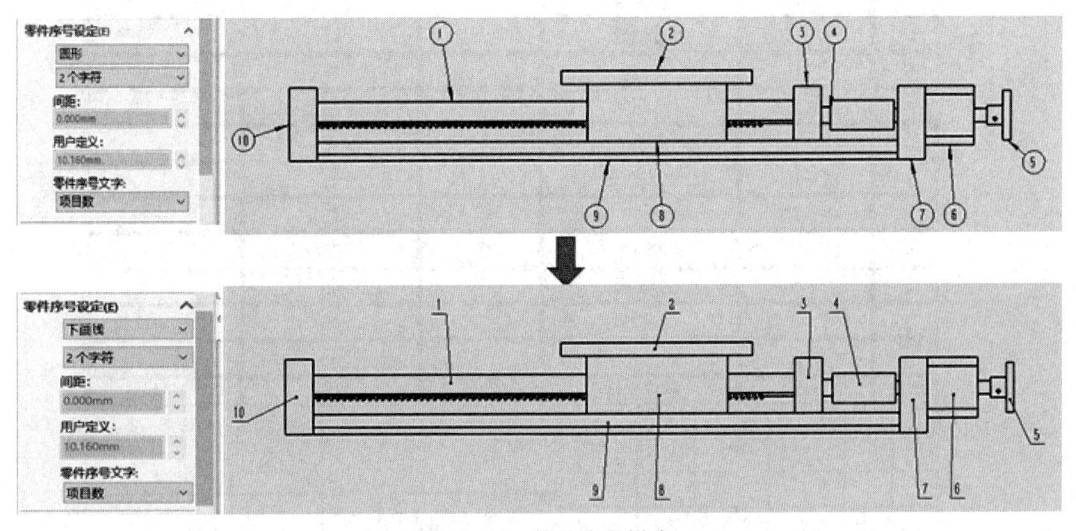

图 5.2-113　修改序号样式

2)生成明细栏。

在“注解”工具栏中选择“表格”，在下拉菜单中选择“材料明细表”，然后在绘图区中点击任一视图，在左侧的 Property Manager 中出现“材料明细表属性”页面，进行格式的设置，在表格模板中选择“gb-bom-material”即为国标规定的明细栏格式。设置好属性后点击左上方的对勾，在绘图区中的光标处出现可随光标移动的明细栏，在绘图区中移动光标将明细栏移至需要的位置后单击鼠标左键进行放置。如果零件的名称、代号、材料等均在零件中进行了设置,在明细栏中会自动生成相应的内容。此外,还可以在装配图中修改明细栏中的各项具体内容,用鼠标左键双击相应的单元格进行修改即可。

在“材料明细表”属性中,可设置表格对齐位置为右下角点;设置表格边界线宽:边界“□”为细实线,边界“十”为粗实线。

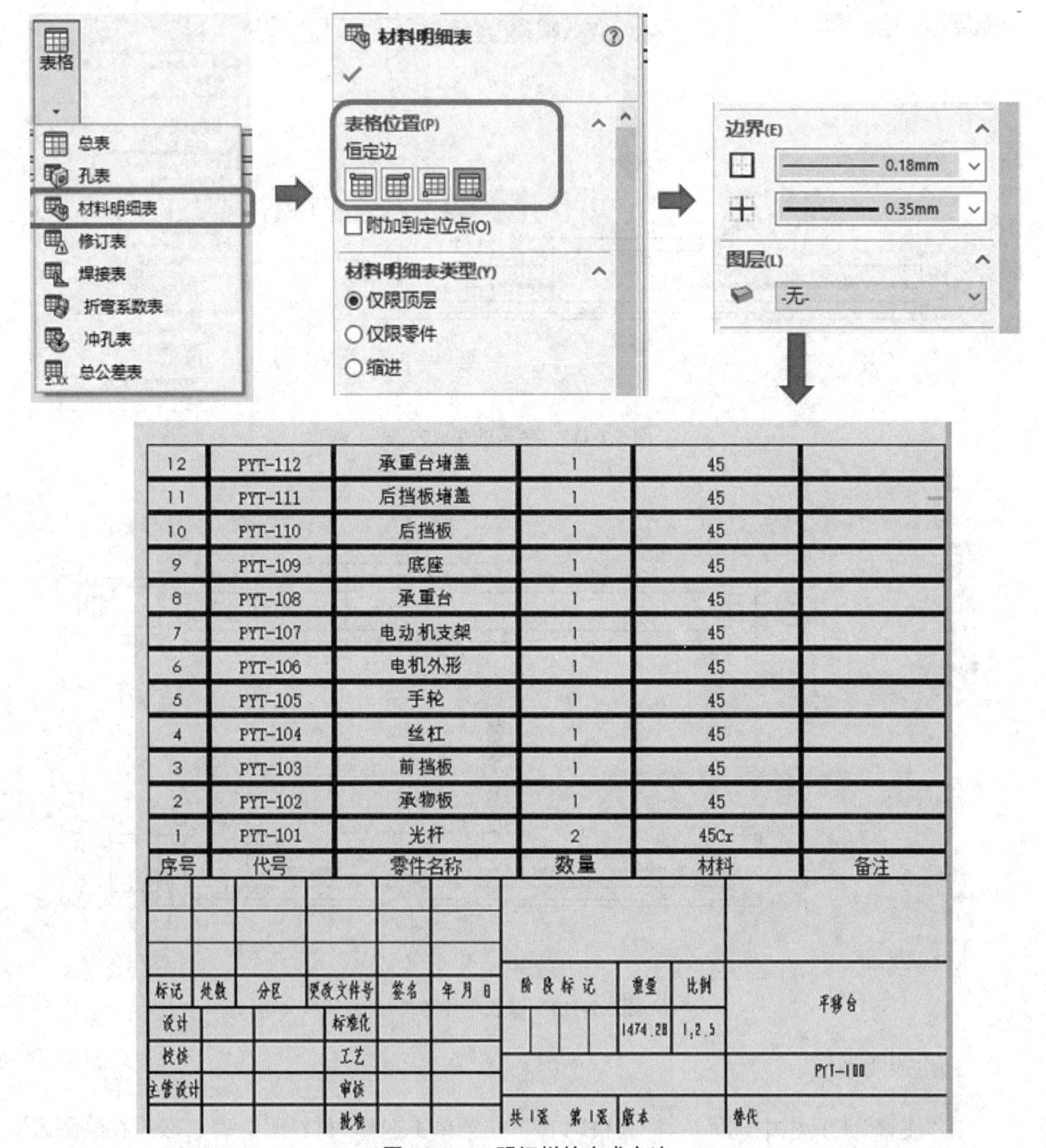

12	PYT-112	承重台堵盖	1	45	
11	PYT-111	后挡板堵盖	1	45	
10	PYT-110	后挡板	1	45	
9	PYT-109	底座	1	45	
8	PYT-108	承重台	1	45	
7	PYT-107	电动机支架	1	45	
6	PYT-106	电机外形	1	45	
5	PYT-105	手轮	1	45	
4	PYT-104	丝杠	1	45	
3	PYT-103	前挡板	1	45	
2	PYT-102	承物板	1	45	
1	PYT-101	光杆	2	45Cr	
序号	代号	零件名称	数量	材料	备注

图 5.2-114 明细栏的生成方法

修改明细栏的方法为:①点击表格左上角的十字标记,在上侧的选项中选择设置表格属性等,例如图 5.2-115 中设置行高、列宽、表头位置等;②在表格中选择整行或者整列,单击鼠标右键,在弹出的菜单中选择“插入”增加行或列,如图 5.2-116 所示。

设置行高和列宽　设置表头位置

1.7mm　1mm

	A	B	C	D	E	F
1	12	PYT-112	承重台堵盖	1	45	
2	11	PYT-111	后挡板堵盖	1	45	
3	10	PYT-110	后挡板	1	45	
4	9	PYT-109	底座	1	45	
5	8	PYT-108	承重台	1	45	
6	7	PYT-107	电动机支架	1	45	
7	6	PYT-106	电动机外形	1	45	
8	5	PYT-105	手轮	1	45	
9	4	PYT-104	丝杠	1	45	
10	3	PYT-103	前挡板	1	45	
11	2	PYT-102	承物板	1	45	
12	1	PYT-101	光杆	2	45Cr	
13	序号	代号	零件名称	数量	材料	备注

图 5.2-115　设置行高、列宽、表头位置

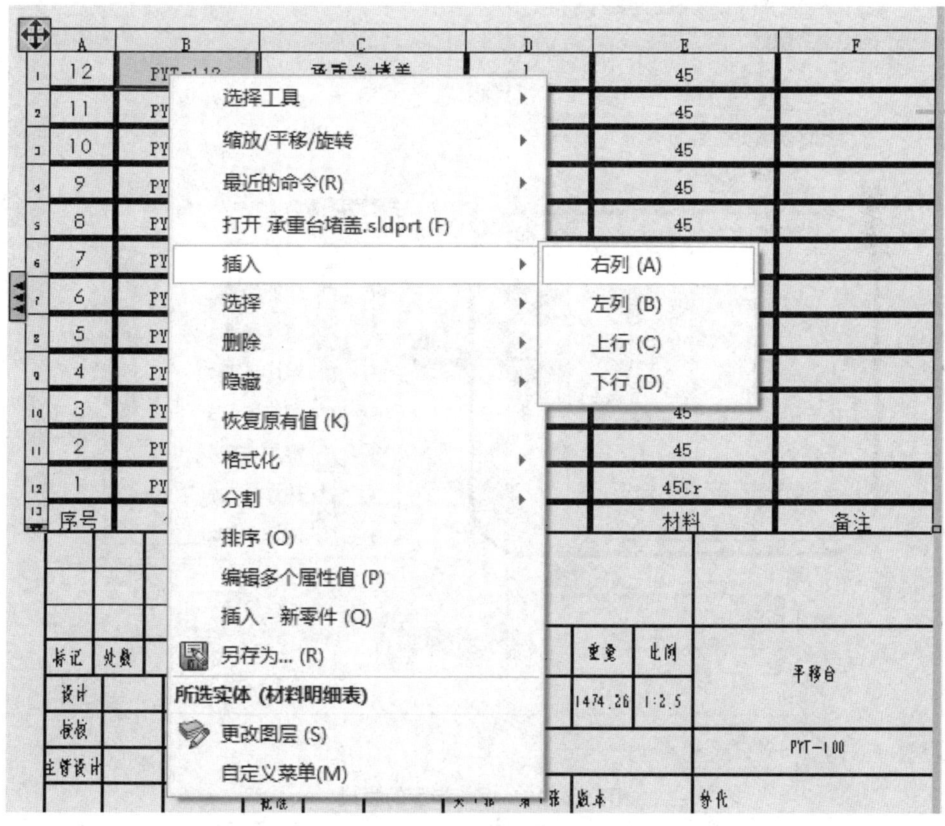

图 5.2-116　增加行或列

4. 装配体的爆炸视图与运动模拟

(1)爆炸视图与爆炸动画制作

爆炸视图是将装配体分散显示的一种表达方式,它往往能够很清楚地表达零件间的装配关系和零件的三维结构,并能说明零件是如何组装在一起的,因此是装配体表达的重要形式之一。

可以通过在绘图区域中选择和拖动零件来生成爆炸视图,从而生成一个或多个爆炸步骤。爆炸视图的生成方法包括:

1)均分爆炸成组的零部件;

2)围绕轴径向爆炸组件;

3)拖动并自动调整多个组件的间距;

4)附加新的零部件到一个零部件的现有爆炸步骤。

在"装配体"工具栏中点击"爆炸视图",在左侧的属性页面中出现"爆炸步骤"列表,如图 5.2-117 所示,设置好爆炸步骤之后就可以生成装配体的爆炸视图。有两种方法定义零件爆炸运动的路径,如图 5.2-118 所示。

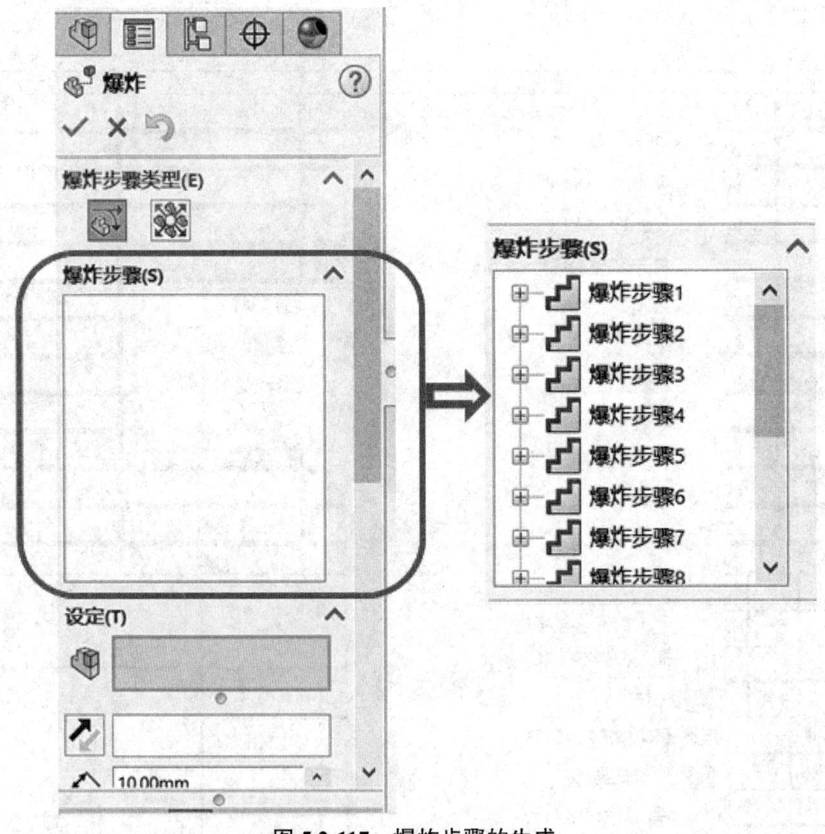

图 5.2-117 爆炸步骤的生成

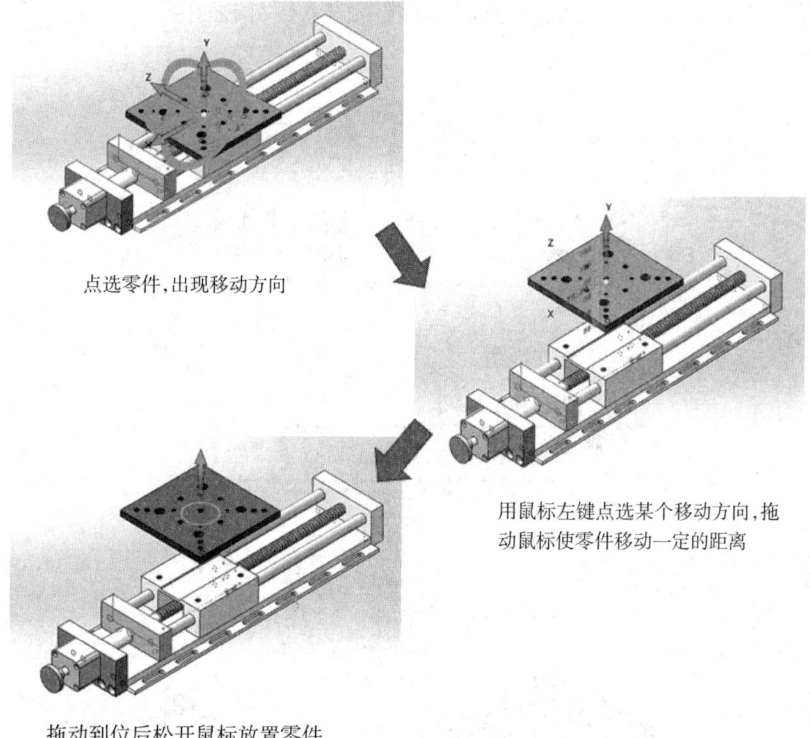

（a）

点击“应用”后生成爆炸步骤

点选零件的某个移动方向

在属性页面中定义移动距离和旋转角度

（b）

图 5.2-118　定义零件爆炸运动的路径

（a）选择零件的移动方向后直接拖动零件　（b）在左侧的属性页面中设置方向和数值

1）通过在绘图区域中选择零件、拖动零件沿一定方向运动来生成爆炸路径；

2）选择零件，在左侧的属性页面中设置方向和数值来定义零件的爆炸路径。

此外，可以使用软件自带的智能爆炸功能生成爆炸视图，如图 5.2-119 所示，在“爆炸视图”的下拉菜单中选择“插入/编辑智能爆炸直线”，进入爆炸视图编辑页面，编辑爆炸路径，然后点击对勾生成爆炸视图。

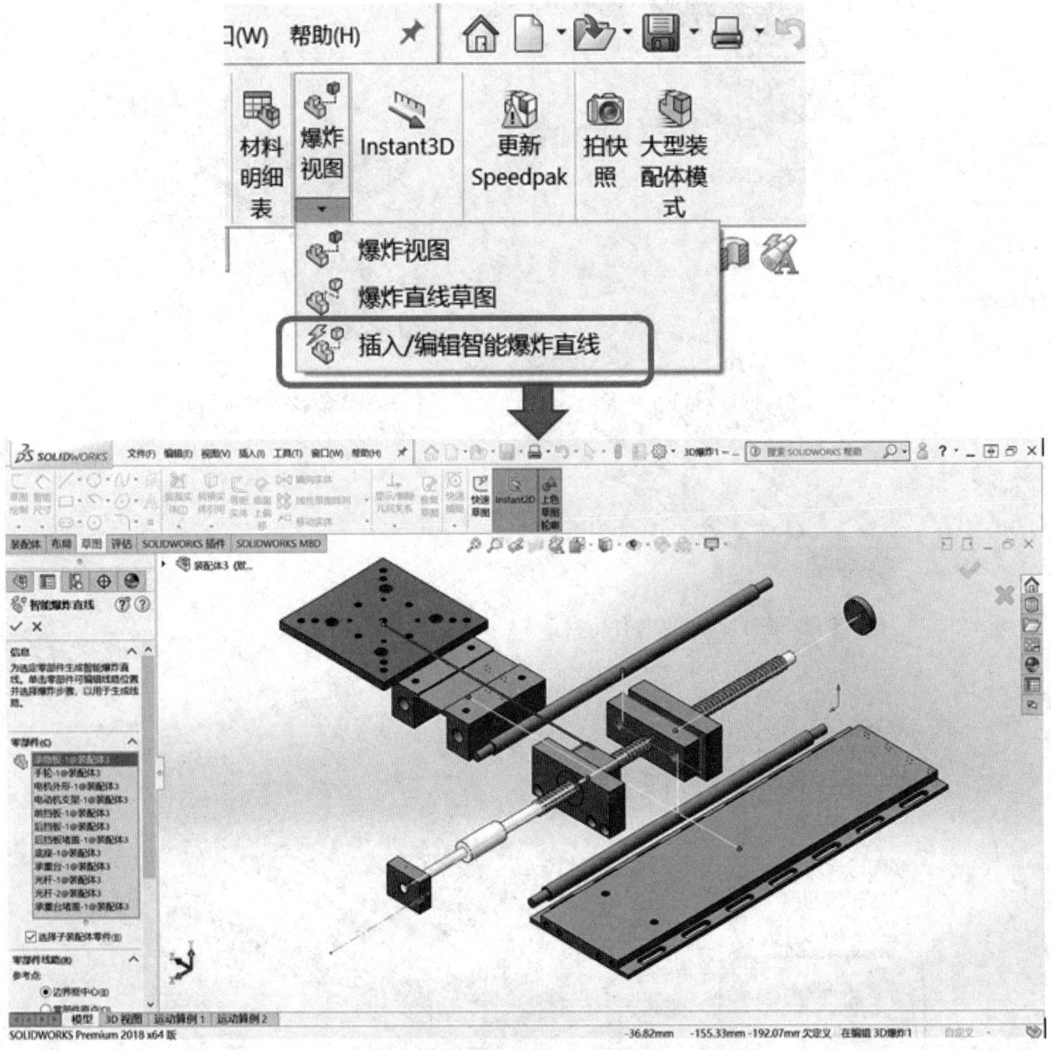

图 5.2-119 使用智能爆炸功能生成爆炸视图

编辑好爆炸步骤之后，可以通过动画向导生成爆炸动画。在软件页面的左下角选择“运动算例”，进入模拟动画生成页面，如图 5.2-120 所示。在页面下侧的 Motion Manager 界面中点击“动画向导”，弹出“选择动画类型”对话框，如图 5.2-121 所示，选择“爆炸”或“解除爆炸”，点击“下一步”，进入“动画控制选项”对话框，如图 5.2-122 所示，设置动画时间，点击“完成”生成爆炸动画。

点击“保存动画”可以将爆炸动画保存为“.avi”格式的视频文件，如图 5.2-123 所示。生成的平移台爆炸视图如图 5.2-124 所示。

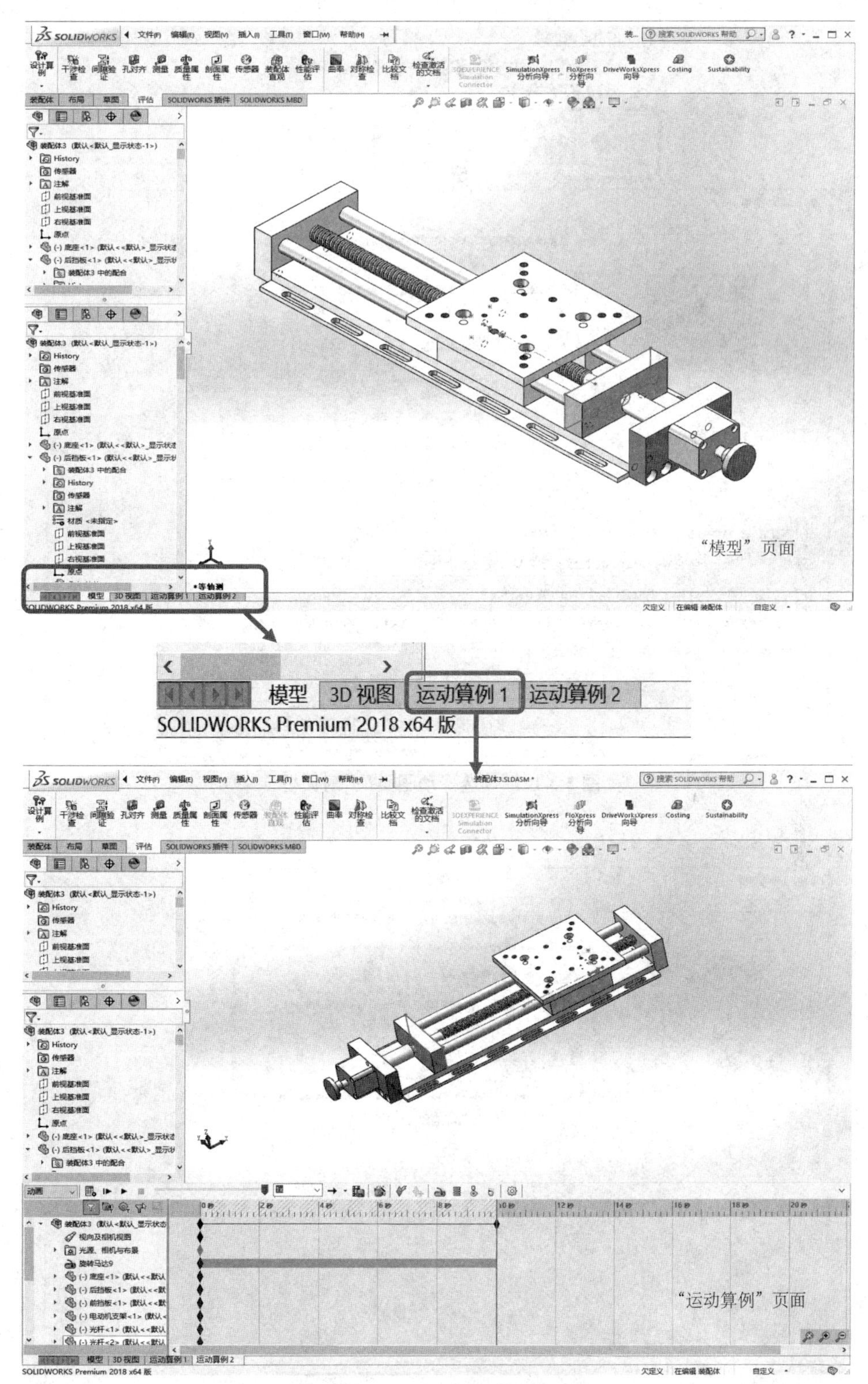

图 5.2-120　进入"运动算例"页面

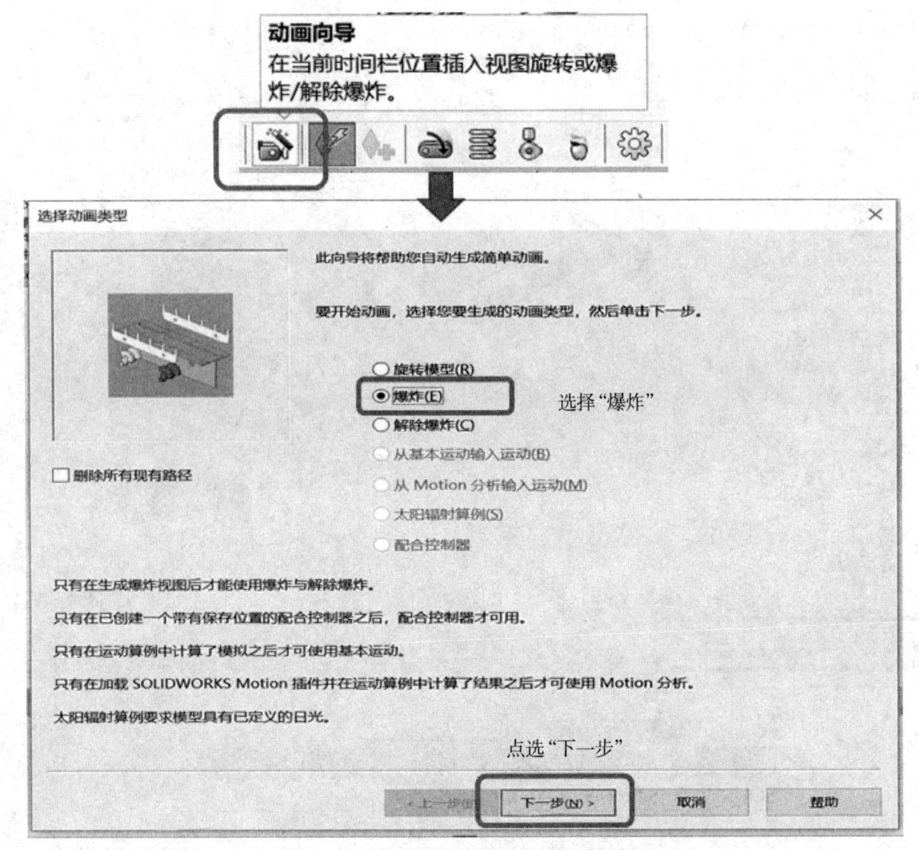

图 5.2-121 “选择动画类型”对话框

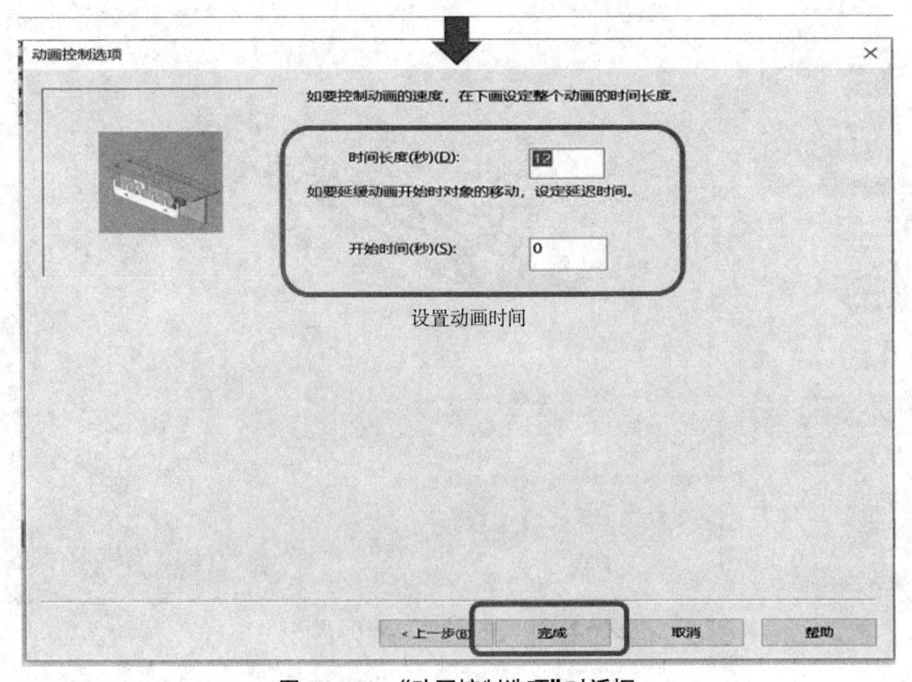

图 5.2-122 “动画控制选项”对话框

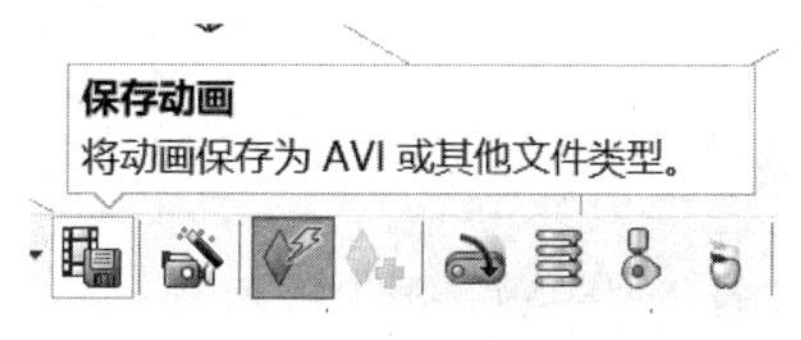

图 5.2-123　保存爆炸动画

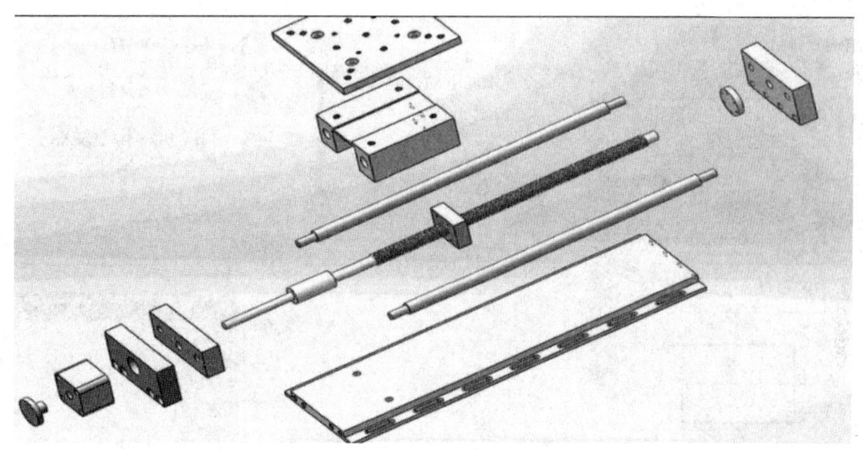

图 5.2-124　平移台的爆炸视图

（2）运动模拟与运动动画制作

在装配体中可以进行运动模拟，称为运动算例。运动算例不更改装配体模型或其属性，只模拟绘图者给模型规定的运动并生成模拟动画。

在软件页面的左下角选择“运动算例”，进入模拟动画生成页面。在 Motion Manager 界面中点击“马达” 添加运动的驱动，如图 5.2-125 所示。在左侧的 Property Manager 界面中选择电动机类型，设置电机添加位置和方向，设置运动零部件和电动机参数，如图 5.2-126 所示。点击“运动算例属性” 设置运动动画的帧率，如图 5.2-127 所示。

点击“播放” 生成和演示运动动画；点击“保存动画” 可以将运动动画保存为“.avi”格式的视频文件，如图 5.2-128 所示。

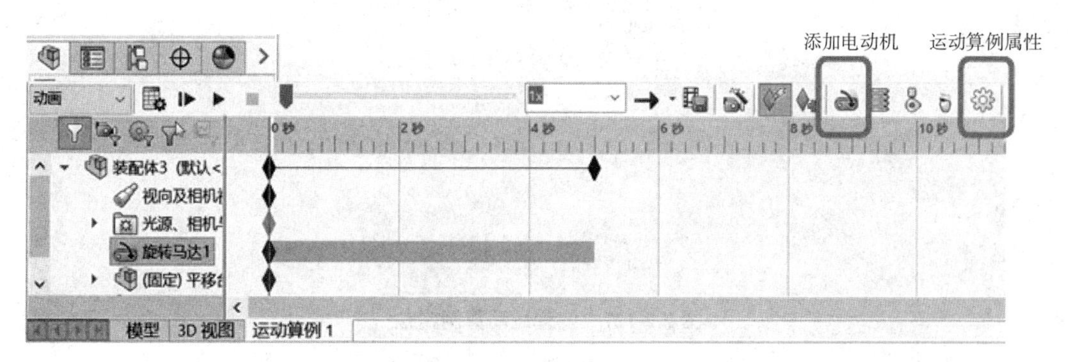

图 5.2-125　运动算例的生成

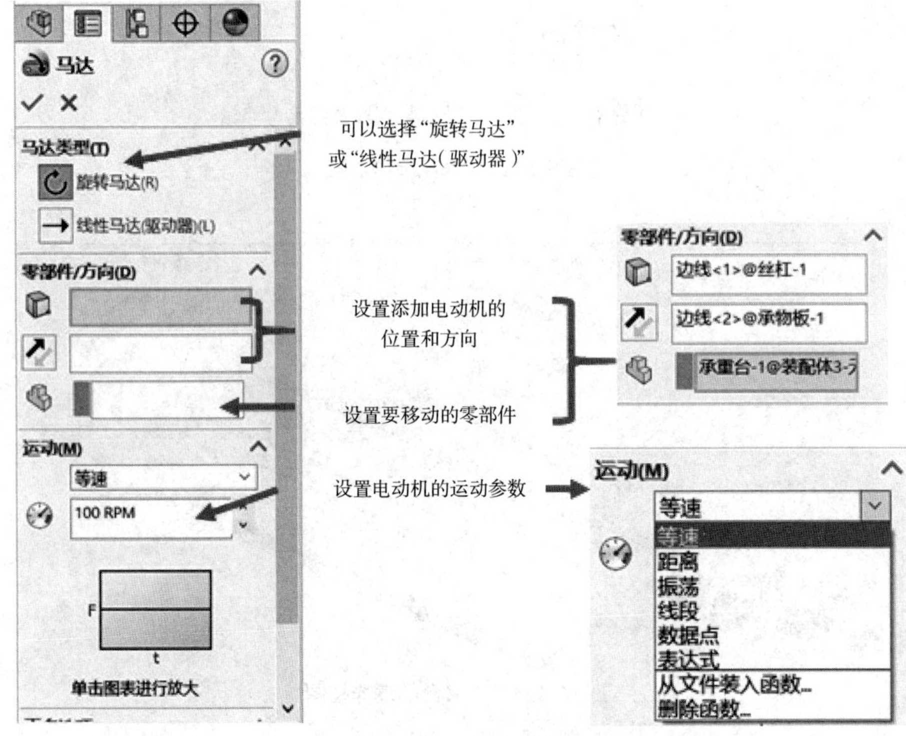

图 5.2-126 添加马达

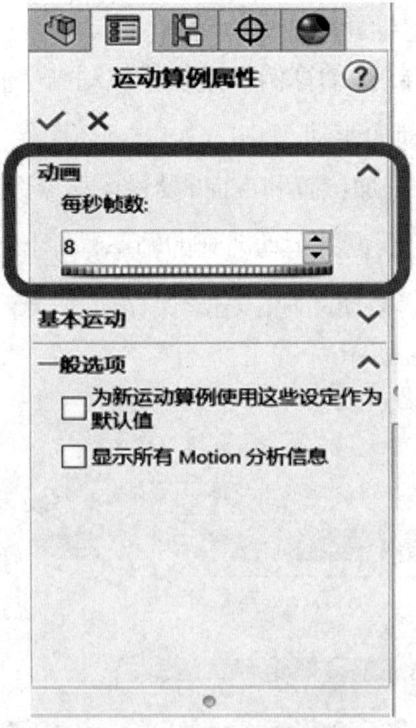

图 5.2-127 设置运动算例属性

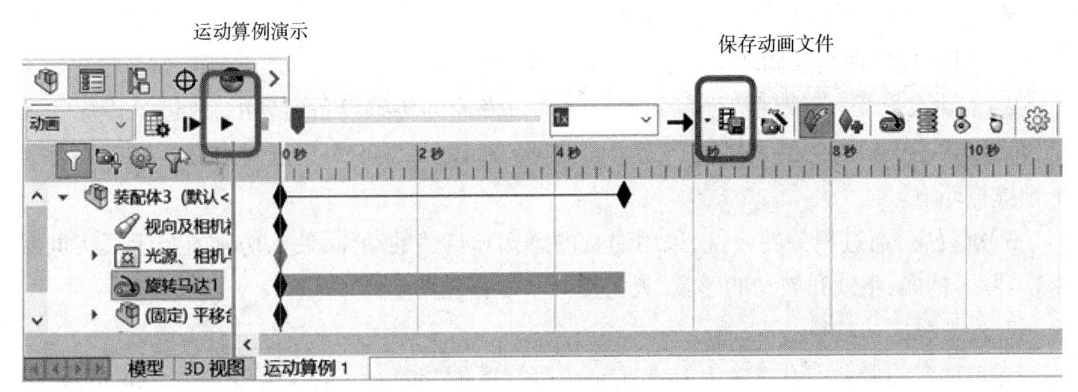

图 5.2-128　运动动画演示与保存

5.3　虚拟现实

5.3.1　虚拟现实

1. 虚拟现实的概念

虚拟现实(virtual reality，VR)是由美国 VPL 公司的创建人拉尼尔(Jaron Lanier)在 20 世纪 80 年代初提出,但到 20 世纪末才兴起的综合性信息技术。虚拟现实融合了数字图像处理、计算机图形学、多媒体技术、计算机仿真技术、传感器技术、显示技术、网络并行处理等多个信息技术分支,是一种由计算机生成的高技术模拟系统,从而大大推进了计算机技术的发展。目前,虚拟现实已经成为计算机相关领域中继多媒体技术、网络技术和人工智能之后关注、研发与应用的热点。

虚拟现实通常指利用计算机建模技术,空间、声音、视觉跟踪技术等综合技术生成的集视觉、听觉、触觉于一体的交互式虚拟环境。在这样的虚拟空间中,参与者可借助数据头盔显示器、数据手套、数据衣等设备与计算机进行交互,得到和真实世界极其相近的体验。

虚拟现实系统中的虚拟环境可能有下列几种情况。

第一种情况是完全再现真实世界中的环境。如虚拟小区对现实小区的虚拟再现,虚拟战场,虚拟实验室中的各种仪器等。这种真实环境可能存在,也可能已经设计好但是尚未建成,还可能原来完好,现在被破坏。

第二种情况是完全虚拟的,人类主观构造的环境。如影视制作或电子游戏中通过三维动画设计的虚拟世界。此环境是完全虚构的,用户可以参与并与之进行交互的非真实世界。但它的交互性和参与性不是很明显。

第三种情况是对真实世界中人类不可见的现象或环境进行仿真。如分子结构、各种物理现象等。这种环境是真实环境,客观存在,但是受到人类视觉、听觉器官的限制不能感应到。一般情况是以特殊的方式(如放大尺度)进行模仿和仿真,使人能够看到、听到或者感受到,实现科学可视化。

虚拟现实的概念包含如下三层含义。

1)环境,虚拟现实强调环境,而不是数据和信息。

2)主动式交互,虚拟现实强调的交互是通过专业的传感设备实现的,改进了传统的人机接口形式。虚拟现实的人机接口完全面向用户来设计,用户可以通过真实世界中的行为干预虚拟环境。

3)沉浸感,通过相关的设备,采用逼真的感知和自然的动作,使人仿佛置身于真实世界中,消除了枯燥、生硬和被动的感觉,大大提高了工作效率。

2. 虚拟现实的特征

虚拟现实的概念中有三个 I, Immersion(沉浸感)、Interaction(交互性)、Imagination(想象性)。

沉浸感又称临场感,是虚拟现实最重要的技术特征,指用户借助交互设备和自身的感知觉系统置身于模拟环境中的真实程度。理想的模拟环境应该使用户难以分辨真假,全身心地投入计算机创建的三维虚拟环境中,该环境中的一切看上去是真的,听起来是真的,动起来是真的,甚至闻起来、尝起来等一切感觉都是真的,如同在现实世界中一样。

交互性是用户使用专门的输入和输出设备,用人类的自然技能对模拟环境内物体的可操作程度和从环境得到反馈的自然程度。虚拟现实系统强调人与虚拟世界之间以近乎自然的方式进行交互,即不仅用户通过传统设备(键盘、鼠标等)和传感设备(特殊头盔、数据手套等),使用自身的语言、身体的运动等自然技能,对虚拟环境中的对象进行操作,而且计算机能够根据用户的头、手、眼、语言和身体的运动来调整系统呈现的图像和声音。

想象性又称创造性,是虚拟世界的起点。想象力使设计者构思和设计虚拟世界,并体现出设计者的创造思想。所以,虚拟现实系统是设计者借助虚拟现实技术,发挥其想象力和创造性而设计的。比如在建造一座现代化的桥梁之前,设计师要对其结构进行细致的构思。

3. 虚拟现实系统的组成

一般的虚拟现实系统主要由专业图形处理计算机、应用软件系统、输入设备、输出设备和数据库组成,如图 5.3-1 所示。

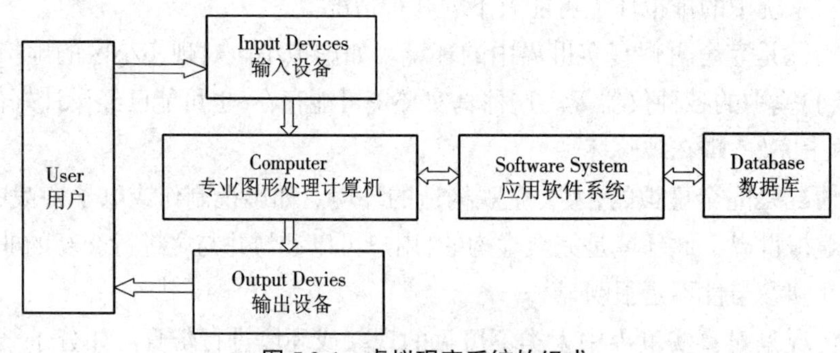

图 5.3-1 虚拟现实系统的组成

专业图形处理计算机:负责虚拟世界的生成、人与虚拟世界的自然交互等功能的实现。由于其具有复杂性,计算量极大,对计算机的配置提出了极高的要求。

输入与输出设备(接口):用于识别用户各种形式的输入,并实时生成相应的反馈信息。常用的设备有用于手势输入的数据手套、用于语音交互的三维声音系统等。

应用软件系统:用于虚拟世界中物体的几何模型、物理模型、运动模型的建立;三维虚拟立体声的生成;模型管理技术、实时显示技术、虚拟世界数据库的建立与管理等。

数据库:存放整个虚拟世界中所有物体各方面的信息。

4. 虚拟现实系统的分类

根据沉浸性和交互程度的不同可将虚拟现实系统划为四种典型的类型:桌面式虚拟现实系统、沉浸式虚拟现实系统、增强式虚拟现实系统、分布式虚拟现实系统。

(1)桌面式虚拟现实系统

利用个人计算机或初级图形工作站等设备,以计算机屏幕作为用户观察虚拟世界的窗口,采用立体图形、自然交互等技术,产生三维立体空间的交互场景,通过键盘、鼠标和力矩球等输入设备操纵虚拟世界,实现与虚拟世界的交互。其特点为:①用户处于不完全沉浸的环境中,缺少完全沉浸、身临其境的感觉,即使戴上立体眼镜,仍能感受到周围现实世界的干扰;②对硬件设备要求极低,简单型的只需要计算机,或增加数据手套、空间跟踪设置等;③成本较低,应用比较普遍,符合沉浸式虚拟现实系统的一些技术要求。

(2)沉浸式虚拟现实系统

提供完全沉浸的体验,使用户有仿佛置身于真实世界中的感觉。将用户的视觉、听觉和其他感觉封闭起来,提供一个新的、虚拟的感觉空间,利用空间位置跟踪器、数据手套、三维鼠标等输入设备和视觉、听觉等设备,使用户产生身临其境、完全投入和沉浸于其中的感觉。例如,在消防仿真演习系统中,消防员会沉浸于极度真实的火灾场景中并做出不同的反应。这种系统的优点是用户可完全沉浸到虚拟世界中,缺点是设备尤其是硬件设备价格较高,难以大规模普及推广。

(3)增强式虚拟现实系统

增强式虚拟现实系统使用户既可以看到真实世界,也可以看到叠加在真实世界上的虚拟对象,它是把真实环境和虚拟环境组合在一起的系统,既可减少构成复杂的真实环境的计算,又可对实际物体进行操作,真正达到了亦真亦幻的境界。其特点为:①真实世界和虚拟世界融为一体;②具有实时人机交互功能;③真实世界和虚拟世界在三维空间中整合。

(4)分布式虚拟现实系统

分布式虚拟现实系统是基于网络的可供异地多用户同时参与的分布式虚拟环境。在这个环境中,位于不同物理环境位置的多个用户或多个虚拟环境通过网络相连接,或者多个用户同时参与一个虚拟现实环境,通过计算机与其他用户进行交互,并共享信息。在分布式虚拟现实系统中,多个用户可通过网络对同一个虚拟世界进行观察和操作,以达到协同工作的目的。分布式虚拟现实系统的特征为:①共享虚拟工作空间;②伪实体具有行为真实感;③支持实时交互,共享时钟;④多个用户以多种方式相互通信;⑤资源信息共享,允许用户自然操作环境中的对象。

5.3.2 VR与产品设计

1. VR与虚拟生产系统仿真(图5.3-2)

虚拟现实仿真技术是利用仿真与虚拟现实技术,在高性能计算机和高速网络的支持下,采用群组协同工作,通过模型来模拟和预估产品在功能、性能、加工特性等各方面可能存在的问题,从而实现产品制造的本质过程,其应用对象包括产品设计、工艺规划、加工制造、性能分析、质量检验等。

图5.3-2 虚拟生产系统仿真

2. VR与智能运维

以维修产品为对象,应用数字化平台对产品维修过程进行虚拟仿真,从多方面对产品维修过程进行评估、优化,生成三维电子手册。

1)三维电子手册结构化管理。采用结构化的技术手册内容方式,定义内容与产品设计、制造的MBD模型或技术要求的关系,在共源数据的基础上实现直接利用与同步更新;支持企业配置、定义技术手册的输出样式,满足维护操作手册、产品目录、培训手册等不同业务的需求;对结构化的技术手册进行审批流程与版本的有效性控制。

2)实物产品可视化展现。实现实物零组件在产品中的定位与显示,基于MBD的数字化MBD产品查找追踪实物BOM上的零组件;对综合保障的五性分析结果报表,可基于轻量化的数字化MBD产品进行立体式全方位展现。

3)维护维修过程仿真。基于MBD模型的数字化维护维修仿真提供虚拟制造环境来验证和评价维护过程的方法;实现维修拆装的可达性分析,拆装流程优化,包括零件拆装顺序和工序的合理安排;验证工装的正确性、维修人员的可操作性。

4)维护维修的人因仿真。详细评估人体在特定的工作环境下的一些行为表现,如动作时间评估、工作姿态好坏评估、疲劳强度评估等。可快速分析人体的可触及范围、视野、最大或最佳触手工作范围,从而帮助改进工位设计。

3. VR 与虚拟装配

以装配工艺规程作为引导，在虚拟环境下进行交互式装配顺序规划、仿真与评价，利用沉浸式虚拟现实环境的直观性，按初始装配顺序逐个进行零部件的装配，分析、评价各类装配操作的难易程度和实用性，并将分析结果信息与装配顺序规划相结合，从而生成最优装配顺序，有效避免产品错装、漏装现象的发生。

4. VR 与人机工程

通过对人体模型工厂化定制、人体模型快速定义、人体模型物理学动作姿态等人机工程开展研究，评价并优化现场操作人员装配过程的可视性、可达性、舒适性，针对产品装配过程中涉及的人机因素（如装配所需的时间，装配操作的舒适程度、安全性），以虚拟环境下的人体模型模拟操作为依据，验证并分析装配空间、工具、装配行为对操作人员工作强度的影响，从而设计出最优装配工位，为实际操作提供指导。

5. VR 人机交互设计系统的典型应用

VR 人机交互设计系统的典型应用（图 5.3-3）主要包括用户体验评价，总装虚拟装配和整车总布置。用户体验评价涉及外观、内饰品质、人机工程、视野等；总装虚拟装配包含装配路径验证、装配人机研究、管路线束验证等内容；整车总布置包含主观 VR 人机评审和机舱美观度评审。

图 5.3-3　VR 人机交互设计系统的典型应用

6. IC.IDO 的主要功能简介

IC.IDO 是法国 ESI 集团为用户提供的虚拟现实解决方案和工程虚拟样机仿真分析协同决策平台。其主要功能模块如图 5.3-4 所示。IC.IDO 的主要功能简介如表 5.3-1 所示。

图 5.3-4 IC.IDO 的主要功能模块

表 5.3-1 IC.IDO 的主要功能简介

序号	模块名称	主要功能
1	IC.IDO-EXP	Explore 基本模块，提供图形用户界面(GUI)和对各运行硬件平台的支持，提供软件基本功能和显示优化功能。图形用户界面包括模型结构树窗口和模型结构数管理、操作工具，支持查看模型属性，对模型进行分类管理。具体包括系统资源的调用和管理、软件功能的管理等功能
2	IC.IDO-SOL	SolidMechanics 刚体运动学模块，物理仿真引擎，其内置的基于模型几何的边界算法和机构运动学求解器可实现模型物理属性的定义、编辑和取消，使数字样机具有更真实的物理属性，实现超复杂机构的运动学仿真。具体包括动态干涉检查、模型行为约束、机构运动学、装配自动捕获等功能
3	IC.IDO-ERG	Ergonomics 人机工程模块，提供近 50 个标准的人体正态分布数据库，可根据数据库创建假人模型，对交互过程中的人机工效进行可视化显示。该模块支持对假人的性别、年龄、年代、正态分布百分位、采用的正态分布数据库等进行设定，同时可对假人的姿态进行交互式调整。具体包括可视性和可达性分析、舒适性分析等功能
4	IC.IDO-ELA	Elastic 弹性体模块，提供对电缆、油管、弹簧等变形体的物理仿真，将真实的材料属性赋予模型中的管路和线缆，对复杂运动和复杂工况下的柔体材料安全和柔体干涉性进行分析验证
5	IC.IDO-PRE	Present 动画编辑模块，支持记录和保存装配仿真人机交互场景和过程数据，保存并记录单个部件和装配体的行为动画，支持对关键帧的编辑、修改和翻转，支持多层次的复合运动，支持多个视频轨和多种重复模式，可用于编辑复杂的动画
6	IC.IDO-ILL	Illuminate 高级渲染模块，提供 GLOBAL ILLUMINATION 等专业渲染处理，包含光源、反射、阴影等的计算，加入分布式渲染和预渲染功能，降低高逼真实时渲染对计算机硬件的要求
7	IC.IDO-REF	Reflect 基本渲染模块，Illuminate 高级渲染模块的基础模块，可实现材质调节、环境搭建等真实的渲染处理效果，可用于生成高分辨率的静态图片
8	IC.IDO-IWS	系统 Immersive Workspace 沉浸式工作空间模块，沉浸式基本模块，可与交互式设备对接，实现沉浸式环境下的交互操作
9	IC.IDO-CO-JT IC.IDO-CO-CGR IC.IDO-CO-STP IC.IDO-CO-FBX	UG 模型转换模块
		CATIA 模型转换模块
		Pro/E 模型转换模块
		Autodesk FBX 模型转换模块

5.4　3D 打印机结构与拆装

5.4.1　3D 打印原理

1. 熔融沉积快速成型（FDM）

FDM 的材料都为丝状热塑性材料，常用的有蜡、塑料、尼龙等。熔丝堆积成型工艺是利用热塑性材料的热熔性、黏结性在计算机控制下层层堆积成型。其缺点是精度比较低（0.1 mm），但价格便宜。

2. 立体光刻（SLA）——液态光敏树脂选择性固化

SLA 的原型材料为液态光敏树脂，其工艺原理是基于液态光敏树脂光聚合原理，即液态光敏树脂材料在紫外线照射下迅速发生光聚合反应，分子量剧增，材料从液态转化为固态，实现固化。其优点是精度高（最高精度可达 0.01 mm），但价格较贵。

5.4.2　3D 打印机结构

1. Ender-3 打印机的主要结构

FDM 机械系统：主要包括喷头、送丝机构、运动机构、加热工作室、工作台五个部分。打印机的工作范围为 220 mm*220 mm*250 mm，如图 5.4-1 所示。喷头温度为常温至 200 ℃，工作台温度≤100 ℃。建议设计模型的最小打印尺寸大于 1 mm。

材料：一类是成型材料（常用材料包括：ABS，强度、韧性好，但是容易卷边；PLA，即聚乳酸，较环保），另一类是支撑材料（部分打印机没有支撑材料，模型材料即为支撑材料，填充方式不同进而便于去除）。

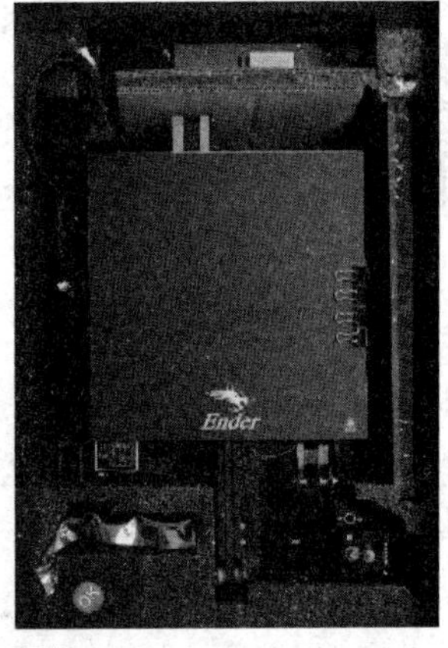

图 5.4-1　Ender-3 打印机

2. Ender-3 打印机的优点

1）快速取模，省时省力，Ender-3 打印机采用新型磁吸自黏平台贴纸，取模方便，模型的黏合性好；

2）智能感应，无惧断电，Ender-3 打印机安装保护电源装置，支持断电续打；

3）优材热床，快速完成加温，Ender-3 打印机热床材质优质，5 min 即可加温至 100 ℃。

5.4.3　3D 打印机操作

1. 切片控制软件操作

1）点击“机器”按钮，配置打印机（点击“添加机器”→“Ender-3”）；

2）打开图形（选择“.stl”格式文件），如图 5.4-2 所示，通过“导入”按钮导入模型或 gcode；

3）通过“切片”按钮对已加载的模型进行切片，切片时可以对打印参数进行设置，如图 5.4-3 所示；

4）切片后可以对切片结果进行分层预览；

5）点击“导出”按钮，可以保存 gcode。

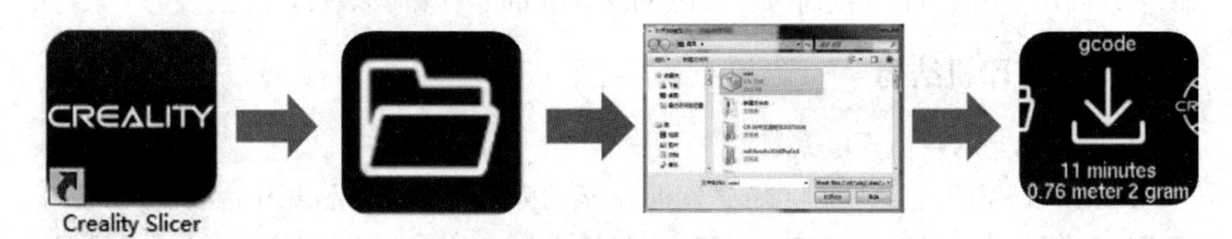

图 5.4-2　切片控制软件操作流程

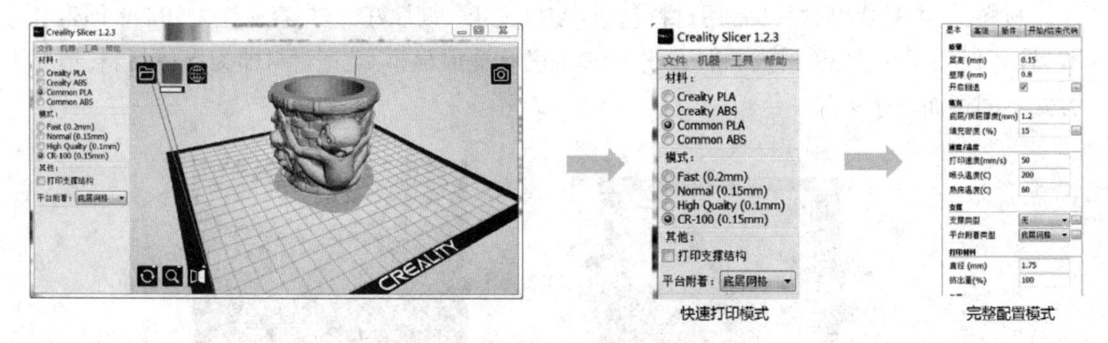

图 5.4-3　切片控制软件参数设置

2. 影响切片打印质量的因素

模型的摆放位置不同，完整配置模式中的层高、填充密度、支撑的选择不同，会影响模型打印强度、材料使用量和打印效率，进而影响模型的综合打印成本[20]。

3. 打印操作

打印的方式有两种：使用 SD 卡脱机打印和联机打印。组装完成的 3D 打印机需要进行调平操作，调平方法和步骤如下：

1）点击“Prepare → Auto home”，等待喷头移动到平台的左前方；

2）点击“Prepare → Disable stepper”，通过移动喷头调节平台，使用 A4 纸进行平台平衡的调节，通过调整四个顶点下方的螺母进行高度的调节，以恰好可以使 A4 纸通过为最佳，重复上述操作 1~2 次。

打印步骤如下：

1）开机；

2）安装材料，稍微用力将材料插入进料口，感觉到材料被齿轮咬住即可，点击屏幕上的"Prepare"→"Preheat PLA"，观察到喷头有材料挤出，则材料安装成功，如图 5.4-4 所示；

3）在屏幕上选择"SD 卡"，点击文件名称，点击"开始打印"，在打印之前打印头有一个升温过程；

4）插入 TF card——Init. TF card——文件名.gcode。

图 5.4-4　3D 打印材料安装过程

安全操作规程如下：

1）操作前请提前阅读安全操作规程；

2）必须在指导教师的指导下执行相关操作；

3）禁止在打印过程中移动打印机；

4）机器的加热头温度非常高，当要触碰加热头时需戴防热手套；

5）尽可能避免在建立模型的过程中将机器关机，从而避免模型制作失败；

6）每次重新进料时应去掉料头部分；

7）材料的保存很重要，不用时应妥善保管。

5.4.4　3D 打印机拆装过程与注意事项

1. 3D 打印机组装过程

1）安装 Z 型材，拧紧机器底部的 4 个 M5 × 45 的螺栓，如图 5.4-5 所示。

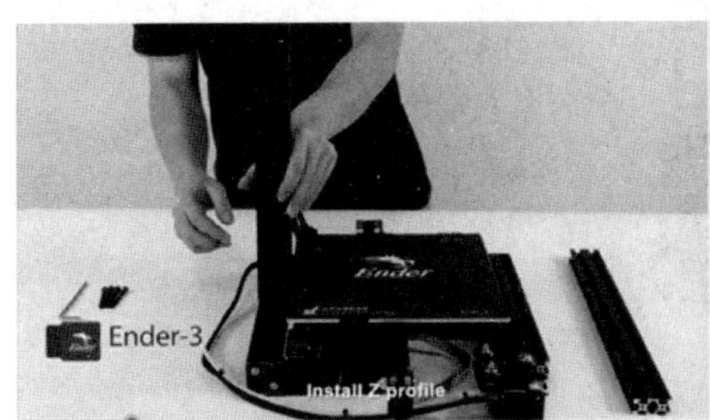

图 5.4-5　安装 Z 型材

2)安装电源,用 2 个 M4×20 的螺栓固定电源,如图 5.4-6 所示。

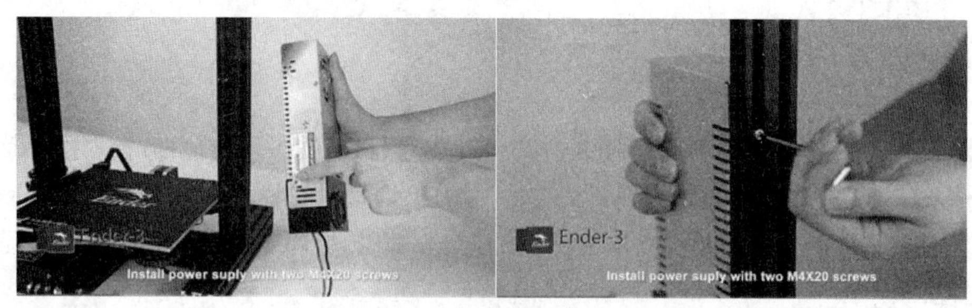

图 5.4-6　安装电源

3)连接显示屏,在显示屏后面的 Exp3 接口中插入显示线,然后用 2 个 M5×8 的螺栓固定显示屏,如图 5.4-7 所示。

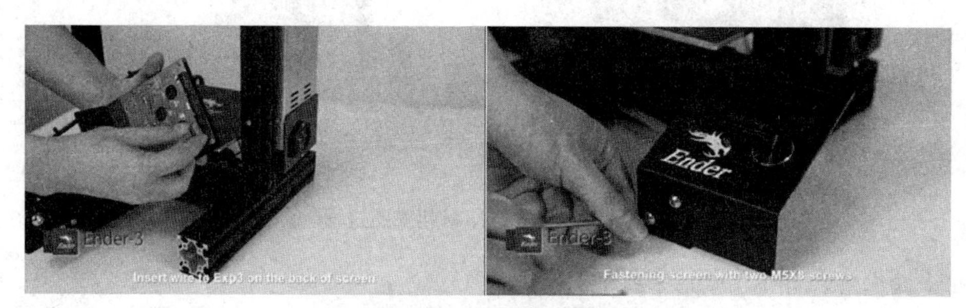

图 5.4-7　连接显示屏

4)安装 Z 轴限位器,Z 轴限位器安装在机器左侧,如图 5.4-8 所示。

图 5.4-8　安装 Z 轴限位器

5)安装 Z 轴电动机,拧紧 Z 向联轴器,如图 5.4-9 所示。

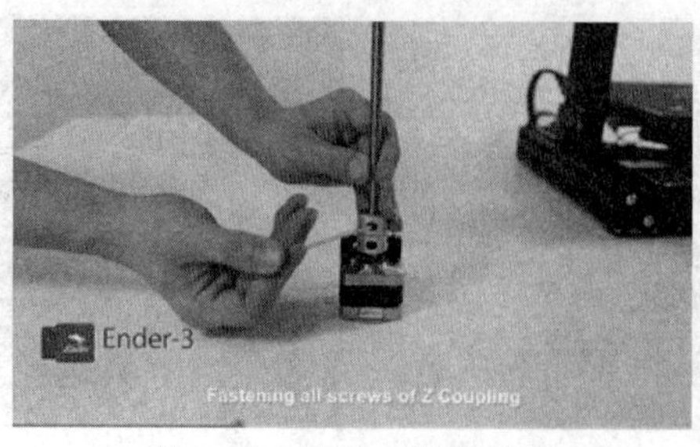

图 5.4-9　安装 Z 轴电动机

6）把组装好的 Z 轴电动机、丝杠、联轴器等安装到机器上，如图 5.4-10 所示。

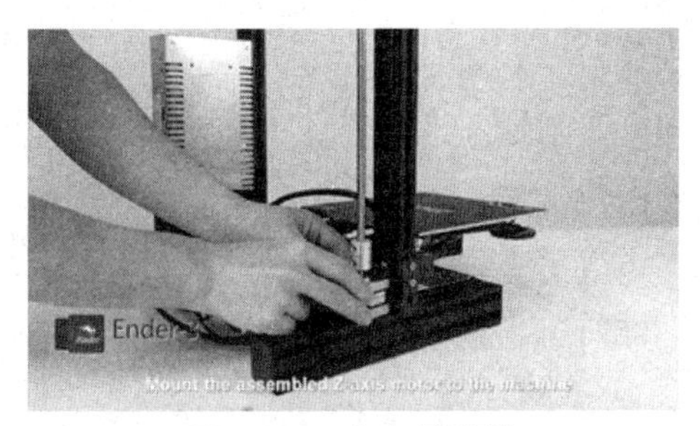

图 5.4-10　与机器连接

7）组装 X 轴部件，安装同步齿形带，如图 5.4-11 所示。

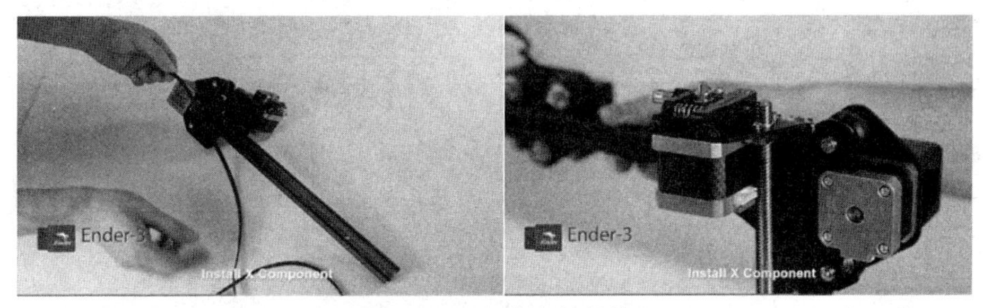

图 5.4-11　组装 X 轴部件

8）插入进料管，如图 5.4-12 所示。

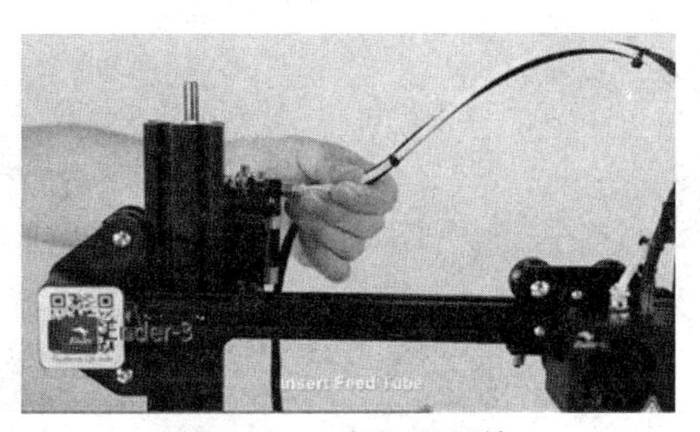

图 5.4-12　插入进料管

9）安装顶部型材并拧紧螺栓，盖紧型材盖，如图 5.4-13 所示。

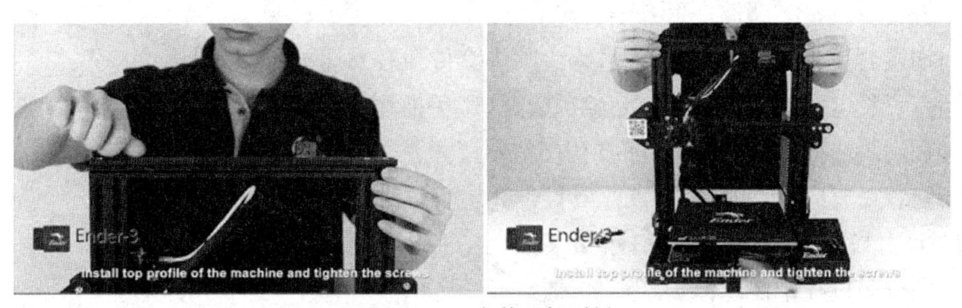

图 5.4-13　安装顶部型材

10）安装料架，如图5.4-14所示。

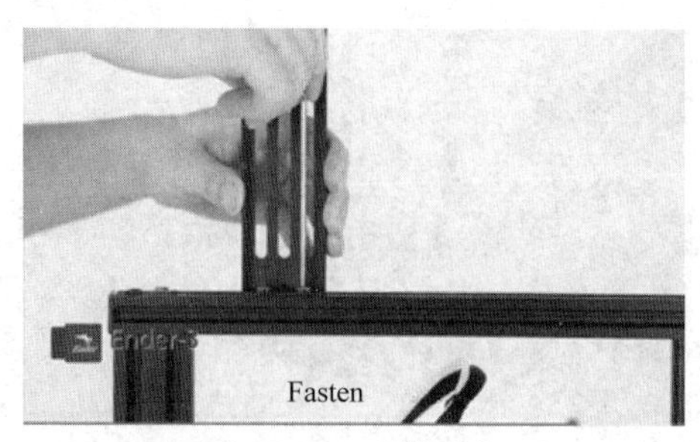

图5.4-14 安装料架

11）接线，完成机器的组装，如图5.4-15所示。

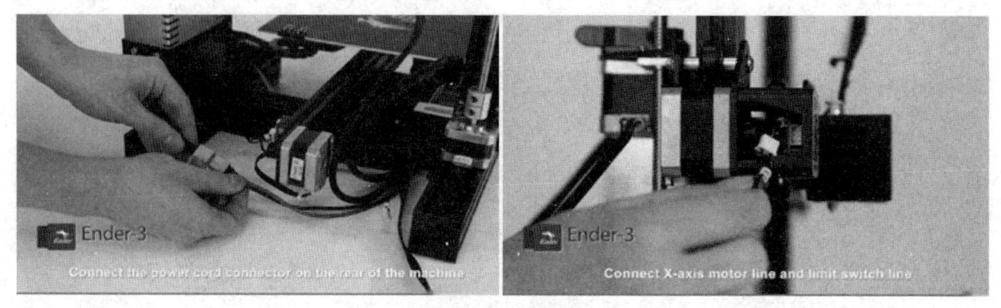

图5.4-15 接线

12）按压料夹，让3D打印材料通过导管进入热熔喷头，如图5.4-16所示。

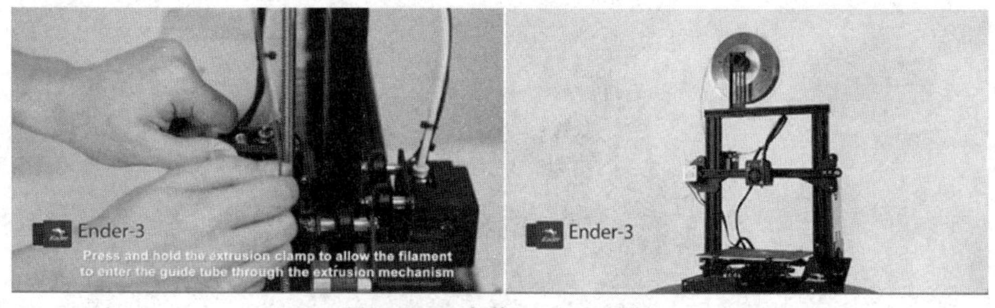

图5.4-16 安装3D打印材料

2. 3D打印机组装过程的注意事项

1）拆箱后检查零部件是否齐全；

2）铜质喷头为易损件，在安装过程中喷头套件要轻拿轻放，避免损坏；

3）在安装过程中注意不要碰到电源线路，避免损坏线路；

4）在安装过程中注意各部件的位置，勿用蛮力；

5）安装完成后，打印机需要调平才能使用。

3. 3D打印机拆卸过程的注意事项

1）在拆卸过程中注意保护好零部件；

2）拆卸后共有14个部件，主要包括显示屏1个，底座和平台套件1套（包括Y轴电动机，注意不要拆卸），电源 1 个，滑动轮 1 个，喷头套件 1 套，X 轴电动机套件（包括挤出电动机）1 套，Z 轴限位开关 1 个，Z 轴电动机 1 个，料件套件 1 套（2 件），X 轴传送带 1 根，X 轴传送带滚轮 1 个，电源线 1 根；

3）拆卸后支撑件包括 4 根支撑杆，1 根丝杠；

4）拆卸后紧固件包括 M5 × 8 螺栓 4 个，M4 × 20 螺栓 2 个，M4 × 16 螺栓 4 个，M5 × 45 螺栓 4 个，M5 T 型螺母，M5 × 25 螺栓 4 个，M4 × 18 螺栓 2 个；

5）其他部件，TF 卡及其读卡器 1 套，进料头 1 个（可不拆下），不同型号的内六角扳手 5 个，平口钳 1 把，料铲 1 把，备用喷头组件 1 套，长针 1 个等。

5.5　操作安全事项

5.5.1　着装要求

1）头发长的操作者必须戴帽子，将长发盘起放入帽子里面，帽子外不允许有外露的头发。

2）使用实验设备时操作者必须戴护目镜。

3）不许戴围巾、项链、耳环等长度较大，有可能发生缠绕危险的饰物。

4）使用实验设备时不允许戴手套，手套只允许在装卸或搬运工件时戴。

5）必须穿收袖口的棉质上衣、长裤，防止袖口被旋转的工件缠绕和操作者被高温切屑烫伤。

6）不许穿高跟鞋，必须穿厚底平跟不露脚面的鞋。

5.5.2　操作设备要求

1）学生必须在实验指导教师在实验现场时才能使用实验设备。

2）学生在使用实验设备前必须熟悉相应设备的安全操作规程，进行相应的操作练习，熟练后经实验指导教师同意才可独立使用实验设备。

3）学生在开启实验设备前应闭合电源箱里和设备上对应的电源开关，使用完毕关闭电源箱里和设备上对应的电源开关才可离开。

4）开启实验设备前要确认加工工件安装牢靠，才可开始实验操作。

5）在实验设备使用过程中每台设备只允许一名学生操作控制，其他学生不许随意按动操作按钮，防止发生误操作。

6）在工件加工过程中注意及时将工件的锐角倒钝，防止划伤手。

7）地面上有切屑时要及时清扫。

8）操作实验设备时禁止学生做与实验无关的事情，如看手机、看书、听音乐等。

9）使用台式钻床加工 $\phi 8$ 以上的孔时，必须使用相应的卡具牢靠地固定工件后才可以进行钻孔的加工。

10)机床设备使用完毕,学生要将工具、量具及时放回原处,将机床设备上的切屑用毛刷清扫到油盘里,铁屑、铝屑、垃圾、杂物分类倒入相应的容器中。

11)学生要接受劳动教育,养成良好的劳动习惯。

5.5.3 台式钻床安全操作规程

1)操作前必须穿好工作服,扎好袖口,不准围围巾,严禁戴手套,发辫应扎起来放在帽子内,帽子外不许有头发露出。

2)检查确认台钻设备上的机械传动部分、电气部分防护装置是否完好,工具、卡具是否完好,否则不准开动。

3)钻床的工作平台要紧固牢靠,工件要夹紧。钻小件时,应使用专用夹具夹持,防止加工件被钻头带起旋转,不准用手拿着或按着钻孔。

4)手动进给时要依照逐渐增压、减压的原则进行,防止因用力过猛造成事故。

5)调整钻床速度、行程、装夹工具和工件,清理缠绕在钻头上的切屑时必须停机,禁止用口吹、用手拉,应使用刷子或铁钩清除。

6)钻床开启后,不准用手接触运动着的麻花钻头和钻床的传动部分。禁止隔着钻床的转动部件传递或拿取工具等物品。

7)两人以上在同一台钻床前操作时,必须有一人负责安全,统一指挥,防止发生事故。

8)发现异常情况要立即停止操作,切断设备电源,报告实验指导教师,请有关人员进行检查。

9)钻床运转时,操作者不准离开设备岗位,因故离开前必须停机并切断电源。

10)设备使用完毕,必须关闭台钻电源开关,清理切屑,擦净机床,清扫工作地面。

第6章　设计与建造课程考核文档

6.1　课程报告书

6.1.1　课程报告书编写要求

按照下面列出的设计与建造课程报告书的内容及其顺序，对已网上提交的每个阶段的课程报告书电子版按照模板的字体、字号、行距（正文部分为1.25倍行距，图表为单倍行距）等格式进行编辑、排版，要求段落两端对齐，图号、图名、表号、表名编排清晰，表格用三线表格式，课程结束后打印出纸质文档提交。课程报告书严格按照以下顺序编写。

1）封面（图6.1-1）；

天津大学

设计与建造课程报告书

TIANJIN UNIVERSITY (PEIYANG UNIVERSITY)
北洋
1895
天津大学

学　　院____________

专　　业____________

年　　级____________

班级组别____________

小组成员____________

____

年　月　日

图6.1-1　课程报告书封面

2)任务书;

3)中文摘要;

4)英文摘要;

5)目录;

6)正文;

7)小组成员个人总结;

8)参考文献;

9)附录。

6.1.2 课程报告书正文编写

1. 课程报告1项目计划(考核占比5%)

内容包括:项目相关资料综述;项目管理;工程师的职责;每位成员任务完成情况小结(个人贡献);小组会议记录。

2. 课程报告2产品规划(考核占比10%)

内容包括:产品规划的五个步骤,产品任务书;客户需求调研,客户需求分析的五个步骤,客户调查表,客户需求表达正确(做到什么而不是怎么做),产品目标树;产品规格,四个步骤建立产品目标指标,产品规格参数表,需求-指标矩阵,设定产品最终指标等;每位成员任务完成情况小结(个人贡献);小组会议记录。

3. 课程报告3产品概念设计(考核占比20%)

内容包括:产品功能分析,按照能量流、物料流、信号流分解子功能;按五个步骤生成产品概念,形态矩阵表,组合成不少于五个产品概念,小组成员每人手绘其中一个产品概念草图;按六个步骤选择产品概念,产品概念评分矩阵表;每位成员任务完成情况小结(个人贡献);小组会议记录。

4. 课程报告4产品详细设计(考核占比40%)

内容包括:产品整车结构设计,标准件、配件选用,转向机构、投放机构设计,零件形状、尺寸、材料确定,零部件连接;建立产品的3D模型;绘制产品的2D图;每位成员任务完成情况小结(个人贡献);小组会议记录。

5. 课程报告5产品控制部分设计(考核占比10%)

内容包括:控制系统构成与连线图;控制策略流程图;控制算法与实现;每位成员任务完成情况小结(个人贡献);小组会议记录。

6. 课程报告6产品制作(考核占比10%)

内容包括:零件毛坯材料及其规格,列出表单;关键零件制作;产品装配;每位成员任务完成情况小结(个人贡献);小组会议记录。

7. 课程报告7经济分析(考核占比5%)

内容包括:产品开发经济分析;产品开发对社会的影响;每位成员任务完成情况小结(个人贡献);小组会议记录(图6.1-2)。

设计与建造课程小组会议记录

议题			
组长		年级/班级/组别	级　班 第　组
组员			
会议时间		会议地点	
讨论内容			
下一步工作计划			
附件材料清单			

参会成员签字：

图 6.1-2　小组会议记录

6.2　课程考核表

1. 项目组工作自评表

项目组工作自评表如图 6.2-1 所示，由各项目组组长填报，填写每章课程报告的工作分工、工作量占比（所有成员工作量占比之和=100%），填写时要有区分度，每位同学的工作量占比不同。项目组工作自评表作为小组内各成员考核的依据。

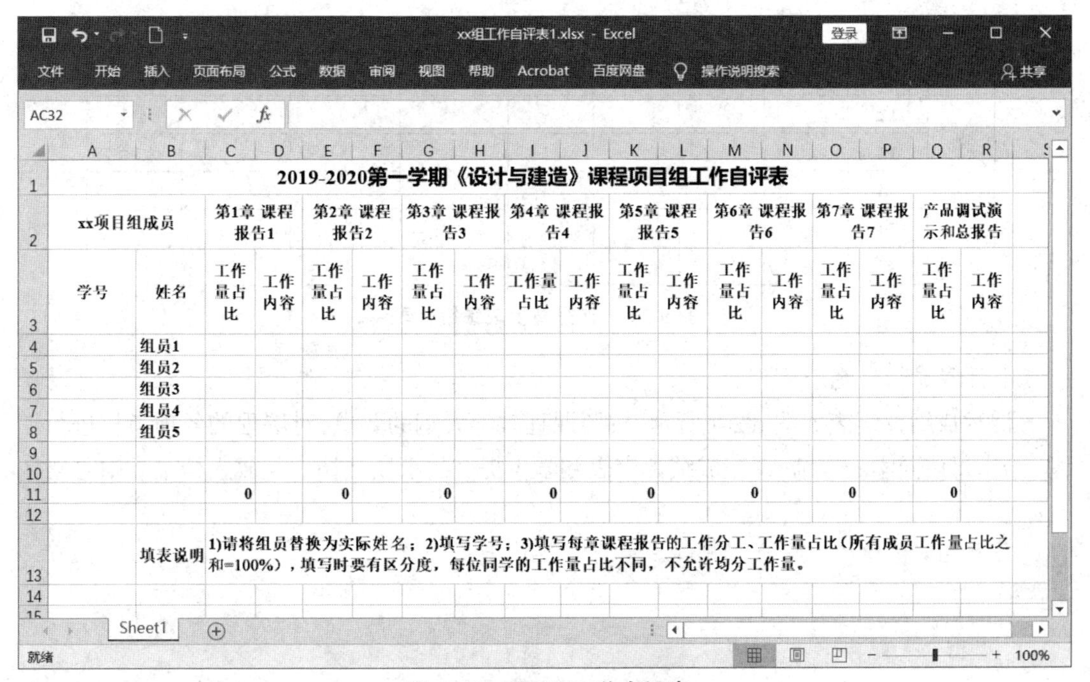

	A	B	C	D	E	F	G	H	I	J	K	L	M	N	O	P	Q	R
1	2019-2020第一学期《设计与建造》课程项目组工作自评表																	
2	xx项目组成员		第1章 课程报告1		第2章 课程报告2		第3章 课程报告3		第4章 课程报告4		第5章 课程报告5		第6章 课程报告6		第7章 课程报告7		产品调试演示和总报告	
3	学号	姓名	工作量占比	工作内容	工作量占比	工作内容	工作量占比	工作内容	工作量占比	工作内容	工作量占比	工作内容	工作量占比	工作内容	工作量占比	工作内容	工作量占比	工作内容
4		组员1																
5		组员2																
6		组员3																
7		组员4																
8		组员5																
9																		
10																		
11			0		0		0		0		0		0		0		0	
12																		
13		填表说明	1)请将组员替换为实际姓名；2)填写学号；3)填写每章课程报告的工作分工、工作量占比(所有成员工作量占比之和=100%)，填写时要有区分度，每位同学的工作量占比不同，不允许均分工作量。															
14																		

图 6.2-1　项目组工作自评表

2. 课程报告成绩表

课程报告成绩表如图 6.2-2 所示，各小组按课程进度的要求，通常在每章课堂授课之后两周内提交本章的课程报告，课程教学团队的教师结合课堂授课的要求、研讨课的内容，对各组的课程报告进行评分。

2019—2020 年第一学期“设计与建造”课程报告成绩表

课程报告 x　　　　日期：

研讨班级	组别	成绩排序	课程报告			汇报 PPT		课程报告成绩	备注
			格式	内容	质量	内容	质量		
1	11								
	12								
	13								
	14								
	15								

图 6.2-2　课程报告成绩表

3. 作品竞赛成绩统计表

作品竞赛成绩统计表如图 6.2-3 所示，在学生完成作品的制作完成后组织作品竞赛考核，依据任务书对小车功能的要求，对作品进行跑测评分，内容包括：启停位置、在各投放点投放的准确性、循迹、快慢、成本等，综合评估，给出各组小车的跑测评分。

2019—2020年第一学期“设计与建造”作品竞赛成绩统计表

日期：

班级	组别	完成效果				总耗时/s	成本/元	成绩排序	最终成绩
		包裹 1	包裹 2	包裹 3	循迹				
1	11								
	12								
	13								
	14								
	15								

图 6.2-3　作品竞赛成绩统计表

4. 课程成绩评定表

课程成绩评定表如图 6.2-4 所示，按照课程教学大纲的要求，对课程的各项考核进行汇总，给出每位同学的成绩，课程成绩评定表和学生提交的纸质文档一起放入档案袋中存档。

2019—2020年第一学期 设计与建造 课程成绩评定表

平台 未来智能机器与系统　年级______ ______________班　第_____组　题目 智能派送车______________

学号	姓名	承担的工作	课程报告60%							原型展示与总报告/20%		设计过程口头表达与个人贡献/20%								综合成绩
			1	2	3	4	5	6	7	总报告/12%	原型展示/8%	按工作量排序						个人贡献/10%	口头表达/10%	
			3%	6%	12%	24%	6%	6%	3%			1	2	3	4	5	6			

指导教师签字______________

年　月　日

图 6.2-4　课程成绩评定表

第 7 章　课程总结

7.1　课程思政

制造业是立国之本、强国之基。2019 世界制造业大会再次传出信号:坚定不移地打造制造强国,靠创新驱动实现转型升级,是进一步深化供给侧结构性改革的现实需要,也是推动高质量发展的重要抓手。中华人民共和国成立后,特别是改革开放以来,我国工业实现了历史性跨越,是全世界唯一拥有联合国产业分类中所列的全部工业门类的国家,成为全球制造业第一大国。但是,我国制造业还处在全球产业链的中低端,创新能力不强,产业结构不合理,质量效益需提高。清醒地认识到这些差距,会更加激发奋斗的动力。在设计与建造课程中,鼓励和引导学生培养创新思想,立志解决国家一批关键核心技术的“卡脖子”问题,培养学生的爱国情怀,同时鼓励学生打好基础、踏实学习、坚持不懈、不怕挫折。通过本课程的课程思政,可以不断加强学生的思想政治教育,培养他们乐观的精神和面对挫折、战胜困难的决心。

1. 培养学生敢为天下先的创新精神

工程师与科学家、艺术家相比,其职业特点是基于科学创造了新的事物,增强了工程类专业的自信心。钱学森、南仁东等著名工程科学家展示了工程科技工作者敢为天下先的勇毅和坚韧。通过本课程的教学,引导、鼓励学生以课程学习成果为基础,参加国内外创新设计类学科竞赛,培养竞争意识。

2. 培养学生的团队协作精神

通过本课程的教学,使学生逐步摒弃以往单打独斗的学习方式,以集体荣誉为重,具有团队精神,善于表达和交流,包括撰写报告和设计文稿、陈述发言、清晰表达,能够在多学科背景下的团队中不仅完成个人使命,同时促进团队成员共同发展,提升领导力和执行力。

3. 培养学生踏实的工匠精神

工匠精神是社会文明进步的重要尺度,是中国制造前行的精神源泉,是企业竞争发展的品牌资本,是员工个人成长的道德指引。工匠精神的内涵是追求卓越的创造精神、精益求精的品质精神、用户至上的服务精神。在课程教学中,结合重大工程实例使学生理解工程师应具备的基本素质和工程师的职责,产生对职业的敬畏和热爱,从而培养全身心地投入工作、脚踏实地、认真尽责的工作作风。

4. 培养学生”严谨“的科学态度

在设计的各阶段,以课件、视频资料等作为信息化载体,生动地传达严谨、求是的科学态度,在项目讨论过程中锻炼严谨的批判性思维和全面的分析视角,强化在实践中的科学工作态度,培养工程师的职业素养;在实践中能够运用各种科学设计、分析、实验的方法。

5. 培养学生的爱国精神与家国情怀

爱国精神和家国情怀的融入贯穿整个课程所有知识技能的教育,举例如下:在爱国精神方面,讲授工程设计方法时,着重介绍我国在重大工程领域取得的举世瞩目的突破,如港珠澳跨海大桥、南水北调工程、西气东输工程、高速铁路工程、载人航天工程、探月工程、北斗导航等,增加学生对我国工程科学事业的自豪感,提升其爱国精神;在家国情怀方面,讲授和讨论与工程伦理相关的内容时,让学生了解和体会“工程无国界,但工程师有国界”的内涵,培养学生立足天大,放眼全国,以国家战略为己任的家国情怀。

7.2　课程总结

设计与建造课程分别在 2019 年秋季学期和 2020 年秋季学期开设,共计开课 2 次。从文献[25]中可以看到,美国哈维姆德学院从 1994 年就开始项目式教学。天津大学机械工程学院从 2004 年开始给机械设计制造及自动化专业的本科生在四年级的第一学期开设先进制造技术项目式课程,历经 16 年,给本科一年级新生开设项目式课程是从设计与建造课程开始的。国内高校如上海交通大学密西根学院的 Vg100 工程导论、Vm250 设计与制造 1、Vm350 设计与制造 2、Vm450 设计与制造 3 等都是按照美国密西根大学工学院机械系从 20 世纪 90 年代开始的教学模式开展项目式教学,其中 Vg100 工程导论是给一年级学生开设的项目式课程;再如汕头大学的工程设计导论课程也是给一年级学生开设的项目式课程。

1. 课程目标

设计与建造课程目标有三个。①要求学生掌握产品设计的开发流程,学习运用结构化方法解决非结构化工程实际问题。选用 Karl T. Ulrich 和 Steven D. Eppinger 编著的《产品设计与开发》作为教材,主要看中其对产品设计中的结构化方法讲得比较清楚。②设计工具,选用的是 SolidWorks 软件,要求学生掌握 3D 零件设计与装配, 2D 图纸生成与标注。③表达交流(包括设计表达、书面表达、口头表达),设计表达指用 SolidWorks 软件设计的小车的 3D 模型和 2D 图纸,书面表达是编写的课程报告,口头表达是在研讨课上和课程答辩时的 PPT 讲述。

2. 授课内容

项目式课程有别于传统的课堂授课,秉持少讲多做。设计与建造课程课堂授课占总学时的 1/4,研讨课占 1/4,实验课占 1/2。教师压缩授课学时,给学生列出书单和网上学习资源链接,让学生多学多做,实践“做中学”,真正提升学生各方面的能力。

课堂授课除讲授产品设计结构化方法(产品规划、用户需求分析、概念设计、详细设计)之外,还讲授工程图学基础、机电系统与控制、零件制作方法与装配连接、产品经济分析。实验课授课内容包括手绘概念草图、SolidWorks 工具软件使用、3D 打印机的拆装和使用、钳工和台式钻床的安全操作、工作场地的清理等。

3. 授课方式

在课程正式开课前一周有一节课程介绍课, 向同学们介绍说明课程目标、授课内容和地点、课程考核、参考书目清单、项目任务和小车跑测要求，展示样车，回答同学们的提问。

课程授课方式采用大班授课、小班研讨。大班授课讲授知识要点，课后布置作业，学生用1周的时间进行小组讨论和具体实践完成作业，再用1周的时间完成本章的课程报告并在网上提交。小班研讨每班安排1位指导教师，对研讨内容和学生讲述进行点评，各小组汇报本章的作业完成情况，每位成员汇报自己做的具体工作。学生将课上所学的知识运用到项目作品设计制作的不同阶段要完成的任务里，以PPT的形式在研讨课上讲述，以Word文档的形式完成书面的课程报告。

4. 实验教学

实验教学包括SolidWorks软件使用、控制元器件测试编程、3D打印机拆装、机床工具操作，最终制作出项目作品，实现项目任务书要求的指定功能。

SolidWorks软件使用，除在实验课上练习之外，课下要做大量的练习，以熟练使用软件，完成小车3D零件模型的创建，整车装配，爆炸动画的制作，投放机构动画的制作，2D工程图的绘制等任务。

项目制作任务在正式授课前的给同学们介绍清楚，同时演示样车。控制元器件在开课初期发给各小组，让有基础、感兴趣的学生提前接触，动手调试。

投放机构要求学生设计好后用3D打印机打印零件，因此在实验教学中增加了3D打印机的拆装实验，学生用自己装配的3D打印机打印自己设计的零件，也可以为智能电子创客设计与实践课程作品打印零件，打印完成后要将3D打印机拆机、装箱，归还给实验室。

在钳工和台式钻床的操作方面，提前做培训，保证学生的操作安全，同时要求学生在操作时严格遵守操作规范，制作完成后要清理现场，养成良好的习惯。

在实验教学过程中，要配备多名助教的研究生，建立微信群，这样可以随时解答学生的问题，学生之间也便于沟通。

5. 课程考核

课程不设结课考试，注重过程考核。第一次开课时，7章的课程报告成绩占总成绩的60%，设计过程口头表达与个人贡献占20%，原型展示与总报告占20%。

对课程目标落实情况进行考核。①产品设计的开发流程，考核课程报告中，结合项目作品设计制造各个阶段，运用结构化设计方法进行具体实施。②设计工具，考核使用设计软件SolidWorks的熟练程度，所建的3D零件模型，整车装配，仿真动画的制作等。③表达交流（包括设计表达、书面表达、口头表达），设计表达考核的2D零件图、装配图绘制的规范性，是否符合国家制图标准；书面表达考核课程报告的编写是否符合科技论文写作规范；口头表达考核研讨课和答辩时每位同学对个人贡献的讲述情况、PPT制作情况。

考核分为小组整体考核和组内个人贡献考核，各章报告和总报告、项目作品考核属于小组整体考核，组内成员的个人贡献、口头表达、个人总结等考核属于组内个人贡献考核。

6. 持续改进

在2020年秋季学期第二次开课时，对以下问题做了过程反思与持续改进。

(1)课程教学内容

由于一年级新生没有学过工程制图,或在中学阶段只初步接触了三视图,在实验教学的 SolidWorks 软件使用部分和第 4 章详细设计部分讲述投影、尺寸标注、制图规范等,在第 4 章的第一小节讲述设计表达中的视图。

针对学生在设计投放机构时的困惑,在对第 4 章详细设计的教学内容做了调整,增加了常用传动机构和装配连接。

针对 Arduino 控制编程部分没有太多课时讲授的问题,与同学期开设的智能电子创客设计与实践课程协作,Arduino 控制编程部分主要在这门课中讲述。

(2)课程考核

第二次开课时,增加了学生作品制作的占分比例,7 章的课程报告成绩占总成绩的 50%,设计过程口头表达与个人贡献占 20%,原型展示与总报告占 30%。

针对组内成员的成绩区分度问题,完善项目组工作自评表,教师在指导过程中关注每位同学在研讨课上的表现、在制作过程中的表现、在答辩过程中的表现、劳动态度与纪律等细节,对组内成员进行更合理、有区分度的评分。

针对组长领导力的培养问题,在课程考核中增加领导力的加分。组长在整个项目的实施过程中履行促进组内成员分工合作、组织小组讨论、整合课程报告等具体的管理职责。

(3)集体备课

集体备课在整个课程教学中是很重要的一个环节,需要坚持下去。本课程教学团队由机械学院和建筑学院的十多位老师组成,在课程准备期间,教学团队通过多次会议讨论、规划和准备课程,在课程进行中,每周召开教学团队会议,共同备课、试讲和说课。

7.3　课程开设后媒体的报道

设计与建造课程在 2019 年秋季学期开设,课程开设后吸引了多家媒体进行跟进报道,下面以时间为序列举 2 例。

7.3.1　中国青年网

2019 年 11 月 4 日,中国青年网以《天津大学组建首个新工科人才培养校级平台　“新工科”课堂　到底新在哪儿》为题进行了报道,新华网、人民网等多家网络媒体进行了转载。

中国青年网: http://news.youth.cn/jsxw/201911/t20191104_12110001.htm。

新华网:http://education.news.cn/2019-11/04/c_1210339702.htm。

人民网:http://edu.people.com.cn/n1/2019/1104/c1053-31435444.html。

以下为报道原文。

天津大学大一新生颜畅和她的 139 位同学,在很多方面都是“吃螃蟹的人”。

他们是天津大学新工科建设的第一批“尝鲜者”,是全校乃至全国第一个新工科人才培养平台——“未来智能机器与系统平台”的首批学生。

一切都新鲜得让她兴奋,同时也让她有点发蒙。开学第一课,这位习惯于认真听课的好学生等来的却是一大堆问号。没有长篇大论,没有手把手的讲解,老师直接“丢”给他们一项任务——“物流循迹小车”项目,还有一个长长的中英文书单。

这个“小车”类似于当下许多物流公司的智慧仓库里的智能派送车。颜畅和她的同学们在一个学期的时间里需要边学习理论边动手操作,最终让一个真正的“小车”能听话地行走,还能按要求投放包裹。

这是“未来智能机器与系统平台”首批开设的四门新课之一——设计与建造。为了说明这到底是一门什么样的课,15 名来自不同专业的老师悉数出现在开课说明会上。

这恰恰说明了这门课的“新”之所在。学校集合机械学院、精仪学院、自动化学院、微电子学院、智算学部、数学学院、求是学部、宣怀学院等优势资源,耗时半年多精心打磨出一套全新的课程内容和教学体系,尝试探索一种跨界融合的多学科交叉的工程教育。

新工科的诞生正是为了追上新技术、新产业和新经济的快速发展,这个学科“新”得甚至尚无一个特别明确而具体的定义。因此,新工科的课到底该怎么上,谁也没给出一个统一的标准。

天津大学大胆迈出了第一步。在今年 4 月天津大学推出的新工科建设方案中,设计了一系列多学科联合、多方参与的开放式人才培养平台,除了未来智能机器与系统平台,还有未来健康医疗平台、未来智慧化工与绿色能源平台、未来建成环境与建筑平台等。

天津大学新工科教育中心主任、机械学院教授顾佩华举起手机对学生们说:“十多年前,我们让学生把录音机拆了再装,理解各个零件的功能,提出改进想法。而今天的手机已经如此复杂,拆装后理解其功能困难多了,希望你们将来能设计并制造出更智能和创新的产品。”

这门课采用了完全不同于传统的教与学的方式,教师讲授、学生实践、师生研讨各占课时的三分之一。课程伊始便下达项目任务书, 140 名学生分散在 24 个小组里,在整个学期中通力协作,最终每个小组都要拿出符合考核指标的“物流循迹小车”,才能得到课程成绩。

这种颠覆传统课堂的方式给师生都带来了巨大的挑战。尽管这 140 名学生都是层层选拔出来的非常优秀的年轻人,但这两个月的学习已经让他们吃到了一些苦头。他们每天都不得不努力适应全新的学习生活,包括学着克服自学各种知识的苦恼。让他们头疼的还有在课堂上必须站在台上向大家汇报。

老师们吃惊于学生极强的可塑性。天津大学机械学院副教授康荣杰说,传统的教学都是先讲理论,再谈应用,现在可以说是理论学习和实践操作同步,“你学的理论马上能用,而你要做成这件事又必须自己去找理论继续学习”。

起初老师们担心:现在这一门课相当于从前 4~5 门课的内容,学生可能难以适应。

老师会在课堂上把下一堂课的要点提示给学生,对一些关键问题适当引导。以智能小车为例,老师会把一些路线和传感器的设计方法告诉学生,比如用感光的方式指引小车前进。

出乎老师的想象,在下一堂研讨课上,一位学生提出了更好的解决方案,即用摄像头视觉识别的方式牵引小车,并给出了一些具体实现的思路。

00 后的这些表现让老师非常惊喜,康老师认为:“这也从另一个角度激励了老师。”

事实上,为了打磨好这个小小的智能派送车项目,院士和教授们多次开会,选择的项目既要符合社会经济发展的需求,又要能把多学科知识集成在一起,还要在学生的能力范围内,具有可操作性。

康荣杰坦言,高校现有教学体系已沿用了三四十年,教材、培养方案和教师的知识体系都比较陈旧,“我们不能再用老一套的东西培养年轻人”。

这门课程的牵头人、天津大学机械学院副院长孙涛教授认为,老师授课要摆脱过去各讲各块、考完就完的状态,必须重新梳理知识点,围绕项目需求重新设计课程、备课,同时不断更新自己的知识储备,并准备好随时应对学生们提出的各种问题。

“这让一些习惯了现有授课方式,甚至一门课已经讲了几十年的老师感到不适。”孙涛说,但这就是新工科的教学要求,“给学生下项目任务书,老师得先自己把项目做一遍。”孙涛粗略算了算,在新工科平台上的学生,大学四年至少要完成 20 个项目。

实施“项目制”教学,正是天大新工科建设方案的特色之一。其目标就是培养面向工业界、面向世界、面向未来的卓越工程科技创新者、领军者和领导者。

每周二上午是这门课的授课教师们雷打不动的“集体备课”时间。康荣杰发现,不少学生在课下自学了不少内容,课间他们会围上来提问,“这在以前的课堂上几乎看不到。”康荣杰认为,原因就在于新课程让学生们有了“目标”,知道自己要学什么,学的知识有什么用。

颜畅也在课堂上很快找到了“感觉”。她在小组中负责分析需求、设计问卷、调研“客户”需求,因此她需要从推荐书目中的《产品设计与开发》中查找相关章节自学,并且每周开组会讨论进展。

据介绍,未来平台将充分尊重学生的志趣,为学生提供更自主的学习空间、更自由的专业选择。新工科的学生可选择智能制造、人工智能、自动化、电子科学与技术等多个专业中的一个专业作为主修学位,并可选择另外一个专业作为辅修学位或微学位。

他们还将实施本研贯通的培养机制,在本科阶段,学生可以选修研究生课程,还有机会提前进入实验室与研究生一起参与科研项目,考核优秀的学生可选择天津大学优异生培养计划,本硕博连读。

“世界变化太快了,许多产业正在被颠覆。你教的学生要适应变化的未来世界。”在天津大学党委书记李家俊看来,这就是高校教育改革的核心。

7.3.2 《中国教育报》、中国教育新闻网

《中国教育报》2019 年 12 月 2 日在第 07 版以《“课程创新设置 激发学生创意——天津大学首个新工科人才培养校级平台开课》为题进行了报道。中国教育新闻网也在同一天进行了报道。网址为: http://www.jyb.cn/rmtzgjyb/201912/t20191202_278524.html,以下为报道原文。

智慧教室里,一辆小巧的“物流循迹小车”正有条不紊地行进、转弯、投递……围坐在一

起的学生仔细观察、记录着,这学期他们将根据老师示范的这辆小车样品,做出属于自己的小车作业。这是天津大学"未来智能机器与系统平台"的课堂。

姚易楠是在座学生之一。入校刚刚两个多月,做惯"学霸"的姚易楠却频频感受到了来自课堂的挑战。"老师台上讲、学生台下听"的课堂颠覆了,智慧教室里老师和学生围坐在了一起;学生最关心的"考试"不见了,考核变成了完成创意项目;自己一个人闷头苦学不行了,"头脑风暴"考验团队合作能力……包括姚易楠在内的140名天津大学"未来智能机器与系统平台"的首批学生,在未来四年的大学生活中将成为新工科建设"天大方案"的首批"吃螃蟹"的人。

今年秋季学期,天津大学首个新工科人才培养校级平台——"未来智能机器与系统平台"新生开课,标志着新工科建设"天大方案"落地,正式进入实践阶段。进入该平台的140名学生,经历了笔试、面试、测评等一系列考查环节,从学校的1 000多名报名者中脱颖而出。

新的人才培养模式,让姚易楠和同学们首先感受到的是身份的改变。他们不再是自动化学院、精仪学院或者机械学院的学生,而是"未来智能机器与系统平台"的学生。随之而来的是教师的改变——几乎每门新开设的课程,都由来自不同学院的多名教师授课,有的课程则由来自知名企业的工程师担纲。

一些课程是全新的,比如本学期平台重点打造的"设计与建造""智能电子创客设计与实践""工科数学分析""思维与创新"这四门新课。每门课开讲前的课程说明会,都让学生们既期待又忐忑。"设计与建造"一开课就给出了期末的考核题目——完成一辆智能物流循迹小车;"智能电子创客设计与实践"干脆连题目都没有,要求学生自己提出项目题目并组队完成;"工科数学分析"取代了传统的高数,让学生们实现了从"解题"到"解决问题"的学习思路转变;"思维与创新"则将进一步改变学生们的学习模式和思考方式。

"通过学生自拟题目来激发学生的创新意识与欲望就是这门课重要的教学手段之一。""智能电子创客设计与实践"课程负责人陈曦直言,这门课就是要教会学生们玩转"黑科技"。姚易楠还记得课程说明会上老师们展示的那些用于绿植栽种的"土壤传感器"、检测雨量大小的"雨量传感器"、只有名片大小的"PM2.5传感器"……此后,每个同学都提交了自己的创意,并且他们的创意各具特色、鲜有雷同。

"优秀的创意往往是颠覆性的,由主讲教师一个人来评价有可能会埋没创意。"在陈曦看来,由学生自己当评委更符合创新的规律。所以这门课采取全班学生打分的形式,最终得分前10名的学生可以作为项目负责人,带领其他同学实现自己的创意。

"未来智能机器与系统平台"140名学生未来的发展被普遍看好。根据规划,他们可以拥有更自主的学习空间、更自由的专业选择。他们可选择智能制造、人工智能、自动化、电子科学与技术等多个专业中的一个专业作为主修学位,并可选择另外一个专业作为辅修学位或微学位,同时实行本研贯通的培养机制。

参考文献

[1] 顾佩华. 新工科与新范式:实践探索和思考[J]. 高等工程教育研究, 2020,(4):1-19.

[2] KARL T ULRICH, STEVEN D EPPINGER. 产品设计与开发(原书第6版)[M]. 杨青,杨娜,等,译. 北京: 机械工业出版社,2018.

[3] KARL T ULRICH, STEVEN D EPPINGER. Product design and development[M]. 6th ed. [S.l.]: McGraw-Hill, 2016.

[4] CLIVE L DYM, PATRICK LITTLE, ELIZABETH J ORWIN. Engineering design: a project-based introduction[M]. 4th ed. [S.l.]: Wiley, 2014.

[5] GEORGE E DIETER, LINDA C SCHMIDT. Engineering design[M]. 5th ed. McGraw-Hill, 2013.

[6] GEORGE E DIETER, LINDA C SCHMIDT. 工程设计(原书第5版)[M]. 于随然,张执南,等,译. 北京: 机械工业出版社,2017.

[7] YOUSEF HAIK, TAMER M SHAHIN. Engineering design process[M]. 2nd ed. [S.l.]: Cengage Learning, 2011.

[8] MARK N HORENSTEIN. Design concepts for engineers[M]. 4th ed. [S.l.]: Pearson Higher Education, 2010.

[9] PAHL G, BEITZ W, FELDHUSEN J, et al. Engineering design: a systematic approach[M]. 3rd ed. London: Springer-Verlag London Limited, 2007.

[10] 陈东祥,姜杉. 机械工程图学[M]. 2版. 北京: 机械工业出版社, 2016.

[11] 叶武. 设计·手绘[M]. 北京:北京理工大学出版社, 2007.

[12] 黄建峰,等. 中文版 Creo 4.0 从入门到精通[M]. 北京: 机械工业出版社, 2017.

[13] 天工在线. 中文版 SOLIDWORKS 2018 从入门到精通(实战案例版)[M]. 北京: 中国水利水电出版社, 2018.

[14] 梁景凯,盖玉先. 机电一体化技术与系统[M]. 北京: 机械工业出版社,2010.

[15] 陈吕洲. Arduino 程序设计基础[M]. 北京: 北京航空航天大学出版社,2014.

[16] GORDON MCCOMB. Arduino 机器人制作指南[M]. 唐乐,译. 北京: 科学出版社, 2014.

[17] 张世昌, 李旦, 张冠伟. 机械制造技术基础[M].3版. 北京: 高等教育出版社,2014.

[18] MIKELL P GROOVER. Fundamentals of modern manufacturing: materials, processes, and systems[M]. 5th ed. [S.l.]: John Wiley & Sons, Inc, 2012.

[19] WILLIAM C OAKES, LES L LEONE. Engineering your future: a comprehensive introduction to engineering[M]. 9th ed. [S.l.]: Oxford University Press, 2018.

[20] 黄文恺,伍冯洁,吴羽. 3D 建模与 3D 打印快速入门[M]. 北京:中国科学技术出版社,2016.

[21] 张策. 机械原理与机械设计(上、下册)[M]. 3 版. 北京:机械工业出版社,2018.

[22] 陈文凤. 机械工程材料[M]. 北京:北京理工大学出版社,2018.

[23] 约瑟夫·迪林格,等. 机械制造工程基础[M]. 杨祖群,译. 长沙: 湖南科学技术出版社,2007.

[24] 张世昌, 邵宏宇. 机电企业管理导论[M]. 2 版. 北京:机械工业出版社,2017.

[25] CLIVE L DYM. Teaching design to freshmen: style and content[J]. Journal of engineering education, 1994, 83(4):303-310.

[26] CLIVE L DYM, M MACK GILKESON, J RICHARD PHILLIPS. Engineering design at Harvey Mudd College: innovation institutionalized, lessons learned[J]. Journal of mechanical design, 2012, 134(8):080202-1-080202-10.

[27] JAMES LEAKE, JACOB L BORGERSON. Engineering design graphics sketching, modeling, and visualization[M]. 2nd ed. [S.l.]: Wiley, 2013.